NATHANIEL RICH

DIE ZWEITE SCHÖPFUNG

Wie der Mensch die Natur
für immer verändert

Aus dem Englischen von
Thomas Gunkel

Rowohlt · Berlin

Deutsche Erstausgabe
Veröffentlicht im Rowohlt · Berlin Verlag, April 2022
Copyright © 2022 by Rowohlt · Berlin Verlag GmbH, Berlin
Die Originalausgabe erschien 2021 unter dem Titel
«Second Nature: Scenes from a World Remade» bei
MCD / Farrar, Straus and Giroux, New York.
Copyright © 2021 by Nathaniel Rich
Liedtexte auf S. 295–296 Copyright © by Shin Kubota
Satz aus der DTL Documenta
bei Pinkuin Satz und Datentechnik, Berlin
Druck und Bindung CPI books GmbH, Leck, Germany
ISBN 978-3-7371-0138-7

Für Julian

INHALT

EIN SELTSAMER SIEG - VOM LEBEN IN EINER MENSCHENGEMACHTEN WELT

D er Glass Beach bei Fort Bragg ist eine der beliebtesten Attraktionen an der nordkalifornischen Küste. Er zieht mehr Besucher an als die Lost Coast, wo steile Pfade durch Nebelwälder und an Wasserfällen vorbeiführen und einen herrlichen Blick aufs Meer bieten. Am Strand bei Fort Bragg ist viel mehr los als in den Mendocino Coast Botanical Gardens und im Mendocino Headlands State Park. Vom Parkplatz am Glass Beach Drive steigen die Touristen eine steile Treppe zwischen Sandsteinklippen hinunter, um eine schmale Bucht zu fotografieren, in der von der Brandung polierte und rund geschliffene türkisblaue, braune und rubinrote Scherben funkeln. Auf Schildern werden die Besucher – im Sommer an die zweitausend pro Tag – gebeten, keine Glasscherben mitzunehmen, doch die meisten können nicht widerstehen.

2012 führte J.H. «Cass» Forrington, ein pensionierter Schiffskapitän und Besitzer des nahe gelegenen International Sea Glass Museum, in dem mehr als dreitausend vom Strand entwendete Bruchstücke ausgestellt sind, eine Kampagne, den Strand mit mehreren Tonnen Glasscherben «aufzustocken». Forringtons Argumentation war ökologisch begründet. Weil sich das Meerglas, das zum Lebensraum für mikroskopisch kleine Meereslebewesen geworden ist, in das lokale Ökosystem eingefügt habe, müsse es den gleichen Schutz genießen wie die Küstenmammutbäume, das Biberhörnchen oder der Rotbeinfrosch.

Die kalifornische Naturschutzbehörde ist dafür zuständig, «natürliche Lebensräume wegen ihres intrinsischen und ökologischen Werts und ihres Nutzens für den Menschen» zu schützen und zu erhalten. Das Schicksal des Glass Beach hing von der Definition des Begriffs «natürlich» ab. Forrington argumentierte, dass Kalifornien gesetzlich verpflichtet sei, mehr Glas auf den Sand zu kippen. «Die Behauptung, Glas wäre nicht ‹natürlich›, ist schlichtweg falsch», schrieb er in einem Manifest, in dem es von Anführungszeichen wimmelte. «Wegen des Schadens, den wir oft einem gesamten Lebensraum zufügen, neigen wir dazu, uns als irgendwie ‹unnatürlich› zu betrachten, als ‹außerhalb der Natur stehend›, aber wir sind ein integraler Bestandteil der ‹Natur› und können viel Gutes bewirken.»

Das Gute, auf das Forrington sich bezog, geht auf das Jahr 1949 zurück, als der Strand zur Mülldeponie erklärt wurde. Die Unmengen von Glasscherben, die die Bucht übersäten, waren Überreste von Bierflaschen, Rücklichtern und Tupperdosen. In den nächsten beiden Jahrzehnten wurde der Strand von den Einheimischen «die Müllkippe» genannt. Um seine natürliche Schönheit zurückzugewinnen, schrieb Captain Forrington, müsse er Jahr für Jahr unter weiteren Massen von Müll begraben werden.

Letztendlich fand die Naturschutzbehörde Captain Forringtons Definition von «Natur» nicht überzeugend und weigerte sich einzugreifen. Doch so leicht gab sich Forrington nicht geschlagen. Er verkaufte weiterhin Plastiktüten mit Glasscherben an die Touristen, die sie dann die Holztreppe hinunterschleppten und auf dem Sand ausleerten.

Captain Forrington glaubte, so seinen Teil zur Rettung der Natur oder wenigstens der «Natur» beizutragen.

●

Noch lange nachdem das letzte Exemplar der King-James-Bibel sich in seine Bestandteile aufgelöst hat und die Venus von Milo zu Staub zerfallen ist, wird die Pracht unserer Zivilisation in dem unförmigen neonfarbenen Gestein überleben, das man Plastiglomerat nennt: einem Gemisch aus Sand, Muscheln und geschmolzenem Plastik, das entsteht, wo Schokoriegelverpackungen und Kronkorken in Lagerfeuern verbrennen. Weitere Hinweise auf unsere Zivilisation dürften die Allgegenwart von Cäsium-137, dem bei Atomexplosionen freigesetzten synthetischen Isotop, geben, die mehrtausendjährige Abnahme von Kalziumkarbonatablagerungen, eine Folge der Meeresübersäuerung, sowie die dramatische Zunahme atmosphärischen Kohlendioxids in den Gletschereiskernen (falls die Gletscher erhalten bleiben). Künftige Anthropologen können anhand dieser geologischen Marker vielleicht nicht alles über unsere Kultur erfahren, doch es dürfte ein guter Ausgangspunkt sein.

Anfangs betrachtete der Mensch die Natur als seinen Todfeind – begegnete ihr mit Vorsicht, Angst und Aggression. Der Krieg begann, noch bevor wir unserem Feind einen Namen gegeben hatten. Bereits in den frühesten Literaturzeugnissen ist dieser Angriff im Gange, geprägt von roher Kampfeslust, die Gründe dafür werden nicht hinterfragt. In «Gilgamesch und Huwawa» beschließt Gilgamesch aus Angst vor dem Tod, dass er eine Heldentat vollbringen muss, um Unsterblichkeit zu erlangen. Da er sich nichts Ehrenvolleres vorstellen kann, als einen Urwald zu zerstören, reist Gilgamesch zum heiligen Zedernberg, enthauptet den

Halbgott, der den Wald schützt, macht alles dem Erdboden gleich und fertigt aus dem stattlichsten Baum ein Tor zu seiner Stadt.

Etwa 1700 Jahre später sagt Sokrates, der nur ungern die Stadtmauern von Athen verlässt, in Platos *Phaidros*: «Ich bin lernbegierig, und Felder und Bäume wollen mich nichts lehren, wohl aber die Menschen in der Stadt.» Aristoteles ist in *Politik* direkter: «Wenn nun die Natur nichts unvollendet und nichts nutzlos macht, so muss sie notwendig alles für die Menschen gemacht haben.» Im Alten Testament ist die «Wildnis», die Wüste, ein gottloser Ort, das Anti-Paradies. Wie in: «Er hat dich geleitet durch die große und grausame Wüste, da feurige Schlangen und Skorpione und eitel Dürre und kein Wasser war.»

«Wilderness: aus dem altenglischen -ness + wild + deor, ‹der Ort der wilden Tiere›.» Samuel Johnson definiert sie als ein «Gebiet der Einsamkeit und Rohheit». William Bradford, einer der Gründer der Plymouth-Kolonie, reagierte entsetzt auf die Neue Welt und nannte sie «abscheulich & trostlos … voll wilder Tiere & wilder Menschen». Im am weitesten verbreiteten Werk der Aufklärung, der sechsunddreißigbändigen *Naturgeschichte* des Comte de Buffon, wimmelt es nur so von Wörtern wie «bizarr», «ekelerregend», «gefährlich», «schrecklich» und «Schmutz».

Die Natur forderte ihre Unterwerfung heraus – zu ihrem eigenen Besten. Diesen Gedanken dehnte der amerikanische Jurist James Kent auch auf die Menschen aus, die jahrtausendelang in Harmonie mit der Natur gelebt hatten, als er eine rechtliche Grundlage dafür zu erstellen versuchte, den indigenen Völkern das Land zu entreißen. Der Kontinent, argumentierte Kent, sei «von der Vorsehung dazu bestimmt, erschlossen, entwickelt und von zivilisierten Völkern bewohnt zu werden». Das Evangelium der Natur war ein Freibrief für ihre Beherrschung, Zerstörung und Ausbeutung – und den Stolz darauf.

Einige dieser Beispiele stammen aus Roderick Nashs ikonischem Geschichtsbuch *Wilderness and the American Mind*, in dem er schildert, wie im neunzehnten Jahrhundert die Definition der menschlichen Beziehung zur Natur schließlich kippte. Naturwissenschaftler und Philosophen begannen, die Prämisse, dass die Natur eine Bedrohung für die Zivilisation sei, infrage zu stellen. Sie kehrten das Ganze um: Die Zivilisation sei eine Bedrohung für die Natur. Es war nun offensichtlich, dass die Menschheit ihren jahrtausendelangen Krieg gegen die Natur haushoch gewann. Doch es war ein teuer erkaufter Sieg. Der Preis war der Zusammenbruch der Zivilisation.

Diese Auffassung wurde erstmals von Alexander von Humboldt geäußert, der 1769 geboren ist, in einer Zeit, in der die Menschen sich nicht mehr vor der Natur fürchteten und stolz auf ihre Fähigkeit waren, sie zu beherrschen. Es war das Zeitalter der Dampfmaschine, der Pockenimpfung, des Blitzableiters. Zeitmessung und andere Messverfahren wurden standardisiert, die letzten blinden Flecken auf den Weltkarten ausgefüllt. Noch bevor Humboldt seine große Forschungsreise antrat und alles von Windmustern über Wolkenstrukturen und Insektenverhalten bis hin zu Bodeneigenschaften analysierte, erfasste er intuitiv, dass die Erde «ein einziger lebender Organismus» war, in dem alles miteinander verbunden ist. Heutzutage ist es normal, vom «Netz des Lebens» zu sprechen, aber dieses Konzept geht auf Humboldt zurück. Daraus folgte, dass das Schicksal einer einzigen Art vielfältige Auswirkungen auf andere Arten haben konnte. Humboldt war einer der Ersten, die vor den Gefahren von Bewässerung, profitorientierter Landwirtschaft und Waldrodung warnten. Um 1800 war er bereits zu der

Erkenntnis gelangt, dass der von der industriellen Zivilisation angerichtete Schaden «unermesslich» war.

Humboldts Erkenntnisse wurden weiterentwickelt von Nachfolgern wie George Perkins Marsh (der davor warnte, dass «klimatischer Exzess» zum Aussterben der Menschheit führen könne), von Charles Darwin (der im letzten, krönenden Absatz von *Über die Entstehung der Arten* von Humboldt abkupferte), von Ralph Waldo Emerson («die ganze Natur [ist] eine Metapher des menschlichen Bewusstseins») und dem naturverliebten John Muir («Dieses jähe Eintauchen in reine Wildnis – eine Taufe im warmen Herzen der Natur – wie unglaublich glücklich uns das machte!»). Um die Jahrhundertwende begannen die Amerikaner zunehmend, die Wildnis als spirituelle Zuflucht vor der Mechanisierung des modernen Lebens zu betrachten. Der Schrecken hatte sich in Schwärmerei verwandelt.

Doch der romantische Blick auf die Natur erwies sich als kontraproduktiv. Er begünstigte den Schutz von Naturheiligtümern wie Yosemite und Yellowstone, entwertete aber zugleich die Wanderwege in Wäldern, Sümpfen und Grasland, die den größten Teil des Landes ausmachten. Schon bald kamen auch die Heiligtümer in Bedrängnis und fielen politischem Pragmatismus zum Opfer. Theodore Roosevelt und Gifford Pinchot, der erste Leiter der US-Forstverwaltung, verfolgten einen utilitaristischen Ansatz, um sicherzustellen, dass Naturschutzgebiete nicht nur von Wanderern, sondern auch von Ölsuchern genutzt werden konnten. Doch wenn diese Interessen in Konflikt gerieten, unterlagen stets die Naturschützer – am offenkundigsten im Kampf um das Hetch Hetchy Valley in Yosemite, wo 1923 ein Damm gebaut wurde, um San Francisco mit Wasser zu versorgen.

«Das Ingenieurwesen ist eindeutig das Leitbild des Industriezeitalters», schrieb Aldo Leopold, der Vater der Wildökologie, 1938. «Die Ökologie gehört vielleicht zu den Streitern für eine neue Ordnung ... Unser Problem besteht darin, das Bewusstsein der beiden Wissenschaftszweige in Einklang zu bringen.» Obwohl die Ökologie weit unterlegen war, machte sie im Lauf des zwanzigsten Jahrhunderts zaghafte Fortschritte. 1970, am ersten Earth Day, hatte sie eine neue politische Bewegung hervorgebracht. Im folgenden Jahrzehnt gelang es der Naturpolitik, ein breiteres Verständnis der Verflechtung ökologischer Bedrohungen zu entwickeln. Die Besorgnis über Luft- und Wasserverschmutzung, Klimawandel, Stadtentwicklung, Rohstofffförderung, Artensterben, Dürre, Flächenbrände und Vermüllung von Straßenrändern wurden unter der Rubrik «Umwelt» zusammengefasst. Deren Definition hat sich inzwischen erweitert und schließt nun auch die Erkenntnis mit ein, dass Umweltbeeinträchtigung, indem sie die Ungleichheiten, die unsere Gesellschaft vergiften, weiter verschärft, die Demokratie selbst beschädigt. Diese Erkenntnis hat den Tod der romantischen Vorstellung eingeläutet, dass die Natur unberührt von menschlichem Einfluss sei. Wir sind nicht länger unschuldig.

•

Was wir mit unangebrachter Nostalgie noch immer floskelhaft «die Welt der Natur» nennen, ist verschwunden, falls sie je existiert hat. Kaum ein Stein, Blatt oder Kubikmeter Luft ist nicht von unserer ungeschickten Hand gezeichnet. Es ist, wie Diane Ackerman schrieb, «als wären Außerirdische mit Riesenhämmern und Lasermeißeln erschienen und hätten begonnen, die Kontinente umzugestalten. Wir haben die Landschaft in eine neue Art von Architektur verwandelt, haben den Planeten zu unserem Sandkasten gemacht.»

Niemand hat die Ungereimtheiten des Naturideals besser zum Ausdruck gebracht als der Historiker William Cronon in seinem bahnbrechenden Essay «The Trouble with Wilderness; or, Getting Back to the Wrong Nature». Cronon teilt weitgehend Captain Forringtons Standpunkt. Die Natur, schreibt er, «ist eine zutiefst menschliche Schöpfung ... Wenn wir in den Spiegel schauen, den sie uns vorhält, erliegen wir allzu leicht der Vorstellung, dass wir die Natur betrachten, obwohl wir in Wirklichkeit nur das Abbild unserer eigenen unergründeten Sehnsüchte und Wünsche sehen.» Die idealisierte Wildnis ist ein Mythos und widerspricht den Zielen der Umweltschützer. Denn wenn künftig etwas Wildnisähnliches überleben soll, kann das nur «durch eine sehr aufmerksame und bewusste Steuerung» geschehen.

Die beliebtesten Naturschutzgebiete unterliegen bereits staatlichen Regulierungen, politischen Kompromissen und den ständigen Eingriffen, die beschönigend als «Raumplanung» bezeichnet werden. Sogar die Rewilding-Bewegung, die wohlwollende Vernachlässigung der Natur predigt, damit diese sich in ihrem eigenen Tempo erholen kann, erkennt die Notwendigkeit an, sich einzumischen. In *Wilding*, Isabella Trees Bericht über die Verwandlung ihres englischen Anwesens in ein Naturrefugium, werden das Anbringen von Stacheldraht, die Einfuhr von Langhornrindern und eingefangenen Hirschen und die großzügige Verwendung von Glyphosat beschrieben. Das ehrgeizigste Renaturierungsprojekt, der von dem Biologen Edward O. Wilson in seinem Buch *Die Hälfte der Erde* dargelegte Vorschlag, die Hälfte des Planeten unter Naturschutz zu stellen, basiert auf der Aussage, dass wir – in Anlehnung an Descartes' «Herrscher und Besitzer der Natur» – «Architekten und Beherrscher des Anthropozäns» sind und dafür Verantwortung übernehmen müssen. Für die Schaffung einer unter Naturschutz stehenden Hälfte der Erde bräuchte man letztlich politische Verträge, Steuern und Armeen.

Wir haben Aldo Leopolds Anweisung befolgt, «ein paar Überreste der Wildnis als Museumsstücke zur Erbauung derjenigen [zu bewahren], die die Ursprünge ihres kulturellen Erbes irgendwann gern sehen, anfassen oder erforschen würden». Wir waren erfolgreich – auf verheerende Weise. Wir haben die Überreste, aber sonst kaum etwas. Eine der grundlegenden Erkenntnisse der Ökologie ist, dass isolierte Flecken Wildnis todgeweiht sind.

Ingenieur und Ökologe sind schon von Anfang an verfeindet. Seit seinen Anfängen im achtzehnten Jahrhundert hat das Bauingenieurwesen versucht, einen widerspenstigen Planeten gefügig zu machen – ungünstige Neigungen und Winkel einzuebnen, zerklüftetes Gelände vereinfacht in einem ebenen Gitter darzustellen, Chaos zu ordnen. Doch in den letzten Jahrzehnten hat sich ein Wandel vollzogen. Ingenieure haben Gebäude entworfen, die wie Berge geformt sind, um Emissionen zu verringern, Windturbinen, die Walflossen nachempfunden sind, um ihre Effizienz zu vergrößern, Ziegelsteine aus Bakterien, die Kohlendioxid aufnehmen. Es ist ihnen gelungen, die Natur stärker zu kontrollieren, indem sie sie nachahmen.

Umweltschützer haben unterdessen akzeptiert, dass ein bedrohtes Ökosystem, wie jeder Patient in kritischem Zustand, auf eine ständig eingreifende Pflege angewiesen ist.

•

Zwei zusammenhängende Beobachtungen des Romanciers William Gibson schildern das nächste Kapitel dieser Geschichte. Die erste ist längst zu einer Plattitüde geworden: «Die Zukunft ist bereits da – sie ist bloß nicht gleichmäßig verteilt.» Bei der anderen geht es um «die Verspätung der Seele», die Vorstellung, dass der menschliche Körper auf Langstreckenflügen schneller reist als der Geist: «Die Seelen können sich nicht so schnell bewegen, sie bleiben zurück, und bei der Ankunft muss man auf sie warten wie auf verlorengegangenes Gepäck.» Das unangenehme Gefühl, auf die Ankunft der eigenen Seele warten zu müssen, nennen wir Jetlag.

Mit der Natur ist es nicht anders. Die Zukunft ist bereits da, ungleichmäßig verteilt. Wir erkennen die Anzeichen: steigende Meeresspiegel, regelmäßige Heimsuchungen durch apokalyptische Naturkatastrophen, die erzwungene Migration von Millionen von Menschen, das beschleunigte Aussterben von Tierarten, die Korallenbleiche und weltweite Pandemien. Hinzu kommen In-vitro-Fleisch, umgeformte Küstenlinien, die Neubelebung ausgestorbener Arten, grün leuchtende Kaninchen. Unsere Seelen kommen da nicht mehr mit.

Auch in der denkbar optimistischsten Zukunft werden wir unsere Fauna und Flora und unsere Genome tiefgreifend umgestalten. Die Ergebnisse werden unheimlich sein. Es wird uns schwerfallen, uns vor Augen zu halten, dass die Bepflanzung des amerikanischen Südwestens mit üppigem von der Mittelmeerküste importierten Rasen, die Brustvergrößerung bei Hühnern oder die Bändigung der reißendsten Flüsse der Welt ebenso unheimlich sind. Wenn unsere Erfindungen beängstigend sind, so liegt das nur daran, dass wir darin ein Spiegelbild unserer Wünsche sehen. Es ist unmöglich, alles, was wir «natürlich» nennen, vor den Verheerungen des Klimawandels, vor Verschmutzung und psychopathischer Profitgier zu schützen, wenn wir nicht verstehen, dass die Natur, deren Verlust wir fürchten, unsere eigene ist.

Die Natur bewahren bedeutet unsere Identität bewahren:

alles Schöne und Freie und Heilige an uns, das wir in die Zukunft mitnehmen wollen. Wenn wir diesen verletzlichen Teil unserer selbst nicht verteidigen, bleiben uns nur Hologramm-Bilder unserer schlimmsten Triebe, Roboter, die unsere Albträume verkörpern, und wir driften langsam in eine Wüste von biblischen Dimensionen: *ein Gebiet der Einsamkeit und Rohheit.*

•

Im Folgenden erzähle ich Geschichten von Menschen, die sich schwierige Fragen darüber stellen, was es bedeutet, in einer Zeit schrecklicher Verantwortung zu leben. Im ersten Teil, «Tatort», untersucht eine Reihe von Amateurdetektiven Verbrechen an der Natur. Konfrontiert mit den schlimmsten Vergehen der Menschheit, fragen sie: Wie konnte es so weit kommen?

In den Geschichten in «Zeit des Zweifels» geht es um Menschen, deren grundlegendes Verständnis der physischen Welt durch eine neue Realität auf den Kopf gestellt wird. Wenn unser Land, unsere Nahrung und unser Klima mit dem, was wir kannten, keine Ähnlichkeit mehr haben, wie sollen wir dann verhindern, dass wir auch unsere Menschlichkeit verlieren?

«Wir sind wie Götter, warum sollten wir dann nicht auch gut darin werden?», schrieb Stewart Brand im *Whole Earth Catalog.* Später korrigierte er das: «Wir sind wie Götter und MÜSSEN gut darin werden.» Wir wissen, wie es aussieht, *schlecht* darin zu sein. Margaret Atwoods Madd-Addam-Trilogie, die Filme von Alex Garland, Edward Burtynskys großformatige Fotos von Industriebrachen, die Petrischalen-Kunst von Suzanne Anker und die Biografien von monomanischen Milliardären in Brunello-Cucinelli-

T-Shirts verschaffen uns einen Eindruck davon. Die Angst des Umweltschützers vor technologischen Lösungen hat nicht so viel mit der Technologie selbst zu tun, sondern mehr mit den Leuten, die sie nutzen. «Technologie ist neutral», schreibt Roderick Nash. «Das Problem ist, wie sie genutzt wird.» Weil wir keine Götter, sondern von Angst und Selbstüberschätzung geplagte Primaten sind, endet es gewöhnlich blamabel, wenn wir uns als Gottheiten sehen. In «Wie Götter» versuchen Künstler und Ingenieure, eine menschlichere Zukunft zu schaffen, und haben dabei mit unbeabsichtigten Folgen, moralischen Sackgassen und ihrer eigenen Eitelkeit zu kämpfen.

Die Entwicklung unserer Epoche – dieses Zeitalters der Seelenverspätung – verläuft von Naivität über Schock, Schrecken und Wut zu Entschlossenheit. Es gibt niemanden, der diesen Wandel besser verkörpert als Robert Bilott, ein Firmenanwalt, der als ein Mensch von DuPonts Amerika begann und zu einem Menschen der Zukunft wurde.

TEIL I
TATORT

1

VERGIFTETE WAHRHEIT - VOM KAMPF GEGEN JENE, DIE UNS KRANK MACHEN

Wenige Monate bevor Robert Bilott bei Taft Stettinus & Hollister Teilhaber wurde, erhielt er einen Anruf von einem Farmer in Parkersburg, West Virginia. Wilbur Tennant sagte, dass seine Rinder wie die Fliegen sterben. Er war überzeugt, dass der Chemiekonzern DuPont, der in Parkersburg einen Standort hatte, der mehr als fünfunddreißigmal so groß war wie das Pentagon, dafür die Verantwortung trug. Tennant beklagte sich, er habe vor Ort versucht, etwas zu erreichen, doch die gesamte Stadt sei im Besitz von DuPont. Er sei in Parkersburg nicht nur von Anwälten, sondern auch von Politikern, Journalisten und Ärzten ignoriert worden. Bilott wurde aus der Sache einfach nicht schlau. Tennant war nicht leicht zu verstehen: Er sprach im Singsang eines Bergbewohners und war obendrein völlig aufgebracht. Bilott konnte sich nicht erklären, wie der Farmer an seine Telefonnummer gekommen war, und hätte vermutlich aufgelegt, wäre Tennant nicht mit dem Namen von Bilotts Großmutter herausgeplatzt.

Alma Holland White hatte in Vienna gelebt, einem nördlichen Vorort von Parkersburg, wo Bilott sie in den Sommern seiner Kindheit besucht hatte. 1973 hatte sie ihn an einem Wochenende zur Farm der befreundeten Familie

Graham mitgenommen, die neben den Tennants wohnte. Bilott durfte reiten, Kühe melken und sah im Fernsehen, wie Secretariat die Triple Crown des Pferderennsports gewann. Das war eine von Bilotts schönsten Erinnerungen an eine unstete, unvorhersehbare Kindheit. Damals war er sieben gewesen.

Als die Grahams 1998 erfuhren, dass Wilbur Tennant einen Anwalt für Umweltrecht suchte, fiel ihnen ein, dass der Enkel ihrer Freundin inzwischen einer war. Ihnen war nicht klar, dass Bilott die falsche Art Umweltjurist war. Er vertrat keine Kläger oder Privatpersonen. Wie die anderen zweihundert Anwälte bei Taft, einer 1885 gegründeten Kanzlei mit engen Verbindungen zur Familie von Präsident William Howard Taft, die mehr als ein Jahrhundert lang die führende republikanische Dynastie in Ohio war, war Bilott Verteidiger. Er verteidigte Chemieunternehmen. Die Anwälte von DuPont waren seine Kollegen. Er achtete die Unternehmenskultur von DuPont. Der Konzern hatte das Geld, die Kompetenz und den Stolz, die Dinge richtig anzugehen. Dass die Firma rücksichtslos das Land eines armen Farmers vergiftet haben sollte, fand Billot deshalb nicht nur beispiellos, sondern auch absurd. Dennoch willigte er ein, sich mit dem Farmer zu treffen. Seinen Kollegen erzählte er, das tue er aus Loyalität zu seiner Großmutter. Doch es war auch aus Loyalität zu einem vergessenen Teil seiner selbst.

Eine Woche später kam Wilbur Tennant – stämmig, eins achtzig groß, Jeans, kariertes Flanellhemd, Baseballkappe – mit seiner Frau Sandra in die Zentrale von Taft in Cincinnati. Die Tennants schleppten Kartons, randvoll mit Videobändern, Fotos und Dokumenten, in den verglasten Empfangsbereich der Kanzlei im siebzehnten Stock. Man brachte sie in ein Wartezimmer, wo sie auf modernen grauen Midcentury-Sofas unter dem Ölporträt eines der Kanzleigründer saßen. Bilotts Vorgesetzter, ein Teilhaber namens Thomas Terp, nahm aus Neugier selbst an dem Treffen teil. Tennant war schließlich kein typischer Taft-Mandant. «Ich will es mal so formulieren», sagte Terp Jahre später. «Als er in unsere Kanzlei kam, sah er nicht gerade aus wie der Vizepräsident einer Bank.»

Wilbur Tennant erzählte, dass er und seine vier Geschwister den Hof führten, seit ihr Vater sie als Kinder verlassen hatte. Damals hatten sie nur über sieben Kühe, zweihundert Hühner und eine Hypothek von 1500 Dollar verfügt. Um zu überleben, mussten sie in den Hügeln nach Wurzeln und Beeren suchen. Im Lauf der Zeit hatten sie jedoch immer mehr Land und Vieh hinzugekauft und jeden Dollar, den sie verdienten, wieder in die Farm gesteckt, bis sie zweihundert Kühe besaßen, die auf rund 250 Hektar hügeligem Land weideten. Ihr Grundbesitz wäre sogar noch größer gewesen, hätten Wilburs Bruder Jim und dessen Frau Della Anfang der Achtzigerjahre nicht 25 Hektar an DuPont verkauft. Das Unternehmen wollte eine Mülldeponie für Washington Works errichten, seine Plastikfabrik in der Nähe von Parkersburg, wo Jim als ungelernter Arbeiter Gräben aushob, Beton goss und Abfälle entsorgte. Manager waren in einer Limousine vorgefahren und hatten ihm ein Angebot gemacht. Die Tennants wollten nicht verkaufen, doch Jim war schon seit Jahren krank gewesen, er hatte eine rätselhafte Krankheit, die seine Ärzte nicht einordnen konnten, und die Familie brauchte das Geld.

DuPont nannte das Stück Land nach dem Bach, der hindurchfloss, Dry-Run-Deponie. Der Dry Run Creek floss zu einer Weide, auf der die Kühe der Tennants grasten. Schon bald nach dem Verkauf gebärdeten sich die Rinder, als wären sie geisteskrank. Für die Tennants waren sie immer wie Haustiere, ja geradezu Familienmitglieder gewesen. Sobald sie einen der Tennants erblickten, kamen sie angetrottet, stupsten ihn mit der Schnauze an und ließen sich melken. Das war nun vorbei. Sie sabberten unkontrolliert. Sie brachten tote Kälber zur Welt. Ihre Zähne verfärbten sich schwarz. Ihre geröteten Augen bekamen einen finsteren, mordlüsternen Blick. Wenn sie die Farmer sahen, griffen sie an. Nachdem Della mit ihren Töchtern eine Kuh im Todeskampf vorgefunden hatte, die «das schrecklichste Gebrüll von sich gab, das wir je gehört hatten, während ihr das Blut aus Nase, Maul und Rektum strömte», weigerte sie sich, das Land ohne geladene Schusswaffe zu betreten. Drei Viertel der Herde waren gestorben.

Es waren nicht nur die Rinder: Es gab Unmengen toter Fische, Frösche, Katzen, Hunde und Hirsche. Die Hirsche starben einen seltsamen Tod. Sie sanken in Gruppen zu Boden, wie Mitglieder einer Selbstmordsekte. Die Tennants hörten auf, ihr Fleisch zu essen, nachdem Jim beim Ausnehmen eines Bocks feststellte, dass seine Innereien leuchtend grün waren.

Bei Taft brachte man einen Videorecorder in einen fensterlosen Konferenzsaal, und Wilbur legte eine seiner Kassetten ein. Die mit einer Handkamera gefilmten Aufnahmen waren körnig und verrauscht. Die Bilder wackelten und wiederholten sich. Der Ton lief mal schneller, mal langsamer. Alles hatte den Rhythmus und Stil eines Horrorfilms.

In der Anfangssequenz schwenkte die Kamera über den Bach, filmte den umliegenden Wald, die weißen, ihr Laub abwerfenden Eschen und das seicht dahinsickernde Wasser und hielt dann auf etwas, das wie eine Schneewehe an einer Biegung des Baches aussah. Die Kamera zoomte näher heran und zeigte einen Berg seifenartigen Schaum.

«Ich habe zwei tote Hirsche und zwei tote Rinder aus diesem Bach gezogen», sagte Wilbur aus dem Off. «Das Blut lief ihnen aus Nase und Maul. Sie versuchen, die Sache zu vertuschen. Aber das wird nicht klappen, denn ich bringe es ans Licht, damit alle es sehen.»

Die Kamera folgte einem großen, in den Bach mündenden Rohr, aus dem grüne Blasen kamen. «Das hier sollen meine Kühe auf meinem eigenen Grund und Boden saufen», sagte Wilbur. «Es ist höchste Zeit, dass man im zuständigen Ministerium mal in die Gänge kommt.»

Das Video sprang zu einer mageren, roten Kuh im Heu mit kahlen Flecken und gekrümmtem Rücken – Nierenversagen, vermutete Wilbur. Auf eine weitere Bildstörung folgte ein totes schwarzes Kalb, das im Schnee zusammengebrochen war. Sein Auge funkelte in leuchtendem Methylenblau. «Auf dieser Farm habe ich 153 Tiere verloren», sagte Wilbur. «Die Tierärzte in Parkersburg, die ich angerufen habe, rufen entweder nicht zurück oder wollen nichts mit der Sache zu tun haben.» Er seufzte. «Da sie nichts damit zu tun haben wollen, muss ich das hier selbst auseinandernehmen. Mit diesem Kopf hier fange ich an.»

Das Video setzte kurz aus. Danach war eine Großaufnahme des aufgeschnittenen Kalbskopfes auf dem Schnee zu sehen. Es folgten Bilder der schwarzen Zähne des Tieres, seiner sezierten Leber, von Herz, Magen, Nieren und Gallenblase. Wilbur wies auf ungewöhnliches Gewebe und Verfärbungen hin. «Das gefällt mir gar nicht», sagte er. «So was habe ich noch nie gesehen.»

Tennant erzählte Bilott, dass er Organe in seiner Tiefkühltruhe aufbewahrte, in der Hoffnung, sie könnten irgendwann in einem Labor untersucht werden. Er hatte riesige Tumore, zusammengefallene Venen, grüne Muskeln entdeckt. Was er nicht aufbewahrte, verbrannte er. Wenn es nachts regnete, funkelten die Rinderknochen im Dunkeln wie Leuchtstäbe.

Bilott sprach mehrere Stunden lang mit den Tennants, schaute sich Videos an und betrachtete Fotos. Er sah Rinder mit verklebten Schwänzen, missgebildeten Hufen, riesigen klaffenden Wunden und roten eingesunkenen Augen, Rinder, die an permanentem Durchfall litten, einen triefenden weißen Schleim sabberten, der die Konsistenz von Zahnpasta hatte, und krummbeinig umherwankten, als wären sie betrunken. Wilbur zoomte jedes Mal auf ihre Augen. «Diese Kuh hat so sehr gelitten», sagte er dann mit vor Entsetzen belegter Stimme, während das blinzelnde Auge auf die Größe der Leinwand wuchs.

Bilott wusste nicht, was er sagen sollte. *Das ist schlimm*, dachte er. *Da passiert etwas wirklich Schlimmes.*

•

Bilott erklärte sich unverzüglich bereit, den Fall Tennant zu übernehmen. Er hatte das Gefühl, dass es «das Richtige» war. Das hieß jedoch nicht, dass er dachte, seine vorherige Arbeit für Taft, bei der er Chemiekonzerne vertrat, sei falsch gewesen. Ehrlich gesagt, hatte er noch nie wirklich aus ethischer Perspektive über seinen Beruf nachgedacht.

Bilott sprach bedächtig, leise, mit der Abneigung eines Anwalts gegen unqualifizierte Bemerkungen. In seinen Augenwinkeln lag eine gewisse Anspannung. Er gab sich große Mühe, die ungeheure Energie hinter seiner äußeren Gelassenheit zu verbergen, doch gelegentlich, wenn er von einem Unrecht sprach, das ihm oder einem seiner Mandanten angetan worden war, sah man in seinem Gesichtsausdruck oder einem finsteren Blick eine innere Wut aufblitzen. Mit seiner sanften Stimme, dem milchig weißen Teint, dem an den Schläfen ergrauten, mustergültig gekämmten Haar und dem strengen Dresscode aus unscheinbaren Krawatten und säuberlich gebügelten dunklen Anzügen spielte Bilott seine Rolle als austauschbarer Firmenanwalt sehr überzeugend. Doch es war eine Rolle – er hatte sie einstudieren, proben und perfektionieren müssen. Anders als die meisten seiner Kollegen bei Taft hatte er keine Universität oder juristische Fakultät der Ivy League besucht. Er war weder Mitglied des Camargo Clubs noch des Kenwood Country Clubs und kannte auch nicht den Unterschied zwischen beiden. Sein Vater war Oberstleutnant der Luftwaffe gewesen, und Bilott hatte den größten Teil seiner Kindheit auf Militärbasen in der Nähe von Albany, New York, Flint in Michigan, Newport Beach in Kalifornien oder Wiesbaden in Westdeutschland verbracht. Er hatte acht verschiedene Schulen besucht, bevor er an der Fairborn High, unweit der Wright-Patterson Air Force Base in Ohio, seinen Abschluss machte. Im vorletzten Schuljahr erhielt er die Zusage des New College of Florida, eines kleinen geisteswissenschaftlichen Colleges in Sarasota, das auf Noten verzichtete und den Studenten ermöglichte, ihren eigenen Studienplan zu erstellen. Das klang gut. Die Leute, die er in Sarasota kennenlernte, waren idealistisch und progressiv – ideologische Außenseiter im Amerika Ronald Reagans. Er traf sich zu Einzelgesprächen mit seinen Professoren, die betonten, wie wertvoll kritisches Denken sei. Er lernte, alles, was er las, infrage zu stellen, nicht alles für bare Münze zu nehmen, die Ansichten der anderen nicht zu beachten. Diese Philosophie bestätigte seine grundlegende Weltsicht und gab ihm die Sprache, um sie zum Ausdruck zu bringen. Bilott studierte Politikwissenschaft und schrieb seine Dissertation über den Aufstieg und Fall von Dayton. Er wollte Stadtdirektor werden.

Doch sein Vater, der spät im Leben noch Jura studiert hatte, ermunterte Bilott, das Gleiche zu tun. Zur Überraschung seiner Professoren stieg Bilott aus dem Promotionsprogramm in öffentlicher Verwaltung aus, um ein Jurastudium an der Ohio State University zu beginnen. Sein Lieblingskurs war Umweltrecht. Es war der einzige Bereich, in dem er das Gefühl hatte, «etwas bewirken zu können». Als er ein Angebot von Taft annahm, waren seine Mentoren und Freunde vom New College entsetzt. Sie warfen ihm vor, er sei käuflich. Doch Bilott sah es anders. Er wollte nur den besten Job annehmen, den er bekommen konnte. Er kannte niemanden, der als Firmenanwalt gearbeitet hatte, aber sein Vater sagte, je größer und wohlhabender eine Kanzlei sei, umso mehr Möglichkeiten würde er haben. Auch wenn Bilott sich keine großen Gedanken machte, leuchtete ihm das ein.

Bei Taft schloss er sich freiwillig Thomas Terps Umweltteam an. Es war, wie er vermutet hatte, eine Zeit, die große Chancen für Umweltjuristen bot. Zehn Jahre zuvor hatte der Kongress ein Gesetz erlassen, das als «Superfund» bekannt war und die Notfallsanierung von Sondermülldeponien finanzierte. Superfund brachte im Umweltrecht eine ganze Teildisziplin hervor, die ein tiefes Verständnis der neuen Vorschriften erforderte, um Verhandlungen zwischen Staat und Privatunternehmen führen zu können. Das war für Taft ein lukrativer Geschäftszweig, wenn auch nicht besonders verlockend für neue Mitarbeiter – mit Ausnahme von Rob Bilott.

Bilott sollte ermitteln, welche Unternehmen welche Giftstoffe und Sonderabfälle in welcher Menge auf welchen Deponien abluden. Er nahm Aussagen von Fabrikarbeitern auf, suchte in Archiven und stellte Unmengen historischer Daten zusammen. Er wurde ein Experte für den Regulierungsrahmen der amerikanischen Umweltschutzbehörde (Environmental Protection Agency, kurz EPA), für das Gesetz über sicheres Trinkwasser, das Gesetz über saubere

Luft, das Giftstoffüberwachungsgesetz. Er prägte sich die chemischen Zusammensetzungen der Schadstoffe ein, obwohl Chemie an der Highschool sein schlechtestes Fach gewesen war. Er lernte, wie die Firmen mit Sondermüll umgingen, wie die Gesetze angewendet wurden und wie man seine Mandanten schützte. Er wurde ein echter Kenner der Materie.

Bilott war stolz auf seine Arbeit. Er glaubte, dass die meisten seiner Mandanten das Richtige tun wollten. Seine Aufgabe war es, ihnen dabei zu helfen. Er machte oft Überstunden, und einige seiner Kollegen machten sich Sorgen um ihn. Augenscheinlich kannte er nur wenige Leute in Cincinnati und nahm sich nicht die Zeit, jemanden kennenzulernen. Eine Kollegin aus Terps Umweltteam erklärte sich bereit, ihn mit einer Kindheitsfreundin namens Sarah Barlage bekannt zu machen. Auch Sarah war Anwältin, bei einer anderen Kanzlei im Stadtzentrum, wo sie Firmen gegen Schadenersatzforderungen von Angestellten vertrat. Bilott traf sich mit den beiden Freundinnen zum Mittagessen in Arnold's Bar and Grill, dem ältesten Lokal in Cincinnatis Innenstadt. Jahre später konnte Sarah sich nicht erinnern, dass Bilott damals auch nur einmal den Mund aufgemacht hätte. Sie hatte sofort den Eindruck, dass er «anders war als die anderen Anwälte». Ihr machte seine Schweigsamkeit nichts aus, denn sie war ein gesprächiger Mensch und fand, dass sie sich gut ergänzten. Auch bei ihrer ersten Verabredung redete er nicht viel, denn sie gingen ins Kino und schauten sich *Kap der Angst* an. Später gestanden sie sich, dass sie eigentlich nur ungern ins Kino gingen. 1996 heirateten sie.

Zwei Jahre später kam der erste ihrer drei Söhne zur Welt. Bilott fühlte sich in seiner Stelle bei Taft so sicher, dass Barlage ihre Stelle aufgeben und sich ganz der Erziehung der Kinder widmen konnte. Sein Vorgesetzter Terp hatte ihn aus jener Zeit als «unglaublich intelligent, energiegeladen, hartnäckig und sehr, sehr sorgfältig» in Erinnerung. Er war ein mustergültiger Taft-Anwalt. Eine Teilhaberschaft stand kurz bevor.

Doch dann rief Wilbur Tennant an.

•

Der Fall Tennant brachte Taft in eine äußerst ungewöhnliche Lage. Es war unangenehm, sich mit DuPont anzulegen, aber Thomas Terp ging davon aus, dass der Konflikt schnell beigelegt sein würde. Er verteidigte Bilott gegen besorgte Kollegen und erklärte, dass die Übernahme der Einzelklage Taft zu einer besseren Firmenkanzlei mache, wie wenn ein Fotograf selbst für ein Porträt posiert oder ein Geschäftsführer eine Schicht am Fließband übernimmt. Das sei die Taft-Methode, sagte er, doch Bilotts Kollegen waren skeptisch.

Um in West Virginia Klage erheben zu können, brauchte Bilott einen dort ansässigen Anwalt. Er wandte sich an Larry Winter, einen Anwalt für Personenschäden, der im Umgang mit Menschen ganz anders als er selbst war – redselig, charmant, locker –, aber ebenfalls wusste, wie Riesenkonzerne funktionierten. Winter hatte selbst jahrelang als Anwalt für DuPont gearbeitet – als Teilhaber bei Spilman Thomas & Battle, die DuPont in West Virginia vertraten. Er war verblüfft, dass Bilott DuPont verklagte und trotzdem bei Taft blieb – «Unfassbar», sagte er –, freute sich aber, an dem Fall mitwirken zu können.

Bilott tat für die Tennants, was er auch für jeden Firmenmandanten getan hätte. Er nahm Genehmigungen in Augenschein, studierte Grundstücksverträge und forderte alle Unterlagen an, die mit der Dry-Run-Deponie zusammenhingen, einschließlich der Chemikalien, die DuPont dort entsorgte. Im Sommer 1999 reichten Bilott und Winter im Southern District of West Virginia offiziell eine Bundesklage gegen DuPont ein. Darin warfen sie dem Unternehmen vor, es habe gegen die Genehmigungen verstoßen und den Grund und Boden der Tennants verseucht. Noch in derselben Woche erhielt Bilott einen Anruf von DuPonts Syndikus Bernard Reilly.

Es schien eine glückliche Fügung zu sein: Bilott kannte Reilly seit Jahren und bewunderte ihn. Reilly sprach auf onkelhafte Art mit ihm, wie ein älterer Kollege oder ein Mitglied seines Clubs. Reilly sagte, er wolle dem jungen Anwalt in der Angelegenheit seiner Großmutter wirklich helfen. Und er habe eine gute Nachricht: DuPont habe bereits zu nicht unerheblichen Kosten eine eigene Untersuchung der Deponie eingeleitet, in Kooperation mit der EPA. Sechs Tierärzte – drei von DuPont ausgewählt und drei von der Behörde – würden die Ursache der Probleme mit den Rindern ermitteln. Bilott, überzeugt, dass eine Lösung bevorstand, willigte ein, auf die Ergebnisse zu warten, bevor er weitere Unterlagen anforderte. Reilly sagte, es werde ein paar Wochen dauern.

Es dauerte sechs Monate. Die Tierärzte kamen zu dem Schluss, dass DuPont für den Tod der Rinder keine Verantwortung trug. Trotz gründlicher Tests am Bach hatten sie «keine Anhaltspunkte für Giftstoffe» entdeckt. Verantwortlich sei stattdessen schlechte Viehhaltung: «falsche Ernährung, unzureichende tierärztliche Versorgung und mangelnde Fliegenbekämpfung». Die Tennants kannten sich angeblich nicht mit Viehhaltung aus. Wenn die Kühe starben, sei das ihre eigene Schuld.

Das gefiel den Tennants gar nicht, zumal sie unter den Folgen ihres Widerstands gegen den größten Arbeitgeber von Parkersburg zu leiden begannen. Sie beklagten sich bei

Bilott, dass Männer in Pick-ups vor ihrem Grundstück parkten und sie fotografierten. Als sie eines Tages vom Kirchgang nach Hause kamen, waren ihre Akten im ganzen Zimmer verstreut. Hubschrauber flogen so niedrig über ihre Häuser hinweg, dass die Bilderrahmen von den Wänden fielen. Alte Freunde ignorierten die Tennants auf der Straße oder verließen das Restaurant, wenn sie es betraten. Darauf angesprochen, sagten sie zu ihnen: «Ich darf nicht mit euch reden», weil es selbstverständlich war, dass DuPonts Anweisungen in Parkersburg genauso bindend waren wie das Wort Gottes. Die Tennants wechselten viermal die Kirchengemeinde. Wilbur Tennant, dessen Gefriertruhe randvoll mit Rinderorganen war, wurde immer paranoider. «Er war zum Mord bereit», sagte Della. Wenn die Hubschrauber über ihnen dröhnten, stand er mit seinem Kaliber-25-06-Gewehr neben seinem Pick-up und brüllte den Himmel an.

Die Tennants riefen fast jeden Tag im Büro an, doch Bilott hatte ihnen nur wenig zu sagen. Er konnte es ihnen nicht übel nehmen, dass sie wütend waren. Auch er war wütend. Das Gutachten war, wie er viel zu spät begriff, bloß eine Verzögerungstaktik, noch dazu eine erfolgreiche, und sie kostete ihn mehr als sechs Monate Arbeit. Er bat den Richter, den Prozess zu verschieben. Er brauchte Zeit, um nach Dokumenten zu suchen, die erklärten, was die Seuche auf der Farm der Tennants ausgelöst hatte.

Nach dem Gutachten übergab DuPont den Fall an Spilman, die Kanzlei in West Virginia, in der Larry Winter Teilhaber gewesen war. Das schien eine Chance zu sein. Winter unterhielt noch freundschaftliche Beziehungen zu seinen früheren Kollegen. Sie ließen ihm bedenkenlos die internen Aufzeichnungen von DuPont zukommen. Bilott machte es sich zur Aufgabe, jedes Dokument – Korrespondenz mit der Regulierungsbehörde, Genehmigungsanträge, Grundstücksverträge – persönlich zu prüfen, konnte aber nichts entdecken, was dem Gutachten widersprach. Als er um mehr Informationen bat, um Akten, die mit den in Washington Works verwendeten Chemikalien zusammenhingen, reagierten die Spilman-Anwälte nicht mehr so freundlich. Sie hörten auf zu kooperieren, und wann immer sie etwas verzögern konnten, taten sie es. Doch erst als Bernard Reilly, der den Fall nach Bilotts Einschätzung schon vor Monaten abgegeben hatte, Bilotts Chef anrief, um sich zu beklagen, und ihn aufforderte, «mit der ganzen unnötigen Ermittlung» aufzuhören, begriff Bilott, dass er auf der richtigen Spur war. Im August 2000, nachdem er auf seiner Schatzsuche mehr als 60 000 Dokumente überprüft hatte, entdeckte er es.

•

Er fand es in einem Brief, den DuPont knapp zwei Monate vorher an die EPA geschickt hatte. Der Verfasser, ein Direktor für «Angewandte Toxikologie und Gesundheit», nahm Bezug auf eine Blutserum-Studie bei Angestellten in Washington Works. Gegenstand der Studie war eine Chemikalie mit kryptischem Namen: Ammoniumperfluoroctanoat oder APFO. In all den Jahren, in denen Bilott mit Chemiekonzernen zusammengearbeitet hatte, war ihm APFO noch nie untergekommen. Es tauchte weder auf einer Liste regulierter Stoffe auf, noch konnte er es in Tafts hauseigener Bibliothek mit den vielen Chemielexika und umfassenden Datenbanken über Gefahrenstoffe entdecken. Doch ein bei Taft beschäftigter Chemie-Experte konnte sich vage an den Artikel einer Fachzeitschrift über eine ähnlich klingende Verbindung erinnern: Perfluoroctansulfonat, ein seifenartiger Wirkstoff, der vom Technologiekonzern 3M bei der Herstellung von Scotchgard verwendet wurde. Vor zwei Monaten – kurz vor dem Brief an die EPA – hatte 3M angekündigt, ihn nicht mehr herzustellen.

Bilott forderte die Herausgabe aller Unterlagen im Besitz von DuPont, die etwas mit dem Stoff zu tun hatten. Das Unternehmen weigerte sich. Bilott beantragte eine gerichtliche Anordnung, um die Herausgabe zu erzwingen. Daraufhin trafen in der Zentrale von Taft Dutzende von Kartons mit ungeordneten Akten ein: interne Korrespondenz, ärztliche Gutachten, vertrauliche Studien. Sie kamen palettenweise, insgesamt mehr als 100 000 Seiten, manche ein halbes Jahrhundert alt. Das war eine Strategie, die in Anwaltskreisen «jemanden unter Papieren begraben» genannt wurde, doch für Bilott war es das reinste Geschenk. In den nächsten Monaten saß er auf dem Boden seines Büros, studierte die Dokumente und ordnete sie chronologisch. Er verzichtete auf seine Mittagspausen und ging nicht mehr ans Telefon. Seine Sekretärin erklärte den Anrufern, Mr. Bilott könne sein Telefon nicht rechtzeitig erreichen, da er von Kartons umzingelt sei. Allmählich hatte Bilott das Gefühl, dass er der Erste war, der die ganzen Akten je durchging. Zumindest wurde ersichtlich, dass niemand bei DuPont oder Spilman sich die Mühe gemacht hatte, die Unterlagen, die sie ihm schickten, zu überprüfen. Wie er es später ausdrückte: «Ich begann, eine Geschichte zu erkennen.»

Bilott neigte zu Tiefstapelei. («Zu sagen, dass Rob Bilott ein Tiefstapler ist», sagte sein Kollege Edison Hill, «ist Tiefstapelei.») Die Geschichte, die Bilott zu erkennen begann, während er im Schneidersitz auf dem Boden seines Büros saß, wäre eine Tragödie gewesen, wenn sie eine Form von Katharsis geboten hätte. Ihr Umfang, ihre Detailliertheit und ihre krasse Unverschämtheit waren verblüffend. Bilott sagte, er sei schockiert gewesen, doch auch das war Tiefstapelei. Er fand die Masse des Belastungsmaterials, das DuPont ihm geliefert hatte, einfach unglaublich. «Es war einer dieser Momente, in denen man beim Lesen seinen Augen nicht trauen kann», sagte er. «Dass das Ganze tatsächlich schriftlich festgehalten war. Es war etwas, wovon man ständig hört, aber nie erwartet hätte, es schwarz auf weiß vor sich zu sehen.»

•

An der Hochwassermauer im Point Park, am Ufer des Ohio ein paar Kilometer flussaufwärts von Washington Works, steht in großen weißen Buchstaben:

**Willkommen in Parkersburg, W. V.
«Lasst uns Freunde sein.»**

Vor Kurzem hatte jemand die zweite Zeile übertüncht. «Diese Verschandelung [der Hochwassermauer] widert mich an», schrieb ein Einwohner an den Redaktionsleiter. «Ich hoffe aufrichtig, dass der Vandalismus bald behoben wird.»

Die Bewohner von Parkersburg und den benachbarten Städten haben seltsame Erinnerungen an das Wasser. Sandra Follett weiß noch, dass sie als Jugendliche an Sommerabenden mit ihren Freunden zu einem warmen Teich auf dem Gelände von DuPont schlich, der von zweiköpfigen Fröschen bevölkert war. Die Jungen fingen die kleinen Monster, die Mädchen kreischten, und die Paare knutschten zum Klang der missgebildeten Frösche, die aus beiden Mäulern quakten.

Als Mike Smalley Ende der Achtzigerjahre mit seiner Frau Linda in die Gegend zog, hörten sie Gerüchte, dass DuPont das Trinkwasser verschmutze, schenkten dem aber keinen Glauben. Smalley brach bei der Erinnerung in Tränen aus. «Linda hatte einen großen Wasserkrug. Sie füllte ihn auf, wenn sie von der Arbeit nach Hause kam, und trank den ganzen Abend daraus. Ich und die Jungs tranken kein Wasser. Ich trank immer Cola und sie Mountain Dew. Aber Linda trank bestimmt fünf Liter am Tag.» Später, als sie schon krank war, sagte sie resigniert: «Und ich habe so viel Wasser getrunken.»

Darlene Kiger erinnerte sich an die sterbenden Haustiere. Ihre Mutter kaufte immer wieder Sittiche, und sie starben jedes Mal ohne ersichtlichen Grund. Auch Hunde starben ständig. Nachdem der erste Hund ihrer Nachbarin riesige Tumore entwickelt hatte, schaffte sie sich einen Pudel an, der ebenfalls Tumore bekam. Kigers eigener Malteser, den sie Dog nannte, bekam keinen Krebs. Er wurde blind. Ihre Kinder lachten, wenn Dog gegen Telefonmasten rannte, doch als er begann, von Stühlen zu stürzen und sich, von krampfartigen Anfällen geschüttelt, am Boden wand, verging ihnen das Lachen. Danach legten sie sich keine Hunde mehr zu.

Es waren nicht nur die Tiere. Darlene kannte drei Männer in ihren Zwanzigern, bei denen Hodenkrebs diagnostiziert worden war. Es schien, als gäbe es in Parkersburg kein Kind ohne Asthma. Sie kannte eine alte Frau, bei deren fünfjähriger Enkelin sich die Zähne plötzlich schwarz verfärbt hatten.

•

Bilott verfolgte die Geschichte bis 1951 zurück, damals hatte DuPont angefangen, von 3M eine Chemikalie namens Perfluoroctansäure oder PFOA zu kaufen – der geläufigere Name für APFO. DuPont wollte PFOA bei der Herstellung von Teflon verwenden. 3M hatte PFOA, das gewöhnlich die Form einer außerordentlich gleitfähigen Flüssigkeit annahm, erst vier Jahre vorher erfunden. Es sollte verhindern, dass eine Beschichtung während der Produktion verklumpte. Obwohl PFOA nicht als Gefahrstoff eingestuft war, empfahl 3M, es zu verbrennen oder auf einer Chemiemülldeponie zu entsorgen. Die Wissenschaftler von DuPont erstellten eigene Anweisungen zur Entsorgung von PFOA. Sie legten fest, dass es nicht ins Oberflächenwasser oder in die Kanalisation und unter gar keinen Umständen in die öffentliche Wasserversorgung gespült werden dürfe.

Bilott erfuhr, dass 3M und DuPont seit mehr als vier Jahrzehnten geheime medizinische Studien zu PFOA durchgeführt hatten. 1961 fanden Forscher von DuPont heraus, dass sich bei Ratten und Kaninchen, die der Chemikalie ausgesetzt waren, in einigen Fällen die Leber vergrößerte. PFOA dockte an Bluteiweißen an und reiste so als blinder Passagier durch den ganzen Blutkreislauf und zu jedem Körperorgan. In den Siebzigerjahren entdeckte man bei DuPont, dass das Blut der Angestellten von Washington Works hohe Konzentrationen der Chemikalie enthielt. Obwohl Unternehmen bereits gesetzlich verpflichtet waren, Beweise für «substanzielle» Gesundheitsrisiken offenzulegen, die durch die Produkte entstehen, meldete DuPont der EPA nichts davon.

Die Firma 3M, die DuPont und andere Konzerne weiterhin mit PFOA versorgte, fand zwischen 1978 und 1981 heraus, dass der Kontakt mit der Substanz für Kaninchen, Beagles und Rhesusaffen tödlich ist. Wenn Ratten PFOA verzehrten, hatten ihre Jungen angeborene Fehlbildungen. Nachdem 3M diese Informationen weitergegeben hatte, testete DuPont die Kinder schwangerer Angestellter in der Teflon-Abteilung. Bei zwei von sieben Babys traten Augenschäden auf. DuPont unterließ es, diese Information offenzulegen.

Inzwischen war bekannt, dass sich PFOA aufgrund seiner chemischen Struktur nur äußerst schwer abbauen ließ. Es war weder löslich, noch konnte es durch den Stoffwechsel umgewandelt werden. Wie radioaktive Strahlen oder Kohlenstoff in der Atmosphäre reicherte PFOA sich dauerhaft an. Jeder Tropfen – jedes Teilchen pro Billion – zählte. Durch seine Beständigkeit, Gleitfähigkeit und extreme Langlebigkeit, Eigenschaften, die es in Seifen und Bindemitteln unglaublich nützlich machten, war es erschreckend giftig. Man brauchte PFOA nicht literweise zu trinken, um sich zu vergiften. Über eine längere Zeitspanne aufgenommen, reichten schon kleinste Mengen aus.

DuPont versuchte zu ermitteln, ob PFOA in Luft, Boden und öffentlicher Wasserversorgung zu finden war. Jahrzehntelang hatte das Unternehmen seine eigenen Richtlinien ignoriert und Hunderttausende Kilo PFOA-Pulver durch die Abflussrohre der Parkersburger Produktionsstätte in den Ohio geleitet. DuPont entsorgte tonnenweise PFOA-haltigen Schlamm in «Zersetzungsbecken»: offene, unausgekleidete Gruben auf dem Gelände von Washington Works, aus denen die chemische Substanz in den Boden sickerte. Aus den Fabrikschornsteinen wurde PFOA-Staub, die giftigste Form des Stoffs, in die Luft geblasen.

1984 fand DuPont heraus, dass PFOA-Staub sich auch weit außerhalb des Fabrikgeländes abgesetzt hatte und PFOA-Schlamm ins örtliche Grundwasser eingedrungen war. DuPont berief eine Besprechung in der Firmenzentrale in Wilmington ein, an der neun Führungskräfte und der leitende Toxikologe teilnahmen. Das medizinische Team und die Rechtsabteilung schlugen vor, die Verwendung von PFOA unverzüglich einzustellen. Die Manager waren nicht überzeugt. Da sie PFOA schon seit mehr als dreißig Jahren produzierten, waren sie für die Schäden bereits rechtlich verantwortlich. Eine Weiterverwendung würde keine wesentlichen neuen Haftungsansprüche begründen. Außerdem, so einer der Manager, würde die Streichung von PFOA «die langfristige Rentabilität dieses Geschäftszweigs aufs Spiel setzen». In den folgenden Jahren steigerte DuPont die Produktion von PFOA mit der Hemmungslosigkeit eines entflohenen Häftlings, der eine letzte Sauftour auskostet.

1991 bestimmten Wissenschaftler von DuPont einen internen Grenzwert für die PFOA-Konzentration in Trinkwasser: ein Teilchen pro Milliarde. Im selben Jahr stellte DuPont fest, dass das PFOA-Niveau im Wasser des Ortes dreimal so hoch war. Wieder weigerte sich DuPont, die Information zu veröffentlichen. Stattdessen wurde beschlossen, den giftigen Schlamm, der auf dem Fabrikgelände in offenen Gruben vor sich hin brodelte, zu entsorgen. Glücklicherweise hatte man gerade von einem niedrigen Angestellten 25 Hektar Land gekauft, die perfekt dafür geeignet waren. In den Akten von DuPont fand Bilott Flurkarten der Tennant-Farm.

Wie Bilott herausfand, wusste DuPont seit den Neunzigerjahren, dass PFOA bei Labortieren Hoden-, Bauchspeicheldrüsen- und Leberkrebs verursachte. Laut einer Studie war der Kontakt mit PFOA mit DNA-Schäden verbunden, laut einer anderen mit Prostatakrebs. Schließlich bemühte sich das Unternehmen, eine Alternative zu PFOA zu entwickeln. 1993 wurde in einer internen Mitteilung verkündet, dass «man erstmals einen brauchbaren Kandidaten» hatte, der anscheinend weniger toxisch sei und bei Weitem nicht so lange im Körper bleibe. Nach einer weiteren Besprechung in der Firmenzentrale entschied sich DuPont wieder gegen eine Änderung. Das Risiko sei zu hoch: Produkte, die mit PFOA hergestellt wurden, brachten einen jährlichen *Profit* von einer Milliarde Dollar. Nachdem 3M die Produktion von PFOA eingestellt hatte, baute DuPont eine neue Fabrik, um den Stoff selbst herzustellen.

DuPont produzierte jedes Jahr mehr PFOA, und 1999,

im letzten in den Daten berücksichtigten Jahr, erreichten die Emissionen ihren Höchststand. PFOA wurde nicht nur bei der Produktion von Teflon verwendet, sondern auch bei Pommes-frites-Boxen von McDonald's, Pizzakartons und Popcornbeuteln für die Mikrowelle. PFOA und seine chemischen Cousins waren wesentliche Bestandteile von industriell hergestellten Möbeln und Teppichen, von Campingausrüstungen, Regenmänteln, Hydraulikflüssigkeiten, bei der Herstellung von Röntgenfilmen, Halbleitern, Postits und anderen Haftpapierwaren und dem vom amerikanischen Militär verwendeten Feuerlöschschaum. Je nachdem, wie man die Sache betrachtete, waren Fluorchemikalien der Klebstoff, der die moderne Gesellschaft zusammenhielt, oder die glitschige Schmiere, die sie zur Auflösung brachte.

In später gelieferten Unterlagen, die auf Computerdisketten gespeichert waren, entdeckte Bilott eine Reihe von Nachrichten, die Bernard Reilly auf seinem Firmen-BlackBerry verfasst hatte. In Mitteilungen an seinen Sohn beklagte sich Reilly über seine Vorgesetzten. «Ich kann meinen Mandanten sagen: ‹Ich hab's ja gesagt›», schrieb er, «aber das ist kein großes Vergnügen, traurig, dass sie so ahnungslos sind – wahrscheinlich denken sie, die Leute trinken unser Zeug gern.» An anderer Stelle beklagte er sich, dass sich DuPont «in den Neunzigern nicht mit diesem Problem befassen wollte, und jetzt, wo sie damit konfrontiert werden, haben manche Leute noch immer keine Ahnung. Miserable Unternehmensführung ...» Außerdem schrieb er: «In WV ist die Kacke am Dampfen. Der Anwalt der Farmerfamilie blickt bei dem Tensid-Problem langsam durch ... Dieser Scheißkerl.»

Der Tennant-Fall schien plötzlich nur noch ein Nebenaspekt der Geschichte zu sein, der jetzt geklärt werden konnte. 1990 entdeckte Bilott, dass DuPont mehr als sechstausend

Tonnen PFOA-Schlamm im Dry Run entsorgt hatte. Die Wissenschaftler des Unternehmens untersuchten den Bach und stellten fest, dass die Konzentration an PFOA den Wert, den sie für ungefährlich hielten, um das Tausendsechshundertfache überstieg. DuPont teilte das den Tennants damals nicht mit, und auch in dem Gutachten, das der Konzern zehn Jahre später in Auftrag gab und in dem schlechte Haltung für den Tod der Rinder verantwortlich gemacht wurde, war davon keine Rede. Bilott hatte alles, was er brauchte.

•

Im August 2000 rief Bilott Bernard Reilly an und sagte, er wisse, was vor sich gehe. Es war ein kurzes Gespräch. DuPont willigte ein, mit den Tennants einen Vergleich zu schließen und das Erfolgshonorar für Taft zu bezahlen. Damit hätte das Ganze zu Ende sein können. Doch Bilott war nicht zufrieden. Er war wütend.

DuPont war ganz anders als die Firmen, die er bei Taft vertreten hatte. Seit Jahrzehnten hatte das Unternehmen gewusst, dass PFOA gesundheitsschädlich war, und dennoch hatte man riesige Mengen davon im Wasser, in der Luft und im Boden entsorgt. Bilott hatte gesehen, was PFOA bei Rindern anrichtete. Was richtete es bei den Zehntausenden Menschen an, die es tagtäglich aus dem Wasserhahn zapften und tranken? Wie sah es im Inneren ihrer Köpfe aus? Waren auch ihre inneren Organe leuchtend grün?

Monatelang arbeitete Bilott an einem fast tausend Seiten langen Schriftsatz gegen DuPont. Seine Kollegen nannten seine Darstellung «Robs berühmter Brief». Darin sprach er von «einer sich abzeichnenden großen Gesundheitsbedrohung» und forderte unverzügliche Maßnahmen der Bundesbehörden, um PFOA zu regulieren und die Menschen, die in der Nähe der Fabrik wohnten, mit sauberem Wasser zu versorgen. Am 6. März 2001 schickte Bilott den Brief an die Direktoren aller wichtigen Regulierungsbehörden und den US-Justizminister. DuPont reagierte schnell und beantragte eine einstweilige Verfügung, um Bilott daran zu hindern, dass er die Regierung mit den Informationen versorgte, die er im Tennant-Fall aufgedeckt hatte. Ein Bundesgericht verweigerte die Verfügung. Bilott schickte seine gesamte Fallakte an die EPA.

Mit dem «berühmten Brief» überschritt Bilott eine Grenze. Obwohl er nominell die Tennants vertrat – der Vergleich musste noch unter Dach und Fach gebracht werden –, sprach er für die Öffentlichkeit und machte massiven Betrug und kriminelles Verhalten geltend. Er war nicht nur für DuPont zu einer Bedrohung geworden, sondern, in den Worten eines internen Firmenpapiers, auch für «die gesamte Fluorpolymer-Industrie», die für die Hochleistungskunststoffe verantwortlich war, die bei Küchengeräten, Computerkabeln, medizinischen Implantaten und den Lagern und Dichtungen in Automobilen und Flugzeugen verwendet wurden.

Die Regulierung der Chemieindustrie wird ihr selbst überlassen. Trotz ihrer Besessenheit von Selbstdarstellung, Ernährung und Langlebigkeit verstehen die meisten Amerikaner genauso wenig wie auf dem Meeresboden lebende Wimperntierchen von den Substanzen, die ihre biologische Existenz extrem stark beeinflussen. Im Durchschnitt führt ein amerikanischer Mann seinem Körper tagtäglich 85 menschengemachte Chemikalien zu, bei einer amerikanischen Frau sind es fast doppelt so viele. Sie nehmen diese Stoffe, deren Namen sich jeglicher Erinnerung und sogar der Aussprache widersetzen, jedes Mal auf, wenn sie einatmen, essen, trinken, baden oder sich schminken. Viele davon bilden Rückstände in ihren Organen, ihrem Gewebe, ihrem Blut.

Manche, wie PFOA, bleiben für immer im Körper. Es sind mehr als 85 000 synthetische Chemikalien im Umlauf. Gut ein halbes Jahrhundert nach *Der stumme Frühling* und vierzig Jahre nachdem der Kongress das Gesetz zur Kontrolle giftiger Stoffe erließ, hat die amerikanische Regierung die Verwendung von sechs dieser Stoffe eingeschränkt.

Das Wissen über diese Chemikalien wird zumeist sorgsam gehütet und ist den Privatlaboren vorbehalten – bei Dow Chemical, DuPont, 3M –, in denen sie erfunden wurden. Bis zu einer Änderung des Gesetzes aus dem Jahr 2016 standen der EPA für die Überprüfung einer chemischen Substanz, die neu auf den Markt kam, nur neunzig Tage zur Verfügung. Sie führte keine eigenen Tests durch, sondern musste sich auf unabhängige Daten verlassen. Die meisten dieser Daten stammten aus den Firmen, die die Chemikalien herstellten. Wenn die EPA keine schnellen Maßnahmen ergriff, galt die Chemikalie für immer als umweltverträglich. PFOA und Zehntausende andere Chemikalien, die vor der Verabschiedung des Gesetzes von 1976 auf den Markt gebracht wurden, waren bereits als ungefährlich eingestuft worden. Dieser Zustand war hinnehmbar, wenn die Chemiefirmen, wie Rob Bilott anfangs geglaubt hatte, verantwortungsvolle Vertreter des öffentlichen Interesses waren. Doch der PFOA-Fall bewies, dass das nicht zutraf. Harry Deitzler, ein Klägeranwalt in West Virginia aus Bilotts Team, sagte, dass Bilott «ein ganz neues Kapitel aufschlug. Vor seinem Brief konnten sich die Konzerne auf die öffentliche Fehleinschätzung verlassen, dass gefährliche Chemikalien staatlich reguliert wurden. Doch Robs Brief sagte: Moment mal – der Umstand, dass eine Chemikalie nicht reguliert ist, bedeutet nicht, dass sie gesundheitsverträglich ist.» Bilott zeigte DuPont, was Selbstregulierung wirklich war.

Tafts Mandanten murrten. Sie wollten wissen, auf wessen Seite Taft stand. Bilotts Kollegen stellten dieselbe Frage. «Ich bin nicht dumm», sagte Bilott. «Und die Leute in meinem Umfeld sind es auch nicht. Man kann die wirtschaftlichen Gegebenheiten des Geschäfts nicht ignorieren.» Er konnte nicht genau sagen, ob der Grund für seine berufliche Isolation bei Taft seine Arbeit für das feindliche Lager war oder die Zeit, Tausende von Stunden, die er isoliert und ohne Kontakt zu seinen Kollegen verbrachte. Doch damit hielt er sich nicht auf. Ständig warteten neue Unterlagen auf ihn, Hunderttausende Dokumente, und er hatte nie genug Zeit.

Robs «berühmter Brief» führte 2005 dazu, dass DuPont mit der EPA einen Vergleich über 16,5 Millionen Dollar schloss, nachdem diese das Unternehmen beschuldigt hatte, sein Wissen über die Giftigkeit von PFOA verschwiegen zu haben. DuPont musste keine Haftung übernehmen, doch es war die höchste Ordnungsstrafe, die die EPA in ihrer Geschichte erwirkt hatte. Die Geldstrafe betrug weniger als zwei Prozent des Gewinns, den DuPont in jenem Jahr mit PFOA erwirtschaftet hatte.

Bilott vertrat nie wieder einen Firmenmandanten.

•

Im Sommer 2001 erhielt Bilott den Anruf eines Abendschullehrers aus Parkersburg namens Joseph Kiger. An Halloween hatte Kiger vom örtlichen Wasseramt eine seltsame Mitteilung erhalten, die seiner Monatsabrechnung beigefügt war. Darin stand, dass eine unregulierte Chemikalie namens PFOA in «niedriger Konzentration» im Trinkwasser entdeckt worden war. Es gab noch mehr verwirrende Zeilen, die Kiger beim Lesen unterstrich, in einer vagen Sprache, die dafür gedacht zu sein schien, den Leser gegen eine verborgene Wahrheit zu immunisieren. Das Ganze endete mit der Erklärung: «DuPont gibt an, es lägen toxikologische und epidemiologische Daten vor, die dafür sprechen, dass die von DuPont aufgestellten Belastungsrichtlinien die menschliche Gesundheit schützen.» Tautologischer Unsinn.

Dennoch hätte Kiger das Schreiben vielleicht vergessen, wäre seine Frau nicht beunruhigt gewesen. Darlene hatte als Erwachsene schon viel über PFOA nachgedacht. Ihr erster Mann, ihre Highschool-Liebe, war Chemiker im PFOA-Labor von DuPont. Sie waren eine mustergültige Washington-Works-Familie gewesen. «Wenn man in dieser Stadt bei DuPont arbeitete», sagte Darlene, «konnte man alles haben, was man wollte.» DuPont bezahlte die Ausbildung ihres Mannes, sicherte seine Hypothek ab und zahlte ein großzügiges Gehalt. Man überließ ihm sogar einen kostenlosen Vorrat an PFOA, den Darlene zur Reinigung des Wagens und zum Geschirrspülen verwendete. Manchmal kam ihr Mann nach der Arbeit in einem der PFOA-Vorratstanks mit Fieber und Durchfall nach Hause, obwohl er die Schutzkleidung getragen hatte, die seine Kollegen «Raumanzug» nannten, doch das war eine erträgliche Unannehmlichkeit. Dass man von den PFOA-Tanks krank wurde, war nichts Ungewöhnliches, die Arbeiter nannten es «Teflon-Grippe».

Nachdem Darlene 1976 ihr zweites Kind zur Welt gebracht hatte, kam er eines Abends in einer grauen DuPont-Uniform nach Hause. Er erklärte, er dürfe seine Arbeitskleidung nicht mehr mit nach Hause nehmen, weil DuPont herausgefunden habe, dass PFOA gesundheitliche Probleme bei Frauen oder Geburtsschäden auslösen könne. Sechs Jahre später, als ihr mit 36 in einem Notfalleingriff die Gebärmutter entfernt wurde, und acht Jahre später, als sie eine zweite Operation hatte, fiel ihr das wieder ein. Als der Brief vom Wasseramt

eintraf, musste Darlene wieder an die Kleidung ihres Ex-
manns und an die Gebärmutterentfernung denken. Was
hatte DuPont mit ihrem Wasser zu tun?

Joe rief bei der Behörde für natürliche Ressourcen in
West Virginia an («Die haben mich behandelt, als hätte ich
die Pest»), beim Büro des Umweltschutzamts in Parkersburg («‹Sie brauchen sich keine Sorgen zu machen›»), bei
der Wasserbehörde («Ich wurde aus der Leitung geworfen»),
dem örtlichen Gesundheitsamt («Ausgesprochen unverschämt»), ja sogar bei DuPont («Da hat man mir den größten
Unsinn erzählt, den man sich vorstellen kann»), bis endlich
ein Wissenschaftler im Regionalbüro der EPA seinen Anruf
entgegennahm. Kiger las den Brief vom Wasseramt vor.

«Ach du lieber Himmel», sagte der Mann. «Was zum Teufel hat dieses Zeug in Ihrem Wasser zu suchen?» Er schickte
Kiger Informationen über den Tennant-Prozess. In den Ge-
richtsunterlagen sah Kiger immer wieder denselben Namen:
Robert Bilott von Taft Stettinus & Hollister in Cincinnati.

•

Das einzige Mittel, das dem Ausmaß des Verbrechens ge-
recht werden könnte, war eine Klage im Interesse von allen,
deren Wasser mit PFOA belastet war. Bilott war eigentlich
in jeder Hinsicht der ideale Kandidat, um so einen Prozess
zu führen – es gab nur einen Haken an der Sache. Bilott
kannte die Geschichte von PFOA so gut wie die Experten
bei DuPont und das Regulierungsrecht so gut wie die Mitarbeiter der EPA. Doch eine Sammelklage wäre eine existenzielle Bedrohung für die Industrie, auf deren Aufträge Taft
angewiesen war. Sie würde einen Präzedenzfall schaffen,
um Konzerne wegen unregulierter Stoffe zu verklagen. Sie
würde als offene Kriegserklärung verstanden werden. Das

stellte Bernard Reilly bei einem weiteren telefonischen Einschüchterungsversuch gegenüber Terp klar. Ob Taft für den persönlichen Kreuzzug eines starrsinnigen Teilhabers alles aufs Spiel setzen wolle? Aber Terp knickte nicht ein.

Bilott hatte vor, im Namen der Wasserdistrikte zu klagen, die Washington Works am nächsten lagen. Doch Untersuchungen ergaben, dass ganze sechs Distrikte und Dutzende von privaten Brunnen mit PFOA-Konzentrationen belastet waren, die DuPonts eigenen internen Schwellenwert um das Siebenfache überstiegen. 70 000 Menschen tranken vergiftetes Wasser. Manche schon seit Jahrzehnten.

Für ein Gerichtsverfahren reichte das jedoch nicht aus. PFOA stand auf keiner regionalen oder staatlichen Schadstoffliste. Wie sollte Bilott geltend machen, dass Tausende von Menschen vergiftet worden waren, wenn PFOA rechtlich gesehen nicht schädlicher war als Wasser?

Die beste Zahl, die Bilott zur Einschätzung eines sicheren Grenzwerts hatte, war DuPonts eigener interner Maßstab, ein Teilchen pro Milliarde. Doch als man dort erfuhr, dass Bilott eine neue Klage vorbereitete, verkündete der Konzern, man werde diese Zahl neu bewerten. Wie schon im Tennant-Fall stellte DuPont ein Team aus eigenen Mitarbeitern und Wissenschaftlern der Umweltbehörde von West Virginia zusammen. Sie verkündeten einen neuen Grenzwert: 150 Teilchen pro Milliarde.

Bilott fand die Zahl «ungeheuerlich». Doch der Staat billigte den neuen Richtwert. Innerhalb von zwei Jahren wurden drei der DuPont-Anwälte, die den neuen Grenzwert festgelegt hatten, von der Umweltbehörde West Virginias eingestellt. Einem von ihnen wurde die Leitung der gesamten Behörde übertragen. Bilott war schockiert. Seine Kollegen aus West Virginia nicht. Bilott brauchte also eine neue Strategie.

Ausnahmsweise kamen ihm die rechtlichen Absonder-
lichkeiten West Virginias einmal zugute. Ein Jahr zuvor war
West Virginia einer der ersten Staaten gewesen, die im De-
liktrecht einen Anspruch auf medizinische Überwachung
anerkannten. Infolgedessen muss ein Kläger nur beweisen,
dass er einem *potenziellen* Gift ausgesetzt war. Wenn der
Kläger den Prozess gewinnt, muss der Angeklagte für regelmäßige ärztliche Untersuchungen aufkommen. Sollte der
Kläger eines Tages erkranken, kann er oder sie nachträglich
Schadenersatz einklagen. Obwohl vier der sechs mit PFOA
kontaminierten Wasserdistrikte am anderen Flussufer in
Ohio lagen, reichte Bilott Klage in West Virginia ein.

Inzwischen hatte die EPA eigene Ermittlungen zu PFOA
eingeleitet. 2002 veröffentlichte sie ihre ersten Erkenntnisse: PFOA könne nicht nur für jene, die belastetes Wasser
tranken, eine Gesundheitsgefährdung darstellen, sondern
auch für die Allgemeinheit – zum Beispiel für jeden, der
zum Kochen eine Teflonpfanne benutzt habe. Die EPA war
besonders beunruhigt, als sie erfuhr, dass PFOA in amerikanischen Blutbanken entdeckt worden war – 3M und DuPont
wussten das schon seit 1976. Die Kontamination mit PFOA
war keine regionale Krise mehr. Sie war eine sich im Zeitlu-
pentempo ausbreitende nationale Katastrophe. 2003 betrug
die durchschnittliche Konzentration von PFOA im Blut
eines erwachsenen Amerikaners vier bis fünf Teilchen pro
Milliarde.

Als die EPA DuPont im Juni 2004 verklagte, führte sie
DuPonts Versäumnis an, die Tatsache zu melden, dass PFOA
in der öffentlichen Wasserversorgung entdeckt worden
war. Drei Monate später schloss DuPont bei der Sammelklage einen Vergleich mit Bilott. Man erklärte sich bereit,
in den betroffenen Wasserdistrikten Filtervorrichtungen
zu installieren und einen Geldbetrag von siebzig Millionen

Dollar zu zahlen. Und man würde eine epidemiologische Studie finanzieren, um zu untersuchen, ob ein «wahrscheinlicher Zusammenhang» – ein Ausdruck, der die Frage der Verursachung mied – zwischen PFOA und irgendwelchen Krankheiten bestand. Sollte es einen Zusammenhang geben, würde DuPont für lebenslange ärztliche Überwachung der betroffenen Gruppe aufkommen.

Damals ging man logischerweise davon aus, dass die Anwälte sich einer neuen Aufgabe zuwenden würden. «Bei jeder anderen Sammelklage, von der man je gelesen hat», sagte Deitzler, «bekommt man seine zehn Dollar mit der Post, die Anwälte werden bezahlt, und das war's dann. Das war, was wir erreichen sollten.» Taft hatte seine Verluste wiedergutgemacht, und nicht nur das: Bilotts Anwaltsteam hatte ein Honorar von 21,7 Millionen Dollar verdient. Seine Kollegen betrachteten ihn erstmals mit Respekt. Bilott hatte allen Grund, die Sache zu beenden.

Aber er tat es nicht.

•

Es gab, in Bilotts Worten, «eine Lücke in den Daten». Die internen Gesundheitsstudien bei DuPont beschränkten sich, so erdrückend ihre Beweise auch waren, auf Angestellte. Zudem wurden solche Studien gewöhnlich beendet oder «pausiert», sobald sich belastende Ergebnisse einstellten. DuPont konnte dahin gehend argumentieren – und hatte es auch schon getan –, dass PFOA nur deshalb Gesundheitsprobleme hervorrief, weil die Testpersonen Fabrikarbeiter waren, die wesentlich höheren Konzentrationen der Substanz ausgesetzt seien als die Anwohner, die das belastete Wasser tranken. In Ermangelung weiterer Daten konnte das epidemiologische Gremium keine Krankheit untersuchen.

Die Datenlücke ermöglichte es dem Unternehmen zu behaupten, man habe nichts falsch gemacht.

Bilott vertrat 70 000 Menschen, die jahrzehntelang PFOA-haltiges Wasser getrunken hatten. Was, wenn man das Geld aus dem Vergleich dazu verwendete, sie zu testen? Bilott drängte darauf, die Auszahlung des Geldes an jeden Sammelkläger von einer gründlichen ärztlichen Untersuchung abhängig zu machen. Nach ein paar Monaten tauschten fast 70 000 West-Virginier ihr Blut gegen einen Vierhundert-Dollar-Scheck ein.

Das epidemiologische Team wurde mit medizinischen Daten überschwemmt, und DuPont konnte nichts dagegen tun. Dem Vergleich zufolge musste der Konzern die Untersuchungen unbegrenzt finanzieren. Die Wissenschaftler hatten das große Los gezogen. Sie konzipierten zwölf Studien, darunter auch eine, die anhand ausgefeilter Umweltmodellierungstechnik genau bestimmte, wie viel PFOA jeder einzelne Sammelkläger aufgenommen hatte.

Mit einem solchen Überfluss an Daten und Geld – die Studien kosteten DuPont 33 Millionen Dollar – war sichergestellt, dass die Ergebnisse, die das Gremium lieferte, stichhaltig sein würden. Doch wenn man nichts Belastendes fände, würde der Vergleich Bilotts Mandanten an einer Zivilklage wegen Körperverletzung hindern. Aufgrund der vielen Daten brauchte das Gremium für seine Analyse länger als erwartet. Zwei Jahre verstrichen ohne jedes Ergebnis. Bilott wartete. Ein drittes Jahr verging. Dann ein viertes, ein fünftes, ein sechstes. Noch immer schwieg das Gremium. Bilott wartete weiter.

•

Es war kein geruhsames Warten. Das Honorar aus dem Vergleich hatte Bilott eine Galgenfrist verschafft, doch als die Jahre ergebnislos verstrichen, befand er sich in einer unangenehmen Lage. In der eingeschworenen Gemeinschaft der Umweltjuristen war sein Ruf ruiniert, man wollte nichts mehr mit ihm zu tun haben. DuPonts führender Anwalt bei der Sammelklage weigerte sich, mit ihm zu verhandeln, andere mieden es, ihm vor Gericht in die Augen zu blicken oder ihn anzusprechen. Es zeigte sich in den Bilanzen von Taft, die allmonatlich auf den Schreibtischen der Teilhaber landeten, dass, egal wie erfolgreich der DuPont-Fall auch gewesen war, er nicht einmal annähernd die Geschäfte ersetzen konnte, die Bilott entgangen waren. Schon bald befand er sich wieder in der ihm bereits vertrauten Lage: Er kostete Taft Geld ohne Garantie, es je zurückzahlen zu können. Schließlich verließ er die Zentrale und zog in ein kleines Satellitenbüro, das am anderen Flussufer in Kentucky lag.

Doch er hatte so viel zu tun wie noch nie. Die öffentliche Aufmerksamkeit für die Schlagzeilen über Teflon hatte ein gewaltiges wissenschaftliches Interesse an synthetischen Perfluorverbindungen geweckt. Allwöchentlich, manchmal sogar täglich, wurden neue Studien veröffentlicht. Taft bezahlte weiter Sachverständige, die die Ergebnisse interpretierten und sie an die vom Gericht eingesetzten Epidemiologen weiterleiteten. Bilott beriet Sammelkläger in West Virginia und Ohio und reiste oft nach Washington, um an Besprechungen in der Umweltschutzbehörde teilzunehmen. Unterdessen bekamen viele der Sammelkläger Krebs und starben.

Er erhielt wütende und verzweifelte Anrufe von Mandanten. Wann würden sie zu ihrem Recht kommen? Unter den Anrufern war auch Jim Tennant. Wilbur, der jahrelang unter schwerer Atemnot gelitten hatte – geschwollener Hals, brennende Augen, Sehstörungen –, war an einem Herzinfarkt gestorben. Zwei Jahre später starb Wilburs Frau Sandra an Krebs. Der Gedanke, dass sie gestorben waren, bevor DuPont für seine Taten zur Verantwortung gezogen wurde, quälte ihn.

Bilott versuchte beharrlich, sich nichts anmerken zu lassen, doch seine Frau Sarah bekam die Anspannung in vielerlei Hinsicht zu spüren, auch wenn es ihm nicht auffiel. Sarah versuchte sich einzureden, dass es bald vorbei sein würde, aber sie wusste, dass Fälle dieser Größenordnung sich endlos hinzogen. Für die Kindheit ihrer Söhne galt das nicht. Der PFOA-Fall war Bilotts ganze Welt geworden, eine Welt weit weg von zu Hause, von Cincinnati, weit entfernt von der Erde. «Er verliert nur selten die Beherrschung», sagte Sarah. «Und er hat nicht viele andere Aktivitäten, in denen er sich abreagieren kann. Ich jogge fünf Kilometer. Oder ich schreie. Ich habe gedacht, dass man den ganzen Stress nicht in sich hineinfressen kann.» Seine Söhne glaubten, es sei der Beruf ihres Vaters, DuPont zu verklagen. Wenn sie später darüber nachdachten, fragten sie ihre Mutter: «Arbeitet Dad immer noch an dem Fall?» Sie nannten ihn den Lorax.

Eines Sonntagmorgens im Frühjahr 2010 hatte Bilott beim Duschen plötzlich einen Schwindelanfall, während seine Frau und die Söhne in der Kirche waren. Er sah alles verschwommen. Nachdem er sich abgetrocknet und angekleidet hatte, ging er mit seinen Socken in die Küche. Er war nicht imstande, die Socken anzuziehen. Sein Bein ließ sich nicht mehr anheben. Als Sarah und die Söhne zurückkamen, saß er mit ausdruckslosem Gesicht am Küchentisch. Seine Hand zitterte.

«Mein Arm fühlt sich seltsam an», sagte er. Kurz darauf konnte er nicht mehr sprechen. Er verlor das Bewusstsein.

Im Krankenhaus wurde festgestellt, dass es weder ein

Herzinfarkt noch ein Schlaganfall war. Die Erleichterung der Bilotts verwandelte sich in Besorgnis, als es den Ärzten – zuerst in Cincinnati, dann in der Mayo Clinic – nicht gelang, eine Diagnose zu stellen. Die Anfälle traten in regelmäßigen Abständen auf und gingen mit Seh- und Sprachstörungen und einseitiger Lähmung einher. Sie kamen plötzlich, ohne Vorwarnung, und ihre Auswirkungen waren tagelang zu spüren. Die Ärzte fanden Medikamente, die halfen, doch die Anfälle blieben. Manchmal zuckte in einer Besprechung sein rechtes Bein unkontrolliert, oder seine Worte wurden zusammenhanglos. Die Ärzte fragten, ob er bei der Arbeit unter hohem Druck stehe. «Alles ganz normal», sagte Bilott. «Genauso wie in den letzten Jahren.»

Die Ärzte standen vor einem Rätsel. Die einzige Möglichkeit, eine Diagnose zu stellen, hätte darin bestanden, ihm den Kopf aufzuschneiden wie einer von Wilbur Tennants Kühen.

•

Im Dezember 2011 – nach sieben Jahren – begannen die Epidemiologen ihre Ergebnisse zu veröffentlichen. Sie hatten einen «wahrscheinlichen Zusammenhang» zwischen PFOA und Nierenkrebs, Hodenkrebs, Schilddrüsenerkrankungen, einem hohen Cholesterinspiegel, Schwangerschaftstoxikose und geschwüriger Dickdarmentzündung entdeckt. Bilotts Mandanten riefen bei ihm an, um sich zu bedanken, dass er Goliath endlich besiegt hatte.

«Es herrschte Erleichterung», sagte Bilott.

Mehr als 3500 von Bilotts Mandanten klagten wegen Körperverletzung gegen DuPont. Darunter waren auch Sandra Follett, die von bei DuPont arbeitenden Familienmitgliedern als Simulantin bezeichnet wurde, obwohl ihre Darmprobleme sie ans Haus fesselten, Mike Smalley, dessen Frau sich geweigert hatte, etwas anderes als Wasser zu trinken, und an Nierenkrebs gestorben war («Ich bin mir ganz sicher, dass DuPont für den Tod meiner Frau verantwortlich ist»), und Carla Bartlett, die ihren Nierenkrebs überlebt hatte und 2015 als erste Sammelklägerin vor Gericht zog. DuPont hatte Bartletts Fall als einen der ersten ausgewählt, höchstwahrscheinlich, weil es sich bei ihr um eine eher niedrige Forderung handelte. Die PFOA-Konzentration in ihrem Blut war gering, ihre Behandlung war erfolgreich gewesen und hatte sie nicht viel gekostet, es gab zusätzliche Risikofaktoren, und der Krebs war nach zwanzig Jahren nicht wiedergekommen. DuPonts Anwälte erwarteten, dass der Ausgang des Bartlett-Prozesses die vielen künftigen Fälle schwächen würde. Ihr wurden 1,6 Millionen Dollar zugesprochen. Im Sommer 2016 erhielt ein zweiter Kläger, ein Collegeprofessor, der durch Krebs einen Hoden verloren hatte, 5,6 Millionen Dollar, der dritte, ein Lkw-Fahrer mit vier Kindern, der ebenfalls eine Hodenkrebserkrankung überlebt hatte, bekam 12,5 Millionen. Im Februar 2017, mitten im nächsten Prozess, gab DuPont auf. Das Unternehmen schloss mit der Gesamtheit der Sammelkläger einen Vergleich über 670,7 Millionen Dollar.

•

2013 stellte DuPont die Produktion und Verwendung von PFOA ein. Die fünf anderen Firmen auf der Welt, die PFOA verwendeten, taten das wenig später ebenfalls. Während der Fusion mit Dow Chemical gliederte DuPont seinen Chemiesektor aus und verwandelte ihn in ein neues Unternehmen mit dem Huxley'schen Namen Chemours (eine Mischung aus den Wörtern «Chemie» und «Nemours», von E. I. du

Pont de Nemours). Das neue Unternehmen ersetzte PFOA durch ähnliche Fluorverbindungen, die schneller biologisch abbaubar sein sollten. Wie schon PFOA werden diese neuen Stoffe nicht vom Staat reguliert. Auf die Frage, ob sie gefährlich seien, sagte Dan Turner, der Leiter der globalen Medienabteilung: «Es wurden umfassende Daten erstellt, die zeigen, dass diese Alternativen viel schneller aus dem Körper ausgeschieden werden als PFOA.» Das heißt schneller als die Jahrzehnte, die der menschliche Körper braucht, um PFOA auszuspülen.

2016 veröffentlichte die EPA eine «Gesundheitswarnung» vor PFOA und der damit verwandten Verbindung Perfluoroctansulfat oder PFOS. Die Behörde hielt es nicht für nötig, Bilott direkt in Kenntnis zu setzen, er fand es durch einen Google Alert heraus. Die EPA warnte davor, über einen längeren Zeitraum Wasser zu trinken, das eine Konzentration von PFOA oder PFOS enthielt, die 0,07 Teilchen pro Milliarde überstieg, eine Richtlinie, die Bilott für viel zu nachsichtig hielt. Die amerikanische Aktivistengruppe Environmental Working Group hatte einen Grenzwert von 0,001 Teilchen pro Milliarde vorgeschlagen, doch Bilott glaubte, dass alles über null gefährlich war.

Eine Gesundheitswarnung der EPA ist keine Regulierung, sie ist unverbindlich und nicht erzwingbar. Es ist aber festgelegt, dass die Kunden der öffentlichen Wasserversorgung benachrichtigt und über die Gefahren informiert werden müssen. Die Schmach eines solchen Eingeständnisses reicht gewöhnlich aus, um den Gesundheitsbehörden Beine zu machen. Schon wenige Stunden nach der Veröffentlichung gab die Gesundheitsbehörde von West Virginia eine Trinkwasserwarnung in drei Gemeinden heraus: in Parkersburg, im Nachbarort Vienna und im vier Stunden östlich gelegenen Martinsburg. Die Nationalgarde schickte Tanklastzüge mit Trinkwasser. Die Zeitung *Parkersburg News and Sentinel*, die es jahrelang weitgehend vermieden hatte, über die Sammelklage gegen den größten Arbeitgeber der Stadt zu berichten – einen Prozess, bei dem viele ihrer Leser als Kläger auftraten –, brachte einen Leitartikel mit der Überschrift «Keine Panik», in dem die EPA bezichtigt wurde, «über Nacht» ihre Meinung zu PFOA geändert zu haben. Die Redakteure wiesen darauf hin, dass das Wasser in der Gegend schon seit «Jahrzehnten» eine ähnliche Konzentration aufweise, als wäre das ein Grund zur Beruhigung.

2019 kündigte die EPA einen «Aktionsplan» für PFOA und PFOS an – ein Plan, im dem genaue Fristen, spezifische Ziele und jegliche Haftungsversprechen fehlten. Und er befasste sich mit keinem der vielen PFOA-Imitate, die inzwischen den Markt überschwemmen.

•

Sollten irgendwann wirkliche Regulierungen oder Verbote erlassen werden, wäre das für künftige Generationen ein Trost. Aber wenn Sie das hier im ersten Viertel des 21. Jahrhunderts lesen, haben Sie bereits PFOA im Blut. PFOA ist im Blut Ihrer Eltern, im Blut Ihrer Kinder, im Blut Ihrer Liebsten. Wie ist es dort hingelangt? Durch die Luft, durch die Nahrung, durch den Gebrauch von Antihaft-Kochgeschirr, durch die Nabelschnur. Überall, wo Wissenschaftler auf PFOA getestet haben, haben sie es auch gefunden. PFOA befindet sich im Blut oder in den lebenswichtigen Organen von Atlantischen Lachsen, Schwertfischen, Rotbarben, Kegelrobben, Kormoranen, Alaska-Eisbären, Braunpelikanen, Meeresschildkröten, Weißkopfseeadlern, kalifornischen Seelöwen und von Laysan-Albatrossen auf Sand-Island, einem Naturschutzgebiet auf dem Midway-Atoll, mitten im

Nordpazifik, auf halber Strecke zwischen Asien und Nordamerika.

«Wir haben eine Situation», sagte Joe Kiger, «die sich von Washington Works über den Bundesstaat ins ganze Land ausgebreitet hat, und jetzt ist das Zeug überall. Es ist eine weltweite Angelegenheit. Wir haben den Geist aus der Flasche gelassen. Aber es ist nicht bloß DuPont. Großer Gott, wir haben keine Ahnung, womit wir es hier zu tun haben.»

Bilott bereute es nicht, dass er zwanzig Jahre lang gegen DuPont gekämpft und PFOA zu seiner Lebensaufgabe gemacht hatte. Doch er war immer noch wütend. «Der Gedanke, dass DuPont so lange ungeschoren davongekommen ist», sagte er, wobei sein Ton zwischen Erstaunen und Zorn schwankte, «dass sie weiter damit Profit machen konnten, dann mit den Regierungsbehörden vereinbart haben, die Herstellung langsam auslaufen zu lassen, nur um es durch einen anderen Stoff mit unbekannten Auswirkungen auf den Menschen zu ersetzen – das haben wir den Behörden schon 2001 gesagt, doch sie haben im Grunde nichts unternommen. Das heißt, das Zeug blieb noch jahrelang im Trinkwasser des ganzen Landes. Und unterdessen bekämpft DuPont alle, die dadurch geschädigt wurden.»

Sie kämpften, weil sie es mussten. Sie fühlten sich weder der allgemeinen Gesundheit noch einer Verbesserung der Lebensqualität durch Chemie verpflichtet, sondern ihren Aktionären. Die Strategie der Produzenten gehörte zu den Verhaltensregeln der «Too-Big-to-Fail»-Doktrin. Wenn jeder PFOA in sich trug, konnten nur diejenigen als vergiftet gelten, die ungeheuren Konzentrationen des Stoffs ausgesetzt waren. Amerikaner hatten im Durchschnitt eine PFOA-Konzentration von circa zwei Teilchen pro Milliarde und die dreifache Menge von PFOS im Blut. Keine Konzentration ist ungefährlich, aber zwei Teilchen pro Milliarde werden inzwischen als normal eingestuft. Zwei Teilchen pro Milliarde sind unser biologisches Erbe.

Diese Erkenntnis bewog Bilott, seinen Partnern bei Taft einen neuen Prozess vorzuschlagen. Eine weitere Sammelklage, nur dass es sich diesmal um 328 Millionen Kläger handelte. Er argumentierte, dass die Produzenten von PFOA und seiner vielen chemischen Cousins die Bürger Amerikas wie die Rinder am Dry Run behandelt hatten: Sie hatten ihnen jahrzehntelang ohne deren Wissen oder Erlaubnis giftige Substanzen ins Blut gepumpt. Am 4. Oktober 2018 reichte Bilott in Columbus, Ohio, Klage ein. Er rechnete damit, dass der Kampf viele Jahre in Anspruch nehmen würde, vielleicht den Rest seines Lebens. Wenn Sie ein amerikanischer Bürger im 21. Jahrhundert sind oder irgendein anderer mit synthetischem Gift belasteter biologischer Organismus, dann vertritt Sie Rob Bilott.

2

DAS RÄTSEL DER TOTEN SEESTERNE – ÜBER DIE UNBEABSICHTIGTEN FOLGEN UNSERES WIRKENS

Allison Gong war Meeresbiologin, deshalb wusste sie genau, dass ein Seestern kein Blut, Gehirn oder zentrales Nervensystem hat. Dennoch sah sie die Seesterne in ihrem Labor unwillkürlich als Haustiere an. «Aus Verschrobenheit gehe ich eine emotionale Bindung ein», sagte sie, «obwohl sie meine Gefühle offensichtlich gar nicht erwidern können.»

Diese Bindung vertiefte sich in ihren ersten zwanzig Jahren am Long Marine Laboratory der University of California in Santa Cruz, wo sie die Seesterne den Studenten in ihren Meeresbiologiekursen präsentierte. Gong kümmerte sich um fünfzehn Tiere: acht Netzsterne, fünf Ockerseesterne, ein Leder- und ein Regenbogenseestern. Allmorgendlich begrüßte sie ihre Menagerie mit einem gutgelaunten «Hallo zusammen!». Sie sorgte dafür, dass ihre Schutzbefohlenen sich benahmen. Wenn ein Seestern aus seinem Becken kletterte, stupste sie ihn mit sanftem Tadel ins Wasser zurück: «Leute! Ihr wisst doch, dass ihr da drinbleiben müsst.» Sie notierte die Wassertemperatur; das Wasser stammte aus den Untiefen von Terrace Point, dem Riff, an dem das Long Marine Lab liegt. Von den Fenstern des Labors aus konnte man oft springende Delfine, auf dem Rücken schwimmende Seelöwen oder auftauchende Buckelwale sehen. Zum Frühstück fütterte Gong die Seesterne mit tiefgefrorenem Tintenfisch oder Teichstint, den sie in kleine, gut verdauliche Häppchen geschnitten hatte. Keiner der Seesterne, die in freier Natur etwa 35 Jahre und in Gefangenschaft mehr als dreimal so alt werden können, war in ihrer Obhut je gestorben, zumindest keines natürlichen Todes. Vor einigen Jahren hatte Gong einmal versehentlich ein Aquarium auf eines der Tiere fallen lassen und es zerquetscht. Sie hatte deswegen noch immer ein schlechtes Gewissen.

Auf die Entdeckung, die sie am Labor-Day-Wochenende 2013 machte, war sie deshalb nicht gefasst. Kaum hatte sie ihre Schützlinge begrüßt («Hallo zusammen!»), als sie feststellen musste, dass es einen Toten gab. Die Netzsterne, aggressive Aasfresser, waren zu einem einzigen Knäuel verflochten – das verhieß nichts Gutes. Gong löste die Sterne voneinander, um zu sehen, was sie fraßen: Es war die Leiche eines ihrer Mitbewohner, eines Ockerseesterns, mit dem sie sich fünf Jahre lang das Becken geteilt hatten.

Zwei Tage später fiel ihr auf, dass einige der anderen Seesterne kränklich aussahen. Sie hatten die Arme um ihre Bäuche geschlungen, als würden sie sich selbst umarmen. Gesunde Tiere, besonders Ockerseesterne, haben eine raue Oberfläche und eine muskulöse Konsistenz. Diese hier sahen aus wie schlaffe Luftballons. Schnell war der Punkt erreicht, an dem Gong Angst hatte, die Labortür zu öffnen. Am folgenden Tag berichtete ihr ein aschfahler Laborassistent, einer der Seesterne habe einen Arm verloren. Als Gong einen Tag später das Labor betrat, sah das Wasserbecken aus «wie ein Schlachtfeld». Die Seesterne waren schwammig weich und mit weißen Wunden übersät. An manchen Stellen quollen ihre Eingeweide hervor. Abgetrennte Arme krochen körperlos im Becken herum.

Es ist nicht ungewöhnlich, dass unter Stress stehende Seesterne sich ihrer Arme entledigen. Wenn ein neugieriges Kind einen Seestern an einem seiner Arme aus einem Gezeitentümpel hebt, kann das Tier den Arm abwerfen, um zu entwischen, und ihn später wieder nachwachsen lassen. Doch Gong wusste, dass es sich hier anders verhielt. Ihre Seesterne warfen die Arme nicht ab. Sie rissen sie sich aus, wie es vielleicht jemand tun würde, der unter einem Felsbrocken eingeklemmt ist und kein scharfes Werkzeug zur Verfügung hat: indem man den Arm mit der anderen Hand aus der Gelenkpfanne bricht. Sie rissen sich selbst in Stücke.

Anfangs sah es so aus, als würde die Krankheit nur die Ockerseesterne befallen. Doch bald zeigte auch der Regenbogenseestern Symptome. Als Gong eines Morgens ins Labor kam, sah sie, wie er einen seiner Arme abriss. Sie ging andere Tiere füttern, und als sie vierzig Minuten später zurückkam, hatte er sich zwei weitere Arme ausgerissen. Ein paar Tage später begannen der Lederseestern und der letzte Ockerseestern zu zerfallen. Die Netzsterne hingegen schienen nicht betroffen zu sein – zumindest nahmen sie keinen Schaden. Für sie war das Massensterben ihrer Mitbewohner ein Glücksfall. Sie fraßen die Leichen.

Für Gong war das Ganze «der reinste Albtraum». Sie hatte so etwas noch nie erlebt. «Diese grauenhafte, ausufernde Selbstverstümmelung – dass die Seesterne sich die eigenen Arme ausrissen und die abgetrennten Körperteile überall herumkrochen … ich hatte schon Tiere sterben sehen, aber das ist bloß eine einmalige Sache. Etwas stirbt, und man lebt sein Leben weiter. Doch das ging diesmal nicht.»

Sie erkundigte sich nebenan im Aquarium der Universität, das sein Wasser ebenfalls von Terrace Point bezog. Die Aquaristen hatten in ihrer eigenen Sammlung, zu der zwei Sonnenblumenseesterne, eine der größten Seesternarten der Welt, gehörten, ebenfalls Anzeichen einer rätselhaften Krankheit bemerkt. Diese Tiere können bis zu 24 Gliedmaßen von einem Meter Länge haben und kriechen so schnell und gespenstisch wie das eiskalte Händchen aus der Addams Family. Schon bald büßten auch die Sonnenblumenseesterne ihre Arme ein. Weil sie so riesig waren, sahen sie dabei wie geschlachtetes Großvieh aus. Die Aquaristen entfernten sie aus dem Besucherbereich, damit die Kinder nicht vor Schreck aufschrien.

•

Unweit davon saß Pete Raimondi in seinem kleinen Büro und hatte den Verdacht, dass die Ursache für den Tod der Seesterne nicht nur Terrace Point betraf.

Raimondi, dem Leiter des Fachbereichs Ökologie und Evolutionsbiologie an der UCSC, war vor Kurzem unerwartet die Rolle eines Seesterndetektivs zugefallen. Als Meeresbiologe, der seine Zeit mit Datenanalysen und Forschungsreisen entlang der Pazifikküste verbrachte, war er für diese Rolle nicht ganz ungeeignet. Sein rundes, wissbegieriges Gesicht, die wachen Augen und seine Ungeduld hatten durchaus etwas Detektivisches. Im Labor trug er zumeist Sandalen und Cargoshorts, doch mit Filzhut und ausgeblichenem Anzug wäre er glatt als Jake Gittes durchgegangen. Wie viele aus seinem Fachgebiet hatte Raimondi feststellen müssen, dass sich seine Forschung von der Datenanalyse hin zur Aufklärung von Verbrechen verlagert hatte, da die Ökosysteme, die er untersuchte, eine immer größere Ähnlichkeit mit Tatorten bekamen.

Raimondi wusste mehr als jeder andere über den Zustand der Seesterne an der Pazifikküste. Seit zehn Jahren war er Projektleiter bei MARINe, dem Multi-Agency Rocky Intertidal Network, ein unbeholfener Name, hinter dem sich aber einer der ehrgeizigsten Versuche verbirgt, die im Verschwinden begriffene Welt zu katalogisieren. Jedes Jahr wurden Forschungsteams zu zweihundert Orten an der Pazifikküste zwischen Graves Harbor auf dem Alaska Panhandle und Punta Abrejos in Baja, Mexiko, ausgesandt. Sie zählten die Tierbestände und zeichneten detaillierte Beobachtungen zu mehr als tausend Arten auf, darunter mindestens fünfzehn Seesternarten. Die Datenbank im Internet war öffentlich zugänglich. Sie sollte eine Grundlage für die Messung von Umweltbedingungen bilden, um ungewöhnliche Entdeckungen quantifizieren zu können – um bestimmen zu können, ob ein Ereignis unbedeutend, besorgniserregend oder apokalyptisch war. MARINe war das erste derart umfassende Überwachungssystem in den Vereinigten Staaten. Es gab auf der Welt nur ein einziges vergleichbares System, nämlich das zur Beobachtung des Great Barrier Reef. Die Wissenschaftler hatten keine präzise Kenntnis von der Verteilung der Meeresbewohner. Die Meere blieben unüberschaubar. Es wurde allgemein angenommen, dass menschliches Handeln ihre Zusammensetzung dramatisch veränderte, doch die Auswirkungen dieser Veränderungen wurden nicht angemessen überprüft. Das war beunruhigend, denn wenn sich die Zusammensetzung der Meere zu drastisch veränderte, würden Seesterne unsere geringste Sorge sein. Um den künftigen gesundheitlichen Zustand der menschlichen Zivilisation zu verstehen, muss man nur die Gesundheit der Meere zurate ziehen, von der die Gesundheit unserer Art abhängig ist.

Im Frühjahr 2013 erhielt Raimondi die ersten Berichte über die hohe Zahl von Fällen des Auszehrungssyndroms bei Seesternen. «Auszehrung» ist ein Oberbegriff, der verschiedene Formen körperlichen Verfalls beschreibt, was im Fall der Seesterne Flecken, Wunden, einen in sich zusammenfallenden Körper und das Abwerfen von Armen umfasst. Es gibt viele Umweltfaktoren und Krankheitserreger, die zu Auszehrung führen können. Auszehrung ist bei Seesternen das Äquivalent zu einer schweren Grippe beim Menschen und kann zu jedem beliebigen Zeitpunkt etwa ein Prozent der Tiere befallen. Doch wenn ein hoher Prozentsatz der Tiere stirbt, heißt das, dass etwas nicht stimmt. Das ist der Unterschied zwischen einem hartnäckigen Husten und einer Epidemie.

Raimondi kam schnell zu dem Schluss, dass es sich um eine Epidemie, vielleicht auch etwas noch Schlimmeres handelte. Im März berichtete ein Experte für Meerwasserqualität von der University of Washington, dass alle an der Küste von Vashon Island gefundenen Sonnenblumenseesterne Anzeichen von Auszehrung zeigten. Im April fielen einem Laboranten der Oregon State University Auszehrungssymptome bei Ockerseesternen im Carl G. Washburne Memorial State Park auf. Im Juni entdeckten Forscher am Sokol Point auf der Olympic-Halbinsel in Washington dahinsiechende Seesterne. Im August, auf einer Forschungsreise nach Kayak Island im Golf von Alaska, hundert Kilometer von der nächsten Ortschaft entfernt, stieß Raimondi selbst auf ausgezehrte Ockerseesterne. Danach wurden die Berichte noch schlimmer.

Im Herbst wurden immer öfter immer kränkere Tiere gefunden. Die Größe des Verbreitungsgebiets war alarmierend. Im Anchorage Museum starben gefleckte Seesterne, am Point Loma in San Diego waren es Blutseesterne. Die Tierärztin im Seattle Aquarium verfiel beim Anblick der kranken Tiere in Panik, stellte sie unter Quarantäne und behandelte sie mit Antibiotika. Als das erfolglos blieb, ließ sie jeden Seestern töten, der Krankheitssymptome zeigte. Die See sternpopulation am Terrace Point, dem Riff am Long Marine Laboratory, kollabierte. Taucher entdeckten erkrankte Seesterne in Subtidalzonen von Riffen, und Krabbenfischer fanden sie in Fallen, die aus hundert Metern Tiefe heraufgezogen wurden. Niemand wusste, wie man das Ganze bezeichnen sollte. Als Seuche? Als Populationskollaps? Als Aussterben? Die Wissenschaftler begannen, es «die Auszehrung» zu nennen.

•

Gong hatte so etwas noch nie erlebt, aber Raimondi schon. 1982, als Doktorand an der UC Santa Barbara, konnte er die Auswirkungen des stärksten El-Niño-Ereignisses im zwanzigsten Jahrhundert hautnah verfolgen. Die Temperaturen im Pazifik waren bis zu fünf Grad höher. Seesterne und andere Meeresbewohner starben massenweise am Auszehrungssyndrom. Das wiederholte sich nach dem El Niño von 1997/98, als manche Seesternbestände um mehr als die Hälfte zurückgingen. Dabei schien warmes Wasser der gemeinsame Faktor zu sein, besonders weil in überdurchschnittlich warmen Jahren in Südkalifornien oft örtlich begrenzte Krankheitsfälle aufgetreten waren. Der Temperaturanstieg galt auch als einer der Gründe für das Massensterben anderer Arten: der plötzliche Kollaps der Hummerfischerei im Long Island Sound 1999, die massenhafte Bleiche von Korallenriffen in der Karibik 2010, der Tod Tausender Pelikane an den Stränden Nordperus 2012.

Doch für die Auszehrung war wärmeres Wasser offenbar nicht verantwortlich. Obwohl sich die Meere weltweit erwärmten, war das Wasser an der Pazifikküste in den Jahren vor der Auszehrung relativ kühl gewesen, und die ersten toten Tiere waren im kälteren Wasser des pazifischen Nordwestens entdeckt worden. Es war das erste Mal, dass Raimondi von Auszehrungsfällen in Alaska gehört hatte. Am meisten überraschte ihn das Tempo, in dem die Tiere starben: Die Krankheit kam plötzlich, war verheerend und nahm keine Art aus. Nie zuvor hatte er gesehen, dass abgetrennte Arme umherspazierten. Oder Sonnenblumenseesterne «explodierten». Auch «Geisterseesterne» hatte er noch nie gesehen. Eine Krankheit ist ein schleichender Prozess, und der Seestern siecht tage- oder gar wochenlang. Doch die Auszehrung befiel die Tiere mit solcher Heftigkeit, dass einige von ihnen sofort zu verwesen begannen und sich nicht mehr vom Fleck rühren konnten. Ihr Weichgewebe zersetzte sich und wurde von pelzigen weißen Bakterien vertilgt, die wie Schimmel auf einem Brot aussahen, während die festen weißen Nadeln der Seesterne – ihre aus Kalziumkarbonat bestehenden Stacheln – erhalten blieben. Zurück blieb ein gespenstisches Abbild des Seesterns, das aussah wie eine Kreidesilhouette.

Raimondi beschrieb diese Geisterseesterne als «gruselig», ein Begriff, den Biologen in der Regel vermeiden. Doch die Auszehrung hatte zur Folge, dass Wissenschaftler, die ihre Worte normalerweise sorgfältig wählten, plötzlich wie Jugendliche sprachen. In Gesprächen über die Krankheit benutzten sie immer wieder Worte wie «Horror», «Schock» oder «Albtraum».

Biologen untersuchen ein Mortalitätsereignis so wie die Seuchenschutzbehörde einem Virusausbruch oder ein FBI-Agent einem Highwaykiller nachspürt. Es reicht nicht aus, die Opfer zu identifizieren. Sie müssen ermitteln, in welcher Reihenfolge sie starben. Sie müssen die Gewalt zu ihrem Ursprung zurückverfolgen. Aber aus welchem Blickwinkel Raimondi das Ganze auch betrachtete, er konnte kein Muster erkennen. Allein in der Gezeitenzone lag die Sterblichkeitsrate im Durchschnitt bei 75 Prozent. Doch die Tiere starben unterschiedlich schnell. Manche wurden in wenigen Stunden zu Geisterseesternen, manche starben erst nach einer Woche, und anderen gelang es wundersamerweise, sich zu erholen. Wenn die Epidemie mit einer Erhöhung der Wassertemperatur zusammenhing, warum hatte sich dann im Winter alles verschlimmert? Wenn sie durch Umweltverschmutzung hervorgerufen wurde, warum trat sie dann überall auf? Wenn sie durch einen Krankheitserreger ausgelöst worden war, warum breitete sie sich dann nicht von einem Ursprungsort aus, sondern tauchte mal hier, mal dort an der Küste auf? Inmitten der am schwersten betroffenen Gegenden fand man Enklaven gesunder Seesterne, in verschonten Regionen einzelne kranke Tiere. Das Ganze ergab keinen Sinn. Raimondi begann sich die Frage zu stellen, ob es sich überhaupt um ein Beispiel des Auszehrungssyndroms handelte. Vielleicht war es etwas völlig anderes, etwas noch nie Dagewesenes.

•

Kameraleute von CBS, NBC und CNN begannen, Raimondi auf seinen Forschungsreisen zu folgen. Boote mit seekranken Journalisten erschienen in der Bucht. Britische Boulevardzeitungen brachten Artikel mit Schlagzeilen wie «TAUSENDE VON SEESTERNEN TOT AN AMERIKANISCHER WESTKÜSTE ANGESPÜLT» oder «SEESTERNE REISSEN SICH DIE ARME AUS – WISSENSCHAFTLER STEHEN VOR EINEM RÄTSEL». Die Aufmerksamkeit der Presse hatte auch ihre Vorteile. Besorgte Menschen widmeten sich, erst einzeln und dann in Gruppen, der Rettung der Seesterne. Sie meldeten sich auf einer von Raimondi erstellten Webseite mit interaktiver Karte zur Auszehrung der

Seesterne an, schwärmten an der Pazifikküste aus, auch in Gegenden, die von den Forschern nicht aufgesucht wurden, und dokumentierten ihre Beobachtungen. Die Daten häuften sich – sogar an der nördlichen Atlantikküste wurden kranke Tiere entdeckt –, und Raimondis Karte füllte sich rasch mit Markierungen. Seiner Einschätzung nach hatte sich die Auszehrung zur «bestdokumentierten Meeresseuche aller Zeiten» entwickelt. Aber noch immer ließ sich kein stimmiges Muster erkennen.

Laien teilten ihm ihre Theorien mit. Viele machten den Klimawandel und die damit verbundene Versauerung der Meere verantwortlich, die durch die vermehrte Aufnahme von Kohlenstoffdioxid verursacht wird. Eine Gruppe unbeirrbarer Verschwörungstheoretiker gab dem Reaktorunfall von Fukushima die Schuld. Andere sahen die Schuld bei der elektromagnetischen Strahlung, die durch die Stromleitungen an der Küste verursacht wurde. Ein Mann behauptete, die Seuche sei durch Weihnachtsbäume ausgelöst worden. Er glaubte, auf Tannenbäumen aus Alaska lebe ein Bakterium, das für Seesterne tödlich sei und bei der Verschiffung nach Südkalifornien von den Frachtschiffen ins Wasser gelange.

Raimondis Amateurforscher wurden eher von schierer Panik als vom Geist wissenschaftlicher Neugier angetrieben. Donna Pomeroy, eine pensionierte Wildbiologin, die seit zwanzig Jahren am Pillar-Point-Riff in San Mateo County lebte, konnte nicht mehr mit ansehen, wie sich die Seesterne, die normalerweise an Felsvorsprüngen klebten, ablösten und in den Sand fielen. «Sie sahen aus, als wären sie aus Wachs und hätten zu dicht an einer Wärmelampe gelegen», sagte sie. «Die Arme tropften buchstäblich ab.» Ihr fiel auch die alarmierende Anzahl von bonbonfarbenen Hopkins-Nacktschnecken auf. Obwohl man oft jahrelang keine zu

Gesicht bekam, bevölkerten plötzlich Hunderte von ihnen das Riff. Die Autorin Mary Ellen Hannibal, die an der Seestern-Bestandsaufnahme teilnahm, verglich das Ganze mit einer Wanderung im Redwood-Wald, bei der man feststellt, dass an den Zweigen Zuckerstangen wachsen. «Die Nacktschnecken sind wunderschön», sagte Pomeroy, «aber es ist verstörend zu sehen, wie schnell sich alles verändert. Es gibt da einen größeren Zusammenhang, den wir nicht verstehen.»

Biologielehrer katalogisierten mit ihren Schülern die Zerstörungen vor Ort. Catherine Lyche, die ihr vorletztes Jahr an der Santa Catalina School in Monterey absolvierte, liebte Seesterne. Sie «kreischte vor Freude», wenn sie die Tiere bei Strandexkursionen fand. Deshalb war sie beunruhigt, als sie Seesterne entdeckte, die verschrumpelt und armlos waren und sich aufzulösen begannen. «Nicht mal mein Lehrer kannte die Ursache», sagte Lyche. «Das war besorgniserregend.» Ihre Mitschülerin Katie Ridgway war erstaunt, als sie bei einem Ausflug zum nahe gelegenen Asilomar-Riff keine Seesterne fand. Ein Jahr vorher waren sie noch überall gewesen. «Ich dachte: ‹Hey, was ist los?›», sagte sie. «Hab *ich* was damit zu tun?» In den Schulferien kehrte sie nach Seattle zurück, wo sie aufgewachsen war, und musste feststellen, dass es auch in dem Riff im Puget Sound, das sie als Kind erkundet hatte, keine Seesterne mehr gab. «Da hab ich mich gefragt, wenn das so weitergeht und das Wasser steigt und noch mehr Tiere erkranken, wie sieht die Welt dann aus, wenn ich mal Kinder habe?»

«Wenn wir etwas so Wichtiges nicht vorhersehen können», sagte Lyche, «was kommen dann noch für unerwartete Dinge auf uns zu?»

In den folgenden Jahren kamen Raimondi und seine Kollegen zu dem Schluss, dass für die Auszehrung kein einzelner Faktor verantwortlich war. Sie war möglicherweise durch die unbekannte Mutation eines Krankheitserregers oder Veränderungen der Umweltbedingungen begünstigt worden, sei es durch Stürme, Meeresströmungen, Salzgehalt, industrielle Verschmutzung oder steigende Temperaturen – oder durch etwas ganz anderes. Man konnte die Auszehrung nicht einmal als Krankheit einstufen, weil es keine einheitlichen Symptome gab. Sie war eher ein «Syndrom»: eine Reihe von Erkrankungen, die zufällig zur selben Zeit auftreten. Angesichts des schnellen Ausbruchs und des Ausmaßes der Zerstörung glaubte Raimondi noch immer an eine gemeinsame Ursache. Doch er konnte sie nicht identifizieren.

Er befand sich in der Position eines Ermittlers, der genaue Kenntnisse über den Verdächtigen besitzt – seine Eigenarten und seine Vorgehensweise –, der alles über den Mörder weiß, mit Ausnahme seiner Identität. Diese Ungewissheit zwang Raimondi, eine eher philosophische Haltung einzunehmen. Er klang nicht mehr wie ein Privatdetektiv, sondern wie jener Prophet des Wasco-Stammes, der kurz vor der Ankunft der Siedler Zukunftsvisionen hatte und zu seinen Stammesmitgliedern sagte: «Schon bald werden seltsame Dinge passieren. Nichts wird mehr so sein, wie es war. Ihr müsst vorsichtig sein.»

•

An einem Wintertag machte Melissa Redfield, die zu Raimondis Team gehörte, mit einer Gruppe von Amateurforschern eine Strandexpedition zum nahe gelegenen Natural Bridges State Beach. Unter niedrigen, senkrecht abfallenden Klippen wird der flache Sandstrand von einem langen Plateau aus Tonstein abgelöst. Dieses Plateau ist mit glitschigen

Algen bedeckt und so weich, dass Seeigel sich dort eingraben können. Zwei Kinder, gefolgt von ihrer Mutter, suchten in den flachen Mulden des Riffs nach Meerestieren. Jedes Mal, wenn sie einen Einsiedlerkrebs, einen Purpurseeigel oder eine Seeanemone mit neongrünen Tentakeln entdeckten, jubelten sie. Eine japanische Touristenfamilie eiferte ihnen nach. Eine Frau kniete sich, das Gesicht dem Meer zugekehrt, auf den Boden und spielte auf einer Blockflöte ein Klagelied.

In ihrer zunehmenden Verzweiflung beklagten sich die Amateurforscher, dass sie keine Seesterne finden könnten. Doch Redfield sah sie sehr schnell. Am Rand der Gezeitenzone legte sie sich bäuchlings auf den Tonstein und reckte den Hals, um in einen zerklüfteten Spalt zu blicken. Obwohl sie mit der Taschenlampe in das baseballgroße Loch leuchtete, in dem sich ein Ockerseestern versteckte, brauchten ihre Gäste eine Weile, bis sie das Tier sahen, so gut war es getarnt. Schon bald fand sie einen weiteren Seestern und danach noch etliche. Die meisten waren violett oder purpurrosa und versteckten sich in Löchern und Ritzen, in einem Fall sogar unter einem Seeigel. Nach einer halben Stunde hatte sie ungefähr ein Dutzend Ockerseesterne entdeckt. Die meisten waren so groß wie eine Vierteldollarmünze oder noch kleiner, der größte so groß wie die Hand eines Erwachsenen. Alle sahen gesund aus, bis auf einen der größeren Sterne. Ihm fehlte ein Arm, und am Ende eines anderen Arms klaffte eine weißliche Wunde.

Das war nicht untypisch, aber von typisch konnte man eigentlich gar nicht mehr sprechen. Die Erholung der Bestände in den Jahren nach der Auszehrung war genauso verblüffend wie die Krankheit selbst. An vielen Orten waren die Seesterne für immer verschwunden. Woanders wuchsen den amputierten Seesternen die Arme nach, und die Populationen erholten sich, nur um Monate später doch noch zu kollabieren. Eine Zeit lang sah es so aus, als wären dort, wo die See-sternpopulationen nicht völlig zusammengebrochen waren, kleinere Tiere vorherrschend. Rich Mooi, Kurator für Inver-tebratenzoologie und Geologie an der California Academy of Sciences, verglich das Ganze mit einem Waldbrand: «Der Wald brennt ab, und dann kommen die Keimlinge.» Aber es gab auch bald wieder größere Tiere. Die Waldbrandanalogie war ohnehin falsch, denn viele der entdeckten kleinen See-sterne waren keine Neugeborenen. Seesterne wachsen lang-sam. Wenn sie groß genug sind, um bemerkt zu werden, sind sie in den meisten Fällen schon mehrere Jahre alt. Die Seesterne am Natural Bridges Beach waren keine Jungtiere, sondern Überlebende.

«Es fällt mir schwer, an den größeren Zusammenhang zu denken», sagte Redfield, die froh war, überhaupt Seesterne zu finden. «Darüber will ich gar nicht nachdenken.»

•

Der größere Zusammenhang war, dass die lawinenartigen Folgen der Auszehrung so verschieden und verworren wa-ren wie ihre Ursachen. Seesterne fressen Seeigel, deren Po-pulation sich im Vergleich zu früher auf das Hundertfache vergrößerte, weil ihr früherer Hauptfeind sie nicht mehr regulierte. Seeigel fressen Tang. Nach der Auszehrung ver-ringerten die Seeigel die Tangschicht an der Pazifikküste um mehr als neunzig Prozent und verwandelten Tangwälder, die einer vielfältigen Meerestierwelt Nährstoffe und Schutz bieten, in Tangwüsten. Das führte zu einem Phänomen, das man Seeigelwüste nennt: Meereseinöden, in denen außer einem Teppich von stacheligen Purpurseeigeln kein Leben mehr existiert. Nachdem die Seeigel den Tang vertilgt hat-ten, begannen sie zu verhungern, was zu einem weiteren

Massensterben führte, und der Boom-Bust-Zyklus strebte einer unbekannten, wenn auch nicht mehr unvorstellbaren Zukunft entgegen.

Raimondi vermutete, dass die große Ansammlung von Seesternen an der Küste, die von den Amateurforschern für selbstverständlich gehalten wurde, vielleicht kein natürlicher Zustand, sondern eine Anomalie war, verursacht durch die gewaltigen Veränderungen am Gezeitenökosystem im vorigen Jahrhundert. Wenn die Seesternpopulation, historisch gesehen, unkontrolliert zugenommen hatte, kollabierte sie möglicherweise leichter. Aus diesem Blickwinkel betrachtet, konnte die Auszehrung ein natürliches Korrektiv für durch den Menschen begünstigte Überbevölkerung sein.

Doch im Lauf der Zeit gab es Anzeichen, dass die Seesterne sich anpassten. Die Ockerseesterne nördlich der San Francisco Bay hatten während der Auszehrung offenbar rapide genetische Veränderungen durchlaufen, bei anderen Arten war Ähnliches zu beobachten. Unter enormer Belastung hatten sich die Seesterne vor den Augen der Forscher evolutionär weiterentwickelt. Möglicherweise waren die jähen Evolutionssprünge dauerhaft.

Raimondi betrachtete diese Entwicklungen mit kühler professioneller Distanz. Doch die jüngeren Wissenschaftler und Amateurforscher nahmen das Ganze persönlich. Sie waren traumatisiert, weil sie in ihrem Leben zahlreiche historisch beispiellose Aussterbeereignisse und Umweltkatastrophen erlebt hatten. Sie begriffen, dass die meisten bedrohten Arten ohne Vorankündigung und fern der Zivilisation ausstarben und ihr Verschwinden erst im Nachhinein bemerkt wurde, viele Arten verschwanden sogar, bevor die Wissenschaft sie überhaupt identifizieren konnte. Es erschien den jungen Wissenschaftlern nicht abwegig, dass die

Auszehrung eine maßgebliche, tiefgreifende Verwandlung der Meere ankündigte.

«Raimondi betrachtet es als großes Experiment», sagte Jan Freiwald, Meeresökologe und Leiter einer Organisation, die Amateurtaucher für die Durchführung biologischer Untersuchungen ausbildet. «Er wahrt Distanz. Aber wir wissen nicht, wie groß die Auswirkungen sein werden. Am schlimmsten ist es, mit ansehen zu müssen, wie die anderen Seesterne einen ausgezehrten Artgenossen fressen. Man würde am liebsten rufen: *Nein, lasst das!*»

«Das macht mich traurig», sagte David Horwich, ein Amateurtaucher, der die Auszehrung als einer der Ersten entdeckte. «Ist es eine einmalige Sache oder der Vorbote von etwas noch Schlimmerem?»

«Es hat etwas Apokalyptisches», sagte Mary Ellen Hannibal. «Was da mit den Seesternen geschieht, verweist auf ein umfassendes Ereignis, das, auch wenn wir es nicht sehen können, die Lebensgrundlage dieser Arten zerstört.»

Raimondi blieb nichts anderes übrig, als die Seesterne weiter zu beobachten, um zu sehen, ob sich ihre Ökosysteme erholten. Er suchte nach genetischen Indikatoren, die prognostizieren könnten, was bei einer künftigen Auszehrung passieren würde. Seine Arbeit beruhte auf dem riesigen Netzwerk von Freiwilligen, die durch die Krise zum Handeln bewegt worden waren. Sie hatten eine gewaltige Datenmenge zusammengetragen. Der einzige Nachteil dieser Herangehensweise war, dass Amateurforscher sich schwertaten, junge Seesterne zu entdecken, die manchmal kleiner als ein Fingernagel sind.

Aus diesem Grund waren die erfolgreichsten Seesternsucher Kinder, teils erst drei Jahre alt. Vorschulkinder leisteten gute Detektivarbeit. Anders als ihre Eltern machten sie sich gern schmutzig und krochen auf dem Riff herum, spähten unter Felsvorsprünge und griffen in dunkle Ritzen. Sie hatten ausgezeichnete Augen, eine grenzenlose Neugier, eine unerschöpfliche Energie. Sie waren beharrlich und lösten gern Probleme. Sie mochten das Gefühl, das Schicksal der Welt in Händen zu halten.

3

UNSICHTBARE GEFAHR - EIN GASLECK
UND SEINE KONSEQUENZEN

E s sieht einfach nach einem herrlichen Tag in Südkalifornien aus.»

Es war Ende Januar in Porter Ranch, einer Hügelsiedlung aus billigen Musterhäusern beiderseits des Ronald Reagan Freeway am Nordrand von Los Angeles. Bryan Caforio, ein junger Prozessanwalt, der für den Kongress kandidierte, deutete auf die rosa- und orangefarbenen Streifen am Himmel über dem Aliso Canyon. «Es sieht nach einem herrlichen Sonnenuntergang in einer wunderbaren Gemeinde aus.»

Das stimmte. Caforio saß auf der Terrasse bei Starbucks im Porter Ranch Town Center mit Blick auf einen riesigen Parkplatz voller Einkaufender. Es war trocken, windstill, siebzehn Grad. Die Ausläufer des Canyons leuchteten im schwindenden Tageslicht bronzefarben. Doch es gab einige unauffällige Hinweise, die auf die Anwesenheit einer außerirdischen Lebensform hindeuteten.

Vor dem Starbucks waren drei Übertragungswagen geparkt, aus deren Dächern Antennen ragten. Ein Kameramann stieg aus, starrte ungläubig zum Canyon hinauf und stieg wieder ein. Neben dem Friseursalon standen vor einem unscheinbaren Laden Sicherheitsleute. Auf dem Schaufenster prangten die Worte «Community Resource Center» und in kleineren Buchstaben «SoCalGas». Die Sicherheits-leute fragten nach dem Ausweis und schickten jeden weg, der ein Foto machen wollte. Am Eingang von Bath & Body Works war auf einem Dreibein ein Gerät montiert, das wie eine elektronische Parkuhr aussah. Auf der Digitalanzeige stand, deutlich sichtbar für jeden, der draufschaute (obwohl nur ein einziger Mensch einen Blick darauf warf), das Wort «BENZOL», gefolgt von einer Reihe unverständlicher Ideo-gramme. Unter den geparkten Wagen befanden sich viele silberne Honda Civics mit der Aufschrift «South Coast Air Quality Management District». Im Innern saßen schweigen-de Männer und warteten.

Hinter dem Walmart und dem Ralphs erhob sich ein gestufter Hang voll beiger Häuser mit Ziegeldächern und Garagen für drei Autos. Auf den landschaftsgärtnerisch ge-stalteten Rasenflächen wuchsen Lavendel, Sukkulenten, Rosmarinsträucher, Kakteen und Kumquatbäume. Hin-term Haus Swimmingpools, Whirlpools, Grills, Feuer-stellen, Fischteiche. Die kurvigen Straßen waren bis auf ein paar weiße Kleinbusse verlassen. Wer den Canyon weiter hinaufstieg, gelangte zu geschlossenen «Ortschaften» mit Namen wie Renaissance oder Promenade, wo eine erhöhte Polizeipräsenz herrschte. Auf dem Sesnon Boulevard, der nördlichen Begrenzung des Viertels, blinkte eine auf der Mittelspur aufgestellte elektronische Anzeigetafel: «MEL-DEN SIE STRAFTATEN DEM LOS ANGELES POLICE DEPARTMENT UNTER DER RUFNUMMER 911.» Der Holleigh Bernson Memorial Park war bis auf drei Streifen-wagen mit blitzendem Blaulicht leer. Die Kleinbusse, die verlassenen kurvigen Straßen und die Streifenwagen riefen die Verfolgungsszenen aus *E.T. – Der Außerirdische* ins Ge-dächtnis, in denen Elliott und seine Freunde durch die Vor-stadt gejagt werden, bevor sie über den Dächern in den Canyon davonfliegen – nicht nur weil Steven Spielberg den Film in Porter Ranch gedreht hat. Der ein paar Blocks entfernte E. T. Park war ebenfalls leer.

Hinter den letzten Häusern zog sich am Canyonkamm eine Reihe von spindeldürren Metallkonstruktionen entlang, die wie Antennen, Baugerüste oder außerirdische Skulpturen aussahen. Noch vor einem Monat hatten die Bewohner von Porter Ranch ihnen keine Beachtung geschenkt.

«Wenn man zu den Hügeln hinüberschaut, sieht man ein paar Türme», sagte Caforio. «Aber weiß man, was genau das ist?» Er schüttelte den Kopf. «Man müsste sagen: ‹Hey, wir haben es hier mit einer Umweltkatastrophe zu tun!› Aber es sieht einfach aus wie ein herrlicher Sonnenuntergang.»

•

Alle, die in jener Woche zufällig in den Himmel hinaufblickten, hätten ein paar hundert Meter über dem Canyonkamm noch etwas Ungewöhnliches sehen können: ein einmotoriges Mooney-TLS-Flugzeug, das aussah wie die Maschine, die Cary Grant in *S. O. S. Feuer an Bord* fliegt, und Schleifen um die Berge drehte. Der Pilot Stephen Conley war der Erste, der das Ausmaß der Geschehnisse in Porter Ranch begriff. Er unternahm den ersten Flug, nachdem die Southern California Gas Company der kalifornischen Kommission für Versorgungsbetriebe am 25. Oktober 2015 gemeldet hatte, dass an einem ihrer Schächte in der Aliso-Canyon-Lagerstätte ein Leck entdeckt worden war. Unter «Resümee» stand in dem Bericht: «Keine Entflammung, keine Verletzten. Keine Medien.»

Doch als sich Einwohner von Porter Ranch wegen übelkeiterregender Gasschwaden beschwerten, wurden die örtlichen Medien auf die Sache aufmerksam. Daraufhin gab SoCalGas eine Erklärung ab, in der es hieß, der Behälter befinde sich «im Freien in einem isolierten Bereich unserer Anlage, der fast zwei Kilometer von den Häusern und öffentlichen Flächen entfernt und mehr als vierhundert Meter höher liegt». Man versicherte der Öffentlichkeit, dass das Leck keine Bedrohung darstelle.

Timothy O'Connor, Direktor des kalifornischen Öl- und Gasprogramms des Umweltschutzfonds, hatte von den Beschwerden gelesen. Doch er hatte nicht viel darauf gegeben, bis er eine Woche später in Los Angeles auf einer Veranstaltung zur Klimapolitik hörte, dass SoCalGas aus dem ganzen Land Experten einfliegen ließ, die das Leck stopfen sollten. Als O'Connor wieder zu Hause war, setzte er sich an seinen Laptop und versuchte, so viel wie möglich über den Aliso Canyon zu erfahren. Wie viel Gas wurde im Innern dieser Berge gespeichert? Wie stark komprimiert? Mit anderen Worten, er versuchte eine Antwort auf die entscheidende Frage zu finden: Wie viel Gas konnte austreten?

Das Vorland der Santa Susana Mountains, in dem Porter Ranch erbaut worden war, hatte, so fand O'Connor heraus, früher J. Paul Getty gehört. Seine Tide Water Associated Oil Company hatte 1938 Erdöl entdeckt und das Land erst Anfang der Siebzigerjahre verkauft, nachdem man alles bis zum letzten Tropfen gefördert hatte. Das Ölfeld wurde vom Unternehmen Pacific Lighting gekauft, das die leere Kaverne zur Speicherung eines riesigen unterirdischen Erdgasvorkommens nutzte. Die Kaverne war im Miozän entstanden und begann mehr als zweitausend Meter unter der Erdoberfläche. Mit einem Fassungsvermögen von rund 2,5 Milliarden Kubikmetern war sie eine der größten Gaslagerstätten im ganzen Land. Die Anlage diente als eine Art Schatzkammer. Waren die Preise niedrig, hortete das Unternehmen das Gas, waren sie hoch, wurde es in Pipelines geleitet, die sich durch Los Angeles schlängelten und Solar- und Windenergieanlagen mit Strom versorgten, Küchenherde betrieben und Häuser heizten.

Die 115 Schächte im Aliso Canyon muss man sich als lange Strohhalme vorstellen, die in einen riesigen unterirdischen Methansee tauchen. In den undichten Schacht SS-25 führte ein achtzehn Zentimeter dickes Stahlrohr vom Canyonkamm 2500 Meter tief hinab. Die Konstruktion, die für Laien aussah wie ein Ölbohrturm, war von vielen Straßen in Porter Ranch aus deutlich zu sehen. Wenn die Bewohner sie durch ein Fernglas betrachteten, konnten sie am höchsten Träger eine amerikanische Fahne flattern sehen.

Nachdem O'Connor einige grundlegende Berechnungen durchgeführt hatte, gelangte er zu einer schockierenden Schlussfolgerung. Der Canyon glich einem zu stark aufgeblasenen Ballon: Angesichts des herrschenden Drucks und der gespeicherten Gasmenge konnte durch ein Loch an einem einzigen Tag so viel Gas ausströmen, wie zweitausend Häuser in einem Jahr verbrauchen. Es stellte sich heraus, dass O'Connor falschlag – die Zahl war letztendlich viel größer –, doch er nannte sie in einem eindringlichen Brief, den er am nächsten Tag dem Energieberater des Gouverneurs und Mitarbeitern der wichtigsten kalifornischen Regulierungsbehörden schickte. Am Abend besuchte er eine Versammlung in der Porter Ranch Community School. Hundert verängstigte Einwohner beklagten sich, dass die Gasdämpfe bei ihnen Kopfschmerzen, Atemnot, Nasenbluten und Übelkeit ausgelöst hatten. Kein Staatsbeamter war anwesend. Am nächsten Morgen, er hatte noch keine Antwort auf seinen Brief erhalten, begriff O'Connor, dass er nicht warten musste, bis der Staat etwas unternahm. Er konnte Stephen Conley anrufen.

Am 5. November um 10:30 Uhr startete Conley am Lincoln Regional Airport nördlich von Sacramento. Er war Klimaforscher an der University of California in Davis und arbeitete freiberuflich als Luftüberwacher, das heißt, er flog im Auftrag von Behörden oder Klimaschutzorganisationen über Öl- und Gasfelder, um mit einem sogenannten Picarro-Analysator die Methankonzentration zu messen. Timothy O'Connor bat Conley, fünfzehn Minuten lang über der Methanwolke zu kreisen, und setzte SoCalGas aus Höflichkeit davon in Kenntnis. Daraufhin erhielt er von den Managern des Unternehmens eine wahre Flut von wütenden Nachrichten. Alle hatten die gleiche Botschaft: Der Flug sei «unangebracht» und gefährlich.

Das verblüffte O'Connor. Es waren keine Explosionen oder schlechte Sichtverhältnisse zu befürchten, was sollte an dem Flug dann gefährlich sein? Es dauerte eine Weile, bis er begriff, dass SoCalGas nicht um die Sicherheit des Piloten besorgt war. Die Manager behaupteten, sie seien besorgt um ihre Arbeiter, die mithilfe von Kränen und Bohrern das Leck zu stopfen versuchten: Sie könnten beim Anblick eines Flugzeugs «abgelenkt» werden. Diese Argumentation fand O'Connor seltsam, denn Porter Ranch lag in der Flugschneise des Van Nuys Airport. Tag für Tag flogen fast sechshundert Maschinen über den Canyon hinweg. Er schlug vor, dass das Flugzeug anderthalb Kilometer Abstand zu der Lagerstätte einhalten sollte. Doch SoCalGas befand auch das für gefährlich. O'Connor fragte, in welcher Entfernung von dem Schacht das Flugzeug denn fliegen könne. Das Unternehmen wollte überhaupt keinen Flug zulassen. Als Conley nur noch knapp zwanzig Minuten vom Aliso Canyon entfernt war, sagte O'Connor seinen Flug ab.

Zwei Tage später war Conley wieder in der Luft, diesmal im Auftrag der kalifornischen Energiebehörde. Er flog allein. Obschon seine Maschine einen zweiten Sitz hatte, war der nur selten besetzt, weil sich Passagiere wegen der extremen Turbulenzen oft übergeben mussten. Conley war an die Turbulenzen gewöhnt, doch beim Anblick der Santa Susana Mountains wurde ihm übel. Der Südhang der Hügelkette, von Porter Ranch aus nicht zu sehen, war braun und öde, die Sträucher abgestorben, alles von Zugangsstraßen durchzogen, der Hang mit Gas- und Ölbauten übersät, als wären es zerquetschte Bierdosen.

Die normale Methankonzentration in der Atmosphäre beträgt zwei Teilchen pro Million. Conleys Picarro zeigte fünfzig Teilchen pro Million an. Er dachte, mit dem Instrument sei irgendetwas nicht in Ordnung, doch sein Ersatzgerät kam zu demselben Ergebnis, immer und immer wieder. «Ach du Schande», sagte sich Conley. «Das passiert gerade wirklich.»

•

Was für einen Klimaforscher Wirklichkeit ist, bleibt für den Rest von uns abstrakt. Klimaforschung befasst sich mit unsichtbaren Gasen. Um die Untersuchungsergebnisse einer Öffentlichkeit ohne Grundkenntnisse der Atmosphärenchemie zu erläutern, müssen Wissenschaftler auf Metaphern und Allegorien zurückgreifen. Sie müssen sich in Autoren, Publizisten und Politiker verwandeln. Das fällt ihnen in der Regel schwer. Das Leck am Aliso Canyon war, wie Conley herausfand, das größte Methanleck der amerikanischen Geschichte. Aber was bedeutete das?

Man könnte damit beginnen, die Emissionen des Gaslecks am Aliso Canyon mit anderen Umweltschäden zu vergleichen. Conley hatte circa 1500 Stunden Flugzeit über Öl- und Gasfeldern, über Mondlandschaften wie dem Julesburg Basin in Colorado und der Bakken Formation in North

Dakota protokolliert. Der höchste Methanausstoß, den er je aufgezeichnet hatte, war drei Tonnen pro Stunde. Das Leck am Aliso Canyon verströmte 44 Tonnen Methan pro Stunde. An Thanksgiving waren es bereits 58 Tonnen pro Stunde, infolgedessen verdoppelte sich der Methanausstoß des gesamten Los-Angeles-Beckens. Das muss man sich erst einmal klarmachen. Es bedeutet, dass der achtzehn Zentimeter dicke Strohhalm im Aliso Canyon allein doppelt so viele Emissionen erzeugte wie alle Kraftwerke, Öl- und Gasanlagen, Flughäfen, Schornsteine und Auspuffrohre in Greater Los Angeles zusammen.

Insgesamt traten aus dem Schacht am Aliso Canyon 109 000 Tonnen Methan aus. In einem Zeitraum von zwanzig Jahren ist der Treibhauseffekt von Methan schätzungsweise vierundachtzigmal so groß wie der von Kohlendioxid. Diesen Messungen zufolge trug das Leck am Aliso Canyon genauso stark zur Erderwärmung bei wie 1 948 085 Benzinautos in einem ganzen Jahr. In den vier Monaten, die das Ganze dauerte, leistete das Leck den gleichen Beitrag zur Erderwärmung wie der Kohlendioxidausstoß des gesamten Staates Connecticut. Wäre der Schacht SS-25 ein eigenständiges Land, hätte sein Anteil am globalen Klimawandel den vom Senegal, von Uruguay, Bolivien, Laos, Lettland, Litauen, Simbabwe, Albanien, Nicaragua, Panama, Jamaika, Georgien, Costa Rica, Honduras, Slowenien, Armenien, Island, Jordanien, den vom Jemen, von Kenia und von Äthiopien überstiegen. SS-25 würde zwischen dem Libanon und Syrien rangieren.

Diese Fakten machten trotz ihrer welthistorischen Bedeutung weder vor Ort noch landesweit oder gar international sonderlich großen Eindruck. Was bedeutete schon eine weitere Luftvergiftung, wenn das globale Klima selbst völlig vergiftet war? So gewaltig die Emissionen am Aliso

Canyon auch waren, ihr Einfluss auf das Klima hatte keine unmittelbare Auswirkung auf Porter Ranch. Die Einwohner beunruhigte der Beitrag des Lecks zum Treibhauseffekt in den kommenden Jahren und Jahrhunderten im gleichen Maß wie alle anderen Erdenbewohner – das heißt so gut wie gar nicht. Unser Planet war bereits in ausströmende unsichtbare Gase gehüllt, die unvorstellbare Folgen haben würden. Was machten da schon weitere Emissionen in der Größenordnung des Libanons aus?

•

Die Frage, was das Gas ihren Gehirnen und Lungen anhaben könnte, machte den Einwohnern von Porter Ranch hingegen schreckliche Angst. In der angespannten Zeit, die auf die Entdeckung des Lecks folgte, fanden manche Bewohner den Gasgestank so unerträglich, dass sie ihre Fenster und Türen abdichteten und sich weigerten, ins Freie zu gehen. Andere rochen das Gas nicht und hatten keinerlei Beschwerden. Manchmal lebten Leute mit heftigen Beschwerden und solche, die gar keine hatten, im selben Haushalt. Da von SoCalGas und vom Staat keine verlässlichen Informationen kamen, verwandelten sich die Einwohner von Porter Ranch in Chemiker, Epidemiologen, Soziologen, Politikwissenschaftler und Detektive. Sie begannen, ihre eigenen Hypothesen zu entwickeln.

Charles Chow glaubte zum Beispiel, dass «gelbe Flecken aus der Atmosphäre kamen». Chow war ein sechsundsiebzigjähriger Rentner mit fröhlichen Augen und federnden Bewegungen. Vor 47 Jahren hatten Charles und seine Frau Liz zu den Ersten gehört, die in Porter Ranch Land gekauft hatten, nachdem die Pferderanches Wohngebieten gewichen waren. In seiner Einfahrt widmete er sich jeden Tag stundenlang der Pflege eines burgunderroten 1992er Cadillac Brougham Elegante und eines 1986er Rolls-Royce Silver Spirit. Auf der anderen Seite der Straße, die Thunderbird Avenue hieß, parkte er seinen schwarzen 2002er Thunderbird.

Chow hatte die Flecken entdeckt, als er an seinem Brougham neue Stoßdämpfer einbaute. Sie hatten ungefähr die Größe einer Kichererbse. Plötzlich sah er sie überall: auf den Windschutzscheiben, auf dem Vinyldach des Brougham, an den Panoramafenstern seines Hauses, die einen Blick auf den Canyon boten. Als Chaka Khan, sein Chihuahua-Zwergpinscher, an schweren Atemproblemen zu leiden begann, wusste er, dass die Flecken nur die Spitze des Eisbergs waren. Als Nächstes bekam Liz chronische Kopfschmerzen, Halsschmerzen und Augenreizungen. Ihr Arzt sagte, es gebe nichts, was er ihr verschreiben könne. Das einzige Mittel sei, aus Porter Ranch wegzuziehen. Die meisten ihrer Nachbarn hatten das bereits getan. Die Chows blieben, doch sie begaben sich viermal im Monat in ein Ferienhaus auf der Baja-Halbinsel, hundert Kilometer südlich der Grenze, «bloß um aus dieser Gegend herauszukommen». In der mexikanischen Luft verschwanden Liz' Beschwerden.

Bei der Suche nach gelben Flecken in seiner Einfahrt schloss sich ihm sein Nachbar Rick Goode an, ein drahtiger Fünfundzwanzigjähriger mit vogelartigem Gang. Goode bat Chow in Sachen Rechtsvertretung um Rat. Zwei Dutzend Kanzleien waren über Porter Ranch hergefallen und konkurrierten darum, so viele Mandanten wie möglich abzugreifen. Was Chow von Robert Kennedy halte? Oder von Weitz & Luxenberg, die Erin Brockovich geschickt hatten, um neue Mandanten anzuwerben? In der vorigen Woche hatte Brockovich zehn Minuten nach ihrer Ankunft in Porter Ranch zu Reportern gesagt, ihr sei schwindlig. Sie kam für Chow nicht infrage.

«So schnell wird einem nicht übel», sagte er.

«Ich habe oft furchtbare Kopfschmerzen», sagte Goode. «Und du?»

«Meine Frau hat ständig Kopf- und Halsschmerzen», sagte Chow. «Ich nicht. Jeder reagiert anders.»

Liz kam von einem Arztbesuch zurück. Sie zog die Sonnenbrille ab, um eine neue Zyste an ihrem Augenlid zu zeigen. Sie suchte nach einem Wort, um ihr Allgemeinbefinden seit Oktober zu beschreiben. «Ein Unwohlsein», sagte sie schließlich.

«Man fühlte sich träge», sagte Barbara Weiler, eine Frau in den Sechzigern, die ein paar Straßen weiter mit langsamen Schritten ihren Hund ausführte. Zuerst hatte sie es bei der Gymnastik gespürt. «Wir merkten es, als wir die Fitnessbänder benutzten und es nicht so klappte wie sonst.»

Vicki, eine Modedesignerin, die aus Angst, dass etwas, was sie sagte, bei einem späteren Prozess gegen sie verwendet werden könnte, ihren Nachnamen nicht nennen wollte, stand mit einer großen Prada-Sonnenbrille auf der Nase in einem blassrosa Rollkragenpulli neben Joey, ihrem neun Jahre alten Rettungshund, einer Mischung aus Australian Shepherd und Papillon, vor ihrem Haus. Als sie vor Jahren nach Porter Ranch gezogen war, hatte sie regelmäßig lange Wanderungen in den Hügeln unternommen. Jetzt ging sie nur noch hinaus, um mit Joey spazieren zu gehen. Im Oktober begann Joey ständig zu erbrechen, etwa dreißigmal pro Nacht. Sein Zahnfleisch blutete. Statt auf dem Gehsteig nach ungewöhnlichen Gerüchen zu schnuppern, blieb Joey stehen und schnüffelte in die Luft. Wenn Vicky von irgendeiner Besorgung nach Hause kam, fand sich am Eingang oft Erbrochenes. Sie war überzeugt, dass am Aliso Canyon schon jahrelang Gas austrat, und machte das für ihren allgemeinen körperlichen Verfall verantwortlich: die raue Stimme, Gleichgewichtsprobleme, mangelnde Konzentrationsfähigkeit, Appetitlosigkeit, Tinnitus, Kurzatmigkeit, starke Kopfschmerzen, Druck hinter den Augen, Koordinationsstörungen und ein geschwächtes Immunsystem. Wenn sie verreiste, verschwanden die Beschwerden. «Ich bin völlig isoliert», sagte sie.

Paula Vasquez fand den Gasgeruch so stark, dass sie die Servicenummer 311 wählte, weil sie überzeugt war, dass eine Leitung in ihrem Haus undicht war. Alle Familienmitglieder – ihr Mann, ihre erwachsene Tochter und ihr dreizehnjähriger Enkel – bekamen Nasenbluten, Sehstörungen und eine verstopfte Nase. Sie öffnete die Fenster nicht mehr und weigerte sich sogar, den frisch umgestalteten Garten hinterm Haus zu betreten, in dem sie das Gras durch Kunstrasen ersetzt hatte, um den Wasserverbrauch zu senken. Sie benutzte den Swimmingpool nicht mehr. «Denn wer weiß schon, was für Chemikalien dort hineingeraten?» Die Nachbarn schienen ihre Angst nicht zu teilen. Sie hatte beobachtet, wie sie von ihrem Baum Zitronen pflückten. Sie sagte nichts, machte sich aber Sorgen um sie. Sie befürchtete, dass das Obst voller Gas war.

Vasquez hatte eine warmherzige, fröhliche Art, Ängstlichkeit lag ihr nicht im Blut. Doch das Leck hatte Ahnungen und düstere Visionen bei ihr ausgelöst. Als sie eines Nachmittags auf dem Ronald Reagan Freeway nach Hause fuhr, ließ sie ihren Enkel mit ihrem Telefon Fotos machen. Am Himmel über Porter Ranch war ein schwerer, leuchtend orange gefärbter Wolkentrichter zu sehen, «der aussah wie ein großer Atompilz».

«Gruselig, oder?», sagte sie. «Aber ich kenne mich in Naturwissenschaften nicht aus.»

•

Vor dem Leck hatte Vasquez genauso wie Goode, Weiler, Vicki oder die Chows nicht gewusst, dass am Rand ihres Vororts ein großes Ölfeld lag. Kyoko Hibino, die als Designerin in einem Architekturbüro arbeitete, hatte schon sieben Jahre in Porter Ranch gewohnt, bevor ihr klar wurde, dass sich gegenüber von ihrem Haus eine Öl- und Gasanlage befand. Sie wurde durch eine Mitteilung über zwölf neue Ölbohrungen, die sie 2014 erhielt, darauf aufmerksam. Mit ihrem Lebensgefährten, einem Tontechniker namens Matt Pakucko, gründete sie die Organisation «Rettet Porter Ranch», die anfangs nur aus einer Facebook-Seite bestand. Sie warben um Unterstützung. Porter Ranch war eine isolierte Gemeinde, besonders in den geschlossenen Siedlungen, wo die Leute ihre Nachbarn nicht oft zu Gesicht bekamen und schon gar nicht mit ihnen Freundschaft schlossen. «Es ist eine ruhige Wohngegend», sagte Hibino. «*Sehr*, sehr ruhig.»

Hibino machte sich Sorgen wegen der Gasdämpfe, die vom Berg herunterwehten. Sie hatte schon seit Jahren Nasenbluten, und das Paar hatte den Verdacht, dass es in ihrer Gemeinde eine ungewöhnlich hohe Krankheitsrate gab. Pakucko war sicher, dass bestimmt nicht die frische Luft und der Sonnenschein daran schuld waren. Sie waren gerade im Begriff, eine neue Luftüberwachungskampagne zu starten («*If you smell something, say something*» – «Wenn Sie etwas riechen, sagen Sie etwas»), als die Facebook-Seite und der E-Mail-Account von Rettet Porter Ranch mit Fragen zu einem plötzlich aufgetretenen, überwältigenden Gasgeruch überschwemmt wurden. Der Geruch war so stark, dass Pakucko Angst hatte, ein Streichholz anzuzünden. Er verständigte die Feuerwehr. Die Inspektoren bestätigten, dass es ein Leck gab, und sagten, SoCalGas versuche, es zu stopfen. Als er nach draußen ging, um mit den Beamten zu sprechen, wurde ihm schwindlig.

Zwei Tage später rief Pakucko die Notfall-Hotline von SoCalGas an.

«Falls Sie Gas riechen», sagte eine automatische Stimme, «drücken Sie die Eins.»

Pakucko drückte die Eins. Nach ein paar Takten von Kenny Loggins' «Nobody But You» nahm ein Kundenbetreuer ab.

«Können Sie mir sagen, um was für einen Notfall es sich handelt?»

«Was ist das für ein Gasgeruch, der die ganze Nacht draußen herrscht?»

«Das weiß ich nicht genau, Sir. Können Sie mir bitte Ihre Adresse nennen?»

Er nannte sie. «Wir wohnen gegenüber der SoCalGas-Lagerstätte.»

Es trat eine Pause ein. «Anscheinend wurde in diesem Gebiet Gas freigesetzt.»

«Gas, das uns krank macht.»

«Erdgas ist ungiftig, Sir.»

«Wissen Sie, warum ich anrufe? Weil auf Ihrer Webseite steht: Wenn man Gas riecht, soll man den Ort verlassen und den Notruf wählen.»

«Weil es ein Leck geben könnte. Nicht, weil es giftig ist, Sir.»

«Mir ist übel, meiner Freundin ist übel, und unsere vier Katzen haben erbrochen.»

«Okay, dann zeigen Sie eine Reaktion auf das Gas. Aber es ist ungiftig.»

«Eine Reaktion auf ungiftiges Gas ... Und warum wurde das Gas freigesetzt?»

«Das wird in regelmäßigen Zeitabständen gemacht.»

«Dann ist das normal?»

«Ja. Das wird hin und wieder gemacht.»

«Und es gibt dort keine Probleme?»

«Nein, Sir.»

«Sind Sie sich da hundertprozentig sicher?»

«Ja, Sir.»

In den folgenden Tagen litt Hibino an Herzrasen, starken Kopfschmerzen und Nasenbluten, das nicht mehr aufhören wollte. In der Notaufnahme musste sie 2200 Dollar bezahlen und erhielt statt eines Rezepts nur den Rat, Porter Ranch möglichst schnell zu verlassen.

•

Menschen brauchen Bilder, sie sind darauf geeicht, nach sichtbaren Beweisen für unsichtbare Gefahren zu suchen. Dieser Impuls kann dazu führen, dass jemand für einen milden Februartag die Erderwärmung verantwortlich macht oder ein Leugner des Klimawandels sich durch einen Schneesturm bestätigt sieht. Das größte Erdgasleck der Welt mochte die gelben Flecken – eine Ablagerung des petroleumhaltigen Schlicks, der zum Stopfen des Lecks benutzt wurde – verursacht haben, doch es hatte keine bekannten Auswirkungen auf Wolken oder Zitronen. Die gefährlichsten Bedrohungen für unsere Art sind genau jene, die man sich am schwersten bildlich vorstellen kann: langfristig, schleichend, ohne feste Form. Zu diesen Bedrohungen gehören nicht nur der Temperaturanstieg, sondern auch mutierende Viren, politische Korruption und große wirtschaftliche Ungleichheit, und sie sind, zumindest auf kurze Sicht, unsichtbar, ungreifbar und allgegenwärtig wie der Tod. Wie Erdgas.

Während die gelben Flecken Charles Chows Brougham beschmutzten, erlebte die Erde den wärmsten Januar, der jemals durch Messungen dokumentiert worden war. Es war der vierte Monat in Folge, in dem die Temperaturen weltweit mehr als ein Grad über dem historischen Durchschnitt lagen, auch das ein Novum. Diese Nachricht war, sofern sie überhaupt veröffentlicht wurde, von einer Weltkarte der NASA begleitet, überdeckt mit orangefarbenen und roten Flecken, die den Temperaturanstieg zeigten. Ansonsten erschienen Archivfotos von Sonnenbadenden oder schmelzenden Eiszapfen. Dann kam der Februar, der wärmste der Geschichte. Die Bedrohung der menschlichen Zivilisation schritt schneller voran als je zuvor in den letzten 65 Millionen Jahren, doch alles, was man als Amerikaner zu sehen bekam, waren Flecken, Sonnenbadende und Eiszapfen.

Alles, was die Bewohner von Porter Ranch in jener Zeit voll bodenloser Angst zu sehen bekamen, waren leere Straßen und geheimnisvolle weiße Lieferwagen. Sie suchten verzweifelt nach Antworten: Machte das Gas sie krank? Wie konnten sie sich schützen? Wen würde man zur Verantwortung ziehen? Die Anwälte für Personenschäden waren gut vorbereitet. Sie hatten Klarheit, Zuversicht, Optimismus zu bieten. Sie konnten die Zukunft vorhersagen: eine gewinnträchtige Zukunft für die Einwohner von Porter Ranch. Bei den wöchentlichen Informationsveranstaltungen, die in den Kirchen oder Hotels der Gegend stattfanden, beantworteten die Anwälte oft stundenlang die Fragen der Bewohner und reichten Mandantenformulare herum.

Zwei Tage nach ihrem Gespräch in der Einfahrt nahmen Rick Goode und die Chows an einem Treffen teil, das von R. Rex Parris im Hilton im fünfzehn Kilometer südlich gelegenen Woodland Hills, direkt außerhalb der Gefahrenzone, ausgerichtet wurde. R. Rex Parris gehörte dem Kanzleikonsortium an, das im Auftrag Tausender Einwohner von Porter Ranch die erste Sammelklage gegen SoCalGas und den Mutterkonzern Sempra Energy, das größte Erdgasversorgungsunternehmen des Landes, eingereicht hatte. In der Presseerklärung der Gruppe hieß es, dass das Leck die

Sempra-Aktionäre letztlich «mehr als eine Milliarde Dollar» kosten würde. Etwa zwanzig Bewohner saßen an Konferenztischen und bedienten sich bei dem kostenlosen Kaffee mit Bagels und Donuts. Eine junge Anwältin, die selbst jede Menge Kaffee getrunken zu haben schien, stand im vorderen Teil des Saals und hielt ihren Werbevortrag.

«Hören Sie nicht auf das, was Ihnen SoCal erzählt», sagte sie. «Was die sagen, hat keine Bedeutung.»

Sie riet den Bewohnern, ein Tagebuch zu führen. Sie sollten alle körperlichen Beschwerden oder seltsamen Gerüche notieren. Sie wurden aufgefordert, alle durch Umsiedlung oder Krankheit entstandenen Kosten aufzulisten. Jemand fragte, ob er als Kläger infrage komme, obwohl er fünfzehn Kilometer vom Aliso Canyon entfernt wohne.

«Das steht noch nicht fest», sagte die Anwältin. «Ich habe gehört, zwischen acht und fünfzehn Kilometern. Doch wir haben noch keine Einzelheiten.»

«Die behaupten, es ging am 23. Oktober los», sagte eine ältere Frau. «Aber im April ist mein Hund, ein Boxer, innerhalb von zwei Wochen gestorben. Ich weiß, dass es an dem Gas lag.»

«Es begann schon vor dem 23. Oktober», sagte die Anwältin. «Ich weiß nur nicht, wann. Je früher, desto besser, um mehr Geld für alle zu bekommen.»

Die Bewohner nickten anerkennend.

Die Anwältin erklärte, dass etwa dreißig Juristen auf den Fall angesetzt waren. Die Kanzleien würden dreißig Prozent jeder Zahlung erhalten. Sie waren sicher, es würde einen Vergleich geben.

Ein Mann mit starkem russischem Akzent rief: «Und dafür hab ich Tschernobyl verlassen?»

Igor Wolotschkow, der leichte Ähnlichkeit mit Gérard Depardieu hatte, war 1986, als seine Frau mit ihrem Sohn schwanger war, aus Kiew, hundert Kilometer südlich von Tschernobyl, nach Los Angeles gezogen. Sie waren aus der Sowjetunion geflohen, um ihr Leben und das ihrer Kinder zu retten. Die Ähnlichkeiten zwischen Tschernobyl und dem Aliso Canyon beunruhigten ihn. «In beiden Fällen wollte man der Öffentlichkeit Informationen vorenthalten. Dort konnte man die Strahlung weder sehen noch spüren, und hier ist es mit dem Gas genauso.» Er schüttelte den Kopf. «Aber in Tschernobyl war es besser. Der Regierung hat niemand vertraut, also wurden die Informationen von Mund zu Mund weitergegeben. Hier glauben alle den Massenmedien. Wenn sie etwas nicht sehen, dann passiert es auch nicht.»

Wolotschkow hatte schon gewusst, dass etwas nicht stimmte, als sein Papagei Bon plötzlich starb. Er kaufte sich einen neuen Papagei und einen Sittich, die er Goscha und Margoscha nannte. Beide starben nach kurzer Zeit. Dasselbe war in Kiew passiert, wo die radioaktive Strahlung aus Tschernobyl seinen Sittich Petruschka getötet hatte. Wolotschkow sagte, sein Sohn habe ihn gefragt, warum sie von einem Tschernobyl in ein anderes gezogen seien.

«Weil es unsere Bestimmung ist, alle Tschernobyls zu bekämpfen», hatte Wolotschkow erwidert.

•

Fast einen Monat nach der Entdeckung des Lecks ordnete das Gesundheitsamt des Bezirks an, dass SoCalGas den Leuten, die von den Gasdünsten betroffen waren, eine neue Unterkunft bezahlen müsse. Fast sechstausend Haushalte, etwa die Hälfte der Einwohner von Porter Ranch, nahmen das Angebot an und zogen in Hotels, Apartments und möblierte Wohnungen in den umliegenden Vierteln. Viele von denen, die wegzogen, kamen oft, mitunter sogar täglich, zurück, um die Sachen zu holen, die sie zurückgelassen hatten, den Rosmarin zurückzuschneiden oder nach Gas zu schnüffeln.

Doch es gab auch Bewohner, die das Ausströmen des Gases, abgesehen von der schädlichen Auswirkung auf die Immobilienpreise, für völlig harmlos hielten. Jerry McCormack, der ein paar Häuser entfernt von den Chows in der Thunderbird Avenue wohnte, war nicht erkrankt und hatte den Gasgeruch nur selten wahrgenommen. Er hielt die ganze Panik für «dummes Zeug. Das hier ist nicht Fukushima. Alle haben es auf das Gasunternehmen abgesehen. Die Hysterie steht in direktem Verhältnis zu den vielen Anwälten, die in den Ort kommen.» Er räumte ein, dass seine Frau, die sich gerade von einer Krebserkrankung erholte, das Gas «ganz deutlich riechen» konnte und besorgt war. Ihr Onkologe riet ihr, Porter Ranch zu verlassen.

Adam und Mindi Grant, beide Mitte vierzig, wohnten anderthalb Kilometer von der Leckstelle entfernt. Ihre drei Kinder spielten weiterhin Tag für Tag draußen Basketball oder schwammen. Adam hatte das Gas nur ein einziges Mal gerochen. Er lachte mit seiner Frau darüber. Wenn jemand Nasenbluten bekam, witzelte er: «Das kommt von dem Gas!» Die Leute in Porter Ranch hatten inzwischen so häufig Nasenbluten, dass es ein Running Gag war, aber das beschäftigte ihn nicht weiter.

Adam unterrichtete an einer örtlichen Highschool Weltgeschichte. Mindi war Versicherungsanwältin. Einige ihrer Freunde hatten echte Beschwerden, andere simulierten wohl. «Sie wollen Kohle machen. Sie glauben, da wartet das große Geld, sie wollen abkassieren. Aber es dürfte ihnen schwerfallen, einen kausalen Zusammenhang nachzuweisen.»

«Wäre der Geruch unerträglich gewesen», sagte Adam, «dann wären wir umgezogen. Aber weil es für uns als Familie keine negativen Auswirkungen hat, kümmere ich mich nicht groß darum.»

•

Wenn dem einen von dem Gasgeruch schwindlig wird, während der Nachbar nichts riecht, lügt dann einer von beiden? Wenn jemand eigentlich kein Gas eingeatmet hat, aber trotzdem an Kopfschmerzen und Übelkeit leidet, ist das dann weniger schlimm? Katastrophenpsychiater nennen dieses Phänomen Somatisierung, ein Wort, das die in Ungnade gefallenen Begriffe «psychosomatisch» und «Hysterie» ersetzt hat. Menschengemachte Katastrophen können bei körperlich unbeschadeten Personen schwere psychische Beschwerden auslösen, die sich oft genauso äußern wie bei denjenigen, die der Gefahr direkt ausgesetzt sind. Angst macht krank. Die Angst, giftige Gase einzuatmen, verursacht die gleichen Symptome wie das tatsächliche Einatmen der Gase: Kopfschmerzen, Schwindel und Übelkeit.

Die Einwohner von Porter Ranch hatten allen Grund, sich zu fürchten. Niemand konnte ihnen sagen, was sie einatmeten. Aus dem Leck strömte Methan, so viel war sicher, doch sie rochen kein Methan. Methan ist geruchlos. Was sie rochen, waren Mercaptane: Schwefelverbindungen, die in Tierkot freigesetzt werden. Mercaptane werden dem Methan beigegeben, um im Fall eines Lecks in der Pipeline einen olfaktorischen Alarm auszulösen, sind also ein Äquivalent zu den Farbbomben, die von Banken in den Geldtaschen deponiert werden. Das Einatmen von Mercaptanen kann Kopfschmerzen, Schwindel und Übelkeit auslösen, doch genau wie bei Methan waren keine schweren Langzeitschäden bekannt. Das größte Gesundheitsrisiko durch das Leck bestand darin, dass noch andere, giftigere Gase aus dem Innern von Aliso Canyon ausströmen könnten – Gase, die aus seiner Zeit als Ölfeld stammten.

Das wichtigste davon war Benzol, ein bekanntes Karzinogen. Die Luft über Los Angeles, einem der Orte mit der schlimmsten Luftverschmutzung in den Vereinigten Staaten, hat eine Grundkonzentration von Benzol zwischen 0,1 und 0,5 Teilchen pro Milliarde. Die Weltgesundheitsorganisation hat erklärt, «dass kein unbedenklicher Grenzwert genannt werden kann». Einen Monat nach der Entdeckung des Lecks im Aliso Canyon zeigten die von SoCalGas in der Nähe der Anlage vorgenommenen Messungen stark schwankende Benzolkonzentrationen, die zwischen 0,3 Teilchen pro Milliarde und albtraumhaften 30,6 Teilchen lagen. In Porter Ranch schossen die Werte auf 5,5 Teilchen pro Milliarde hoch. Auch andere giftige Gase – Toluol, Xylol, Hexan und Schwefelwasserstoff – wurden in erhöhter Konzentration nachgewiesen. Weil ihn diese ganze Unsicherheit verrückt machte, begann Michael Jerrett, der Direktor des Center for Occupational and Environmental Health an der UCLA, zwei Monate nach der Entdeckung des Lecks eine gründlichere Untersuchung. Er brachte in den Gärten von Porter Ranch neunzehn Überwachungsgeräte an, die wie Futterröhren für Vögel aussahen und kontinuierlich Messungen zu verschiedenen Schadstoffen vornahmen. Ein zwanzigstes Überwachungsgerät stellte er hinter der Porter Ranch Community School auf, die inzwischen leer stand, weil die Schüler evakuiert worden waren, neben dem Gemüsegarten der Schule, wo die Auberginen und Kirschtomaten am Strauch verfaulten und überall Plastiktüten auf dem Boden herumlagen. Die Ergebnisse überraschten ihn: Die Luft in Porter Ranch hatte ungewöhnlich niedrige Schadstoffwerte. Die Luft war sauberer als in den meisten Gegenden von Los Angeles, weil der Ort weitgehend verlassen war. Wenn die

Bewohner Benzol einatmeten, dann stammte es aus ihren eigenen Auspuffrohren.

Die Zusammensetzung des Gases war nur ein Aspekt, den die Einwohner von Porter Ranch an den unsichtbaren, aus dem Aliso Canyon strömenden Dämpfen nicht begriffen. Sie wussten auch nicht, wie weit und in welchen Mengen sich das Gas ausbreitete. Es schien, als wäre der Geruch morgens und abends sowie mit zunehmender Höhe stärker, doch es gab keine Daten, die das belegten. Die wechselhaften Windverhältnisse des Ortes, die unberechenbar sind und sich von allen anderen im Los-Angeles-Becken unterscheiden, machten das Ganze noch komplizierter. Außerdem wusste niemand, wie das Leck überhaupt entstanden war. Mehr als zwei Drittel der Schächte waren vor 1980 errichtet worden, was Mel Reiter, der Herausgeber der *Valley Voice*, beunruhigend fand. Das Monatsblatt war das einzige örtliche Unternehmen, das von dem Leck profitierte: Es konnte nicht genug Seiten drucken, um die Nachfrage der Anwaltskanzleien nach ganzseitigen Anzeigen zu befriedigen. Wenn es in *einem* Schacht ein Leck gab, fragte sich Reiter, wie hoch war dann die Wahrscheinlichkeit, dass das auch auf dreißig weitere zutraf oder bald zutreffen würde?

Es gab Vorschriften, aber niemand wusste, wer sie durchsetzen sollte. Als privates Versorgungsunternehmen fiel SoCalGas nicht unter die Regulierungsaufsicht einer einzelnen Behörde. Der South Coast Air Quality Management District war verantwortlich für die Untersuchung von Beanstandungen der Luftqualität, doch er teilte sich die Zuständigkeit mit der kalifornischen Energiebehörde, dem Gesundheitsamt von L. A. County, der Luftreinhaltungsbehörde, der Regulierungsbehörde für Versorgungsunternehmen, der Arbeitsschutzbehörde, der Regulierungsbehörde für Öl-, Gas- und Erdwärmevorkommen, dem Amt zur Einschätzung von Gesundheitsrisiken durch chemische Umweltverschmutzung, der Feuerwehr von L. A. County, dem Katastrophendienst des Gouverneurs und der Umweltschutzbehörde EPA. Als die Panik die Bewohner von Porter Ranch nach zwei Monaten zu erdrücken drohte, forderte die Aufsichtsbehörde L. A. County Board of Supervisors die Einrichtung einer weiteren «Regulierungsstruktur» zur Überwachung von Gaslagerstätten.

Für die meisten Bewohner lief dieser ganze Wirrwarr nur auf eins hinaus: Ihr Leben war von einem unsichtbaren Gas bedroht. «Wir wissen nicht, was Methan ist», sagte Sam Kustanowitsch, ein weißrussischer Pfandleiher, der sein Haus unglücklicherweise zwei Monate vor der Entdeckung des Lecks gekauft hatte. «Niemand weiß das. Es könnte heißen, dass es Explosionen gibt. Ich habe Angst vor Explosionen.»

Wer hätte da keine Angst? Aber manche Feuer brauchten länger als andere, bis sie sich entzündeten.

•

Nicht einmal im von Dürren heimgesuchten Südkalifornien war das globale Klima ein drängendes Wahlkampfthema. Doch eine Giftgaswolke, die in einer wohlhabenden, stimmenreichen Gemeinde massenhaft Erbrechen und Nasenbluten auslöste, war der Traum jedes Kandidaten, und so folgte auf den Aufmarsch von Wissenschaftlern und Anwälten, die Porter Ranch heimsuchten, eine Politikerkarawane. Alle waren sie gegen das Nasenbluten. Obwohl Porter Ranch nur ein winziges Stück am Rande des 25. Wahlbezirks ist, machte der Demokrat Bryan Caforio das Leck zum zentralen Thema seiner Kandidatur für den Kongress. Der republikanische Amtsinhaber Steve Knight, der von Sempra Energy Wahlkampfspenden erhielt, äußerte anfangs Verständnis für SoCalGas, als wäre das Unternehmen das Opfer eines grässlichen, vom Aliso Canyon begangenen Überfalls, bevor er doch noch eine Anhörung im Kongress forderte. Sogar Michael Antonovich, ein republikanischer Bezirksrat, der zuverlässig gegen Umweltvorschriften stimmte, erklärte öffentlich, dass er entschlossen sei, SoCalGas zur Verantwortung zu ziehen. Henry Stern, ein Demokrat, der sich für einen Sitz im kalifornischen Senat bewarb, drückte es folgendermaßen aus: «Wir alle zehren auf eine seltsame Art von dem Vorfall. Wie oft gibt es in der Vorstadt schon eine Klimakatastrophe?» Bei den Bürgerversammlungen war Stern davon beeindruckt, dass die Einwohner, von denen sich viele als Konservative bezeichnet hätten, die Entscheidung, auf fossile Brennstoffe zu bauen, infrage zu stellen begannen. «Die meisten dieser Leute glauben nicht an den Klimawandel», sagte Stern. «Aber wenn deine Kinder sich übergeben, änderst du deine Meinung ganz schnell.»

Der einzige Politiker, der kein politisches Kapital aus dem Gasleck schlug, war der, von dem die Kalifornier wohl das größte Engagement erwartet hätten: der Gouverneur Jerry Brown, der alles darangesetzt hatte, dass Kalifornien im Kampf gegen den Klimawandel weltweit voranging. Sein Amt für Katastrophenschutz beaufsichtigte die verschiedenen Behörden, die dafür verantwortlich waren, auf das Leck zu reagieren. Brown hatte dem Vorstandschef von SoCalGas einen Brief geschickt, in dem er Rechenschaft verlangte. Doch erst elf Wochen später kam er nach Porter Ranch, wo er den Notstand ausrief, den SoCalGas-Standort besichtigte und sich mit Mitgliedern des Nachbarschaftsrats traf. Das war fast einen Monat nach seiner Teilnahme an der UN-Klimakonferenz in Paris, wo er sich mit dem kalifornischen Emissionsreduktionsplan, dem ehrgeizigsten in ganz Nordamerika, gebrüstet hatte. Matt Pakucko und die anderen örtlichen Aktivisten warfen Brown vor, ihre Not verlängert zu haben. «Da steht er in Paris», sagte Pakucko, «und sagt: ‹Seht nur, wie grün Kalifornien ist›, während zehn Jahre von diesem grünen Kram gerade in die Luft geblasen werden.»

Zu Browns Verteidigung sagte der Direktor seines Amts für Katastrophenschutz, sein Chef habe Besseres zu tun, als Porter Ranch zu besuchen: «Seien wir doch mal ehrlich: Wir haben es mit Unmengen von Notfällen zu tun. Das hier ist weder Vermont noch Oklahoma, sondern ein eigenständiges Land.» Diese Prahlerei beeindruckte die Bewohner von Porter Ranch nicht, erst recht nicht nach der Enthüllung, dass Browns jüngere Schwester Kathleen im Aufsichtsrat von Sempra Energy saß und eine Vergütung von mehr als einer Million Dollar erhalten hatte. Sie besaß einen Anteil von fast einer Million Dollar an der Forestar Group, einem Immobilien- und Rohstoffunternehmen, das zum Bau der Hidden Creeks Estates, einer geschlossenen Wohnanlage in der Nähe von Porter Ranch, die aus circa hundert Luxushäusern und Reitsportanlagen bestehen und an den Grund und Boden von Sempra grenzen sollte, die Strauchlandschaft rodete. Diese wenigen öffentlich zugänglichen Informationen empfanden die unterhalb des Canyons wohnenden Leute als Indizien für eine Verschwörung, die genauso schädlich war wie giftiges unterirdisches Gas.

•

Es dauerte fast vier Monate, bis SoCalGas das Leck gestopft hatte. Sofort sanken die Methanwerte in der Umgebung. Die Konzentration an Lufttoxinen erreichte «typische Werte für das Los-Angeles-Becken», kein besonders beneidenswerter Zustand und auch keine Verbesserung der Situation, aber wenigstens schien es, als wäre das Schlimmste überstanden.

«Wird es, wenn alles wieder normal ist, eine zufriedenstellende Untersuchung geben?», hatte Henry Stern gefragt. Dem war nicht so. Noch Wochen nachdem das Leck gestopft worden war, sagten viele Bewohner, darunter auch Rick Goode und Igor Wolotschkow, sie nähmen noch immer Gerüche wahr und litten an Nasenbluten, Kopfschmerzen, Unwohlsein. «SS-25 mag dicht sein», sagte Kyoko Hibino. «Aber irgendwas strömt aus dem Untergrund an die Oberfläche. Der Geruch ist stark. Es ist immer noch da.»

Sechs Monate später verzichtete SoCalGas darauf, den Tatvorwurf des Los Angeles County, dass man das Leck nicht umgehend gemeldet habe, anzufechten. Man schloss einen Vergleich über vier Millionen Dollar, was den Kosten für drei Einfamilienhäuser in Porter Ranch entsprach. Ein Jahr später legte SoCalGas für 8,5 Millionen Dollar einen Rechtsstreit mit dem South Coast Air Quality Management District bei. Im Jahr darauf, im August 2018, einigte man sich gegen Zahlung einer Gesamtsumme von 119,5 Millionen mit der kalifornischen Luftreinhaltungsbehörde, dem Justizminister von Kalifornien, der Stadt Los Angeles und wieder mit dem L. A. County. 2019 schloss eine von der kalifornischen Regulierungsbehörde für Versorgungsunternehmen beauftragte Consultingfirma eine dreijährige Ermittlung mit der Veröffentlichung eines 2500 Seiten umfassenden Berichts über die Aliso-Canyon-Affäre ab. Die Ursache für das Leck, so war dort zu lesen, sei ein verrostetes Rohr gewesen. Die Schächte der Anlage seien voller Rost, Gehäuseschäden und undichten Stellen. Bis 1980 hatte sich das Sicherheitssystem für SS-25 so verschlechtert, dass die Tidewater Oil Company die Bemühungen aufgab, es zu reparieren. «System augenscheinlich mangelhaft», lautete die Zusammenfassung in einem Bericht. 1988 empfahl eine Mitteilung die Überprüfung von zwanzig Schächten, darunter auch der, der 2015 undicht wurde. Keiner wurde überprüft. SoCalGas hatte es regelmäßig versäumt, nach Lecks zu suchen. Der Programm-Manager der Regulierungsbehörde, der den Verschluss von SS-25 überwachte, erkrankte an Haarzellenleukämie, einer seltenen Art von Blutkrebs. Er verklagte SoCalGas auf Schadenersatz. 14 000 Einwohner reichten 250 weitere Klagen ein.

Es war ungewiss, ob die Beschwerden, an denen die Bewohner von Porter Ranch litten, je mit dem Gasleck in Verbindung gebracht werden könnten. Sicher war, dass es langfristige Folgen für die Atmosphäre nach sich ziehen würde, doch die wären genauso schwer zu entschlüsseln wie eine farblose Gaswolke, die in einen windgepeitschten Canyon trieb. Nachdem das Leck gestopft worden war, sprach der Pilot und Wissenschaftler Stephen Conley, als man ihn bat, den Vorfall am Aliso Canyon zu beurteilen, von einer «Monstrosität. Die Anlage setzt so viele Emissionen frei wie L.A. im ganzen Jahr. Das ist ein wesentlicher Anteil der jährlichen Kohlenstoffbilanz Kaliforniens.» Er hielt inne. «Aber es sind nur 0,002 Prozent der weltweiten Methanbilanz. Es ist nicht so, dass das nächste Jahr wegen Aliso Canyon wärmer wird.»

Conley sollte recht behalten. Das nächste Jahr war nicht wegen des Lecks wärmer. Es war auch nicht wegen der Autofahrten wärmer, die die Bewohner von Porter Ranch zu ihren zeitweiligen Mietwohnungen unternahmen, nicht wegen des Gases aus dem Aliso Canyon, mit dem sie ihr Essen kochten, und nicht wegen der Energie, die zur Beheizung ihrer verlassenen Swimmingpools nötig war. Es war nicht wegen der 200 000 Flugzeuge wärmer, die am Van Nuys Airport starteten oder landeten. Auch nicht wegen der 140 Milliarden Kubikmeter Erdgas, die die Ölfirmen in die Atmosphäre bliesen. Aber es war wärmer.

TEIL II

ZEIT DES ZWEIFELS

4

DIE NATUR SCHLÄGT ZURÜCK - EIN HURRIKAN
UND DAS ÖKOLOGISCHE MONSTER, DAS ER SCHUF

Es gibt hier Schlangen», sagte Mary Brock. «Lange, dicke Schlangen. Königsnattern, Klapperschlangen.»

Brock führte gerade Pee Wee aus, einen kleinen, nervösen West-Highland-Terrier, der beim geringsten Anlass – einem plötzlichen Windstoß, rollendem Kies, einem Bus, der ein paar Straßen weiter östlich die Caffin Avenue entlangrumpelte – ins Gestrüpp flitzte. Pee Wee hatte allen Grund, ängstlich zu sein. Brock war ängstlich. Genau wie die meisten Einwohner des Lower Ninth Ward in New Orleans. «In meiner Gegend sind nach Katrina viele Leute gestorben», sagte Brock. «Wegen dem Stress.» Die Hauptursache für Stress an jenem Oktobermorgen waren streunende Rottweiler. Brock hatte ganze Rudel gesehen, die auf der Suche nach Nahrung auf den verwilderten Grundstücken herumgeisterten. Auch Pee Wee hatte sie gesehen.

«Ich weiß, dass sie früher jemandem gehört haben, denn es sind schöne Tiere.» Brock korrigierte sich: «Es *waren* schöne Tiere. Als ich sie das erste Mal gesehen habe, sahen sie gut und gepflegt aus – Haustiere eben. Aber jetzt geben sie ein trauriges Bild ab.»

Sechs Jahre nach dem Hurrikan Katrina war das Lower-Ninth-Viertel zu einem Ort geworden, an dem man lästige

Hunde und Katzen entsorgte. Aus der ganzen Stadt kamen Leute, die auf der Claiborne Avenue Bridge den Industrial Canal überquerten und die ramponierten Straßen entlangholperten, bis sie einen verlassenen Straßenzug erreichten und die jaulenden Tiere aus dem Wagen warfen. Doch es waren nicht nur Haustiere. Im Viertel wurden nun alle möglichen ungewollten Dinge entsorgt. Bauunternehmer kippten anhängerweise Schutt auf die Straße, statt ihn zur Deponie in New Orleans East zu bringen. Autowerkstätten luden Dutzende von Reifen ab, statt die Entsorgungsgebühr (zwei Dollar pro Stück) zu zahlen. Es kamen noch verbrannter Hausmüll, rosa Klumpen Isolierschaum, türkisfarbene PVC-Rohre, durchnässte Sofas, aufgedunsen wie Meeresschwämme, und abgestellte Autos hinzu. Manchmal lagen in den Autos Leichen. Nahe der Kreuzung von Choctaw und Law Street, zwei Straßen neben der Strecke, die Mary Brock mit ihrem Hund ging, hatte die Polizei auf einem leeren Grundstück in einem weißen Dodge Charger eine verbrannte Leiche entdeckt. Niemand wusste, wie lange der Wagen schon dort stand. Vom nächstgelegenen Haus aus, das einen halben Block entfernt stand, konnte man ihn im meterhohen Gras nicht sehen. Von dem ganzen Abschnitt der Choctaw Street war nichts mehr zu erkennen, da dort nun ein Wald wuchs. Zwischen der Rocheblave und der Law Street gab es zwei Blocks, in denen alle Grundstücke beiderseits der Straße verlassen waren. Irgendwo im Unkraut markierte ein Kreuz die Stelle, an der Brocks Nachbar ertrunken war.

•

Es war irreführend, im Zusammenhang mit dem Lower Ninth Ward von verlassenen Grundstücken zu sprechen. Große Teile des Viertels standen leer, die Grundstücksgrenzen waren zumeist nicht mehr erkennbar. (Mit Ausnahme des Streifens Land am inneren Rand des Viertels, wo Brad Pitts Make It Right Foundation 76 mit Solarzellen ausgestattete pastellfarbene Häuser errichtet hatte – doch die schienen kein Teil des Viertels zu sein, sie glichen eher einer Sonderwirtschaftszone.) Um sich vorzustellen, wie das Lower-Ninth-Viertel vor der städtischen Aufräumkampagne aussah, muss man begreifen, dass es keine Ähnlichkeit mehr mit einem urbanen oder vorstädtischen Umfeld hatte. Wo einmal wohlgeordnete Reihen von Einfamilienhäusern mit Einfahrten und Vorgärten gestanden hatten, befand sich inzwischen Wald. Seit Katrina wucherte die Vegetation. Bäume, die vor dem Sturm noch nicht existiert hatten, waren nun zehn Meter hoch.

Das zeitrafferhafte Tempo des Pflanzenwachstums erinnerte an die Chia-Pet-Werbung, doch das überraschte die Bewohner von New Orleans kaum mehr, sie hatten sich längst an von Wurzeln gesprengte Straßen und von Freiwilligen gerodete Gärten gewöhnt. Seinen außerordentlich fruchtbaren Boden verdankte der Lower Ninth Ward den jahrhundertealten Ablagerungen des Mississippi, der die Südgrenze des Stadtteils bildete. Vom Fluss aus fiel das Terrain wie eine Rampe zu einem brackigen Schwemmland namens Bayou Bienvenue ab. Der hintere Teil des Viertels, das am tiefsten Punkt 1,20 Meter unter dem Meeresspiegel lag, war vom Sturm am stärksten zerstört worden, woraufhin sich die Zahl der Bewohner um etwa siebzig Prozent verringert hatte.

In den fünf Jahren nach Katrina hatte man viele der zerstörten Gebäude abgerissen, die alten Fundamente lagen zumeist unter den wuchernden Pflanzen verborgen. Die bewohnten Grundstücke, oft nur eins pro Häuserblock, waren die Ausnahme. Mit ihrem pflichtgemäß getrimmten Rasen, den Zäunen und Neubauten stachen sie hervor wie die Zähne bei einer Kürbislaterne. Doch die Wildnis drang von allen Seiten vor.

«Man sieht hier oft Kaninchen», sagte Don Porter, der südlich der Claiborne Avenue wohnte, in einer der dichter bewohnten Gegenden des Viertels. In seinem Straßenabschnitt gab es vier Häuser, und nur zwei standen leer. «Es gibt auch Reiher», sagte er. «Und Pelikane.»

«Auf unserem Dach klettert immer ein Waschbär rum», sagte Terry Jacko, der mit seinem jüngeren Bruder Terrence in der Reynes Street in ihrem Vorgarten stand. «Der ist riesig. Als ich ihn das erste Mal gehört hab, dachte ich, das wäre ein Mensch.»

«Neulich hab ich hinten im Garten ein Opossum gesehen», sagte Terrence. «Seine Zähne waren etwa so groß. Ich hab's mit einem Stock erschlagen. Es ist auf mich losgegangen, also hab ich draufgehauen, und dann ist es einfach liegen geblieben. Danach bin ich im Haus geblieben.»

Es waren Gürteltiere, Kojoten, Eulen, Habichte, Falken gesichtet worden und ein Alligator, der aus einem undichten Hydranten trank wie ein Kind aus einem Trinkbrunnen. Ratten waren wegen der streunenden Katzen und der Raubvögel kein großes Problem. Doch es waren nicht bloß Tiere, die aus dem Unkraut auftauchten.

«Manchmal sehe ich da Leute rauskommen», sagte Terrence und deutete auf zwei von Unkraut umwucherte Ruinen auf der anderen Straßenseite. «Die versuchen, in mein Haus zu gelangen.»

Johnny Windsor, der in einem wiederaufgebauten Haus an der Ecke Lamanche und Rocheblave Street wohnte, das auf allen Seiten von Wald umgeben war, deutete auf ein Dickicht auf der anderen Straßenseite: «Da schleppen sie Leichen rein.» Auf den verlassenen Grundstücken seien schlimme Dinge passiert. Auf dem Heimweg von der Schule sei eines Abends ein sechzehnjähriges Mädchen in ein kaputtes Haus gezerrt und vergewaltigt worden. Windsor und seine Frau saßen abwechselnd draußen und hielten Wache. «Man weiß ja nie, ob da nicht jemand im Gras lauert», sagte er.

Seit dem Sturm hatte das Viertel eine umgekehrte Kolonisierung durchlaufen – die Wildnis bezwang die Zivilisation. Die Bewohner hatten sich mit Beilen und Motorsensen gewehrt, um die neuen Siedler zurückzuschlagen: Reisgras, dreiblättriges Traubenkraut, Blasenesche. Vergeblich. Die Grundstücke brauchten ständige Aufmerksamkeit, und es musste dort jemand wohnen. Auf einem Grundstück, um das sich drei Monate lang niemand kümmerte, wucherte das Unkraut kniehoch. Nach fünf Monaten wuchsen junge Bäume. Der Chinesische Talgbaum, einer der aggressiveren Eindringlinge, wird innerhalb eines Sommers sechzig Zentimeter groß und überragt schon nach einem Jahr einen durchschnittlich großen Mann. Am sechsten Jahrestag des Sturms wurde klar, dass die Wildnis triumphiert hatte.

Im folgenden Monat kündigte Mitch Landrieu, der Bürgermeister von New Orleans, eine Art «Truppenaufstockung» im Kampf um das Lower-Ninth-Viertel an. Er nannte es das «Pilotprogramm zur Erhaltung geschädigter Grundstücke». Es war der dritte Versuch der Stadt, die verwilderten Grundstücke im Lower Ninth wieder bewohnbar zu machen. Der Vertrag mit dem ersten Unternehmen wurde gekündigt, nachdem ans Licht kam, dass der Manager wegen eines Schwerverbrechens im Gefängnis gesessen hatte. Die zweite Firma wurde beauftragt, jedes Grundstück nur ein einziges Mal freizuräumen. Als sie bei den letzten Parzellen anlangten, waren die ersten schon wieder der Wildnis anheimgefallen. Jetzt wollte die Stadt die Aufgabe selbst in die Hand nehmen. Man stellte einen Trupp von zwölf Leuten ein – Bewohner des Stadtteils oder ehemalige Straftäter –, um eine Block-für-Block-Kampagne zur Rückeroberung des Viertels zu führen.

•

Um zu begreifen, warum New Orleans ein ganzes Viertel sechs Jahre lang der Natur überlassen hatte, muss man ein schmerzliches Kapitel der Post-Katrina-Ära betrachten, über das nur wenige sprechen wollen. Der Geograf Richard Campanella von der Tulane University nannte es die «die große Debatte um den städtischen Fußabdruck». Da New Orleans zu großen Teilen zerstört war, musste die Stadt entscheiden, auf welche Art was wiederaufgebaut werden sollte. Welche Gebiete sollten Vorrang haben, und welche sollten später oder nie an die Reihe kommen?

Für manche Bewohner (überwiegend weiße, wohlhabende Machtmenschen) war es ein mathematisches Problem. 1960 erreichte die Einwohnerzahl der Stadt einen Höchststand von 627 525. Um alle Menschen unterzubringen, dehnte sich New Orleans in das tiefliegende Marschland aus, das vorher für Wohnzwecke als ungeeignet galt. Katrina traf die neueren, tiefliegenden Viertel am härtesten. Der Lower Ninth Ward war, anders als allgemein angenommen, nicht das am tiefsten gelegene Stadtviertel. Im Durchschnitt liegt es höher als New Orleans East, Gentilly, Broadmoor und Lakeview. Doch nach dem Sturm konnte sich das arme, vorwiegend Schwarze Viertel den Wiederaufbau noch weniger als die anderen leisten. Außerdem hatte man mit den längsten bürokratischen Verzögerungen und den korruptesten Bauunternehmern zu kämpfen und erhielt auch weniger lokale und staatliche Katastrophenhilfe.

2006, ein Jahr nach Katrina, sank die Einwohnerzahl der

Stadt auf etwa 200 000. Seit 1970 war das Straßennetz um mehr als zehn Prozent größer geworden. Konnte eine für 700 000 Menschen gebaute Stadt mit einer um mehr als zwei Drittel geschrumpften Bevölkerung bestehen? Konnte eine wesentlich geringere Zahl von Steuerzahlern es sich leisten, die ständig absinkenden Straßen instandzuhalten und städtische Dienstleistungen wie Müllabfuhr, Polizei, Kanalisation zu finanzieren? Und wenn nicht, was sollte dann mit den am tiefsten gelegenen Gebieten und ihren geflüchteten Bewohnern geschehen?

Ein von Bürgermeister Ray Nagin, dem Vorgänger Landrieus, eingesetzter Ausschuss schlug vor, große Teile der am härtesten betroffenen Viertel in «Grünflächen» umzuwandeln. Das weckte den Überlebensinstinkt lokaler Gemeindegruppen, die das Ganze als heimlichen Versuch betrachteten, die ärmsten und Schwärzesten Viertel der Stadt zu beseitigen. Dieser Verdacht ließ sich auch durch Aussagen von Joseph Canizaro, dem Projektentwickler, der Nagins Ausschuss leitete, nicht zerstreuen. «Ich will nicht, dass die Leute ihre Häuser auf Treibsand wiederaufbauen», sagte er, ohne zu erwähnen, dass in den sogenannten «Treibsandvierteln» achtzig Prozent der Schwarzen Bevölkerung von New Orleans wohnten. «Diese armen Leute hatten nicht die Mittel, um die Stadt zu verlassen, und können es sich erwiesenermaßen auch jetzt nicht leisten zurückzukehren. Also werden wir nicht alle zurückholen.»

Letztlich mussten sich die Technokraten der öffentlichen Meinung einer Stadt beugen, die auch nach der Überschwemmung mehrheitlich arm und Schwarz blieb. Nagin lehnte die Vorschläge seiner Kommission ab und wählte stattdessen einen Ansatz, den man bestenfalls als Laisserfaire bezeichnen konnte. Wenn sie wollten, durften die Bewohner in den Lower Ninth Ward, der mehr als viermal so groß war wie das French Quarter, zurückkehren, dieser Teil der Stadt würde dann in seiner alten Form erhalten bleiben. Doch die meisten Einwohner kamen nicht wieder – manche, weil sie es sich nicht leisten konnten, andere, weil sie nicht wollten. 700 Personen verkauften ihr Land dem Staat. In dem Viertel gab es weder ein Polizeirevier noch eine Feuerwache, weder ein Krankenhaus noch einen Supermarkt. Durch die geringe Bevölkerungsdichte und die mangelnde Grundversorgung befand sich der Lower Ninth nun größtenteils in genau dem Zustand, den die Bewohner von New Orleans nach dem Sturm unbedingt vermeiden wollten: Er war zur Grünfläche geworden.

Landrieu, der Nagin 2010 besiegte, hatte sich in seinem Wahlkampf standhaft dafür ausgesprochen, die Stadt in ihrer alten Ausdehnung zu erhalten: «Wenn der Fußabdruck der Stadt schrumpft», sagte er, «schrumpfen auch ihre Zukunftsaussichten.» Nach der Wahl plante er einen beträchtlichen, ja überproportionalen Anteil der staatlichen und lokalen Geldmittel für Bauprojekte im Lower Ninth ein: sechzig Millionen Dollar für Straßenreparaturen, fünfzig Millionen für den Wiederaufbau von Schulen und fast fünfzehn Millionen für ein neues Gemeindezentrum. Doch der logische erste Schritt war das Freiräumen der Grundstücke. Um eine Straße reparieren zu können, musste die Stadt sie erst einmal finden.

Als Landrieu sein Amt antrat, hatte New Orleans den höchsten Prozentsatz an verfallenen Grundstücken in ganz Amerika – höher als Cleveland, Flint oder sogar Detroit, das in den letzten sechzig Jahren mehr als eine Million Einwohner verloren hatte. Doch anders als in den Städten im Rust Belt wuchs in New Orleans die Bevölkerung nach dem Sturm. Landrieu setzte sich für die Bekämpfung des Verfalls ein und wurde von den Leuten dafür verehrt. In Umfragen erreichten seine Beliebtheitswerte fast neunzig Prozent. «Die Bewohner von New Orleans haben beschlossen, ganz New Orleans wiederaufzubauen», sagte er. Diese Entscheidung «nimmt zwangsläufig mehr Zeit in Anspruch und stellt, besonders mit begrenzten Geldmitteln, eine große Herausforderung dar. Aber ich glaube, dass man mit einer guten Strategie und Planung die Viertel wiederaufbauen kann. Das wollen wir jetzt beweisen.» Zuerst wurde das Gras gemäht.

Richard Campanella, der Geograf von der Tulane University, dachte in einem anderen Zeitrahmen. Die Wände seines Büros waren mit riesigen Fotos von New Orleans, dem Mississippi und den aus dem Weltall aufgenommenen Vereinigten Staaten dekoriert. Als Geograf hatte er den Luxus – oder den Kassandrafluch –, die Zukunft der Stadt in den nächsten drei Jahrzehnten oder sogar Jahrhunderten zu betrachten. «Die Debatte über den Fußabdruck ist Geschichte», sagte er. «Angesichts der Tatsache, dass die Stadt, der Staat und das ganze Land schon Geld in den Wiederaufbau der Häuser und die Instandsetzung der Versorgung gesteckt haben, kann man diese Frage nicht noch mal aufwerfen. Es ist zu spät, um diese Wunde wieder zu öffnen. Das Kind ist schon auf der Welt. Vielleicht können wir nächstes Mal darauf zurückkommen. Ich hoffe zwar, dass es kein nächstes Mal gibt, aber das dürfte nicht zu verhindern sein.»

Nur wenige Städte sind durch ihre geografische Lage so exponiert wie New Orleans, das der Geograf Peirce Lewis bekanntlich die «unvermeidliche Stadt an einem unmöglichen Ort» genannt hat. Hier war die Lage oder, besser gesagt, die Höhe Schicksal. Die ältesten, wohlhabendsten, weißeren «historischen» Viertel, in denen die meisten Zugezogenen wohnten, lagen höher. Die meisten der neueren und ärmeren Viertel hingegen, in denen der größte Anteil an gebürtigen New Orleansern lebte, lagen auf Meereshöhe

oder sogar darunter – und sanken weiter ab. Der Höhen-
unterschied zwischen dem hinteren Lower Ninth Ward und
dem French Quarter, das den Sturm relativ unbeschadet
überstanden hatte, betrug knapp drei Meter. Campanel-
las geografische Geschichte von New Orleans, *Bienville's
Dilemma*, war Pflichtlektüre für alle, die neu in die Stadt
kamen, und die Leser fragten ihn oft, wo sie wohnen sollten. Er antwortete: «Je näher am Fluss und am historischen
Stadtkern, umso sicherer ist es.» Campanella, der selbst in
Brooklyn geboren war, hatte die uneingeschränkte Begeisterung des Zugezogenen für seine Wahlheimat: Er schrieb
eine Zeitungskolumne über außergewöhnliche Episoden
in der Geschichte von New Orleans. «Die aktuelle Einwohnerzahl entspricht ungefähr der Einwohnerzahl vor hundert
Jahren. Ich würde mir für unsere heutigen Einwohner wünschen, dass sie in höheren Lagen wohnen, in Stadtvierteln
voller Leben mit Leuten auf den Straßen, die zu Fuß gehen
oder mit der Straßenbahn zur Arbeit fahren, die alles, was
sie brauchen, in nächster Nähe haben. Mir ist klar, dass wir
die Zeit nicht zurückdrehen können. Es gibt einen tiefgrei-
fenden kulturellen Wandel, den man nicht außer Acht lassen kann. Aber das ist meine Hoffnung.» Campanella war in
New Orleans eine beliebte Persönlichkeit, doch wenn sich
ein Mitglied des Stadtrats so geäußert hätte, wäre das ein
Grund für seine Amtsenthebung gewesen.

•

Während Landrieu seinen Marshallplan für den Lower
Ninth Ward in Gang setzte, zog der Verfall des Viertels Wissenschaftler aus aller Welt im boomenden Fachgebiet der
Katastrophenforschung an, einer Disziplin mit einer viel-
versprechenden, geradezu strahlenden Zukunft.

Michael Blum, ein Ökologe der Tulane University, bezeichnete New Orleans als «eine bedeutende Arena, in der man grundlegende ökologische Prinzipien im Zusammenhang mit Störfaktoren begreifen kann». Das war untertrieben. Die erbärmliche Lage des Lower Ninth Ward war nicht annähernd mit dem Niedergang der Städte im Rust Belt vergleichbar. Die naheliegendste Analogie zu den Geschehnissen im Lower Ninth, sagte Blum, sei ein Vulkanausbruch wie der am Mount St. Helens. Oder das Erdbeben der Stärke neun, das 2011 die japanische Nordostküste traf, eine vierzehn Meter hohe Flutwelle über das Kernkraftwerk Fukushima Daiichi ergoss und drei Kernschmelzen sowie die Evakuierung von 150 000 Menschen nach sich zog. Katrina war nicht nur verheerend gewesen, der Hurrikan hatte auch zu einer «verhängnisvollen Umformung der Landschaft» geführt. In einem Großteil des Viertels blieb damals nichts übrig – weder Menschen noch Tiere oder Pflanzen. Der ökologische Begriff dafür war «Simplifizierung». «2007, vor dem Beginn des Wiederaufbaus, war es, als würde man eine Landwirtschaftsfläche betreten», sagte Blum. «Alles war buchstäblich dem Erdboden gleichgemacht.»

Was in den folgenden Jahren passierte, machte den Lower Ninth zu einer der ergiebigsten Fallstudien auf der Welt. Ökologen hatten lange geglaubt, dass menschliche Gemeinschaften und Ökosysteme nach einer Katastrophe im gleichen Tempo zurückkehren. Doch diese Theorie war noch nie in der Realität überprüft worden. Blum gehörte einem Bündnis von Wissenschaftlern an – Ornithologen, Botaniker, Geografen und Soziologen –, die in den Lower Ninth Ward gekommen waren, um zu lernen, wie die Zivilisation auf ökologische Katastrophen reagierte, die in der Zukunft das Leben bestimmen würden.

Im Wettlauf zwischen Natur und menschlicher Gesell-

schaft ging die Natur früh in Führung. Das Wachstums-
muster war bizarr: Eine bunte Ansammlung von Arten, von
denen viele in dieser Gegend und in unmittelbarer Nähe
zueinander nie existiert hatten, kämpfte um die Vorherr-
schaft. Bevor der Lower Ninth Ward Mitte des achtzehnten
Jahrhunderts gerodet worden war, weil man dort Plantagen
anlegen wollte, gliederte sich das Gebiet in drei Ökosysteme
auf unterschiedlicher Höhe. Das Flussufer war von Schilf
und Dornensträuchern gesäumt, dahinter kam dichter
Laubwald, und noch weiter hinten, wo Mary Brock mit Pee
Wee wohnte, lag ein mit Palmettopalmen durchsetzter Zy-
pressensumpf. Nur wenige heimische Arten hatten den
Sturm überlebt, vor allem verschiedene Riedgräser, Wasser-
reis und eine Handvoll Steineichen, Kiefern und Sumpfzypressen. Und es breiteten sich opportunistische Arten aus:
Kräuselmyrten, Schwarzweiden und von Schlingpflanzen
umrankte Blasenbäume. Im Dickicht sprossen Gräser, so
hoch wie Basketballkörbe, und verschiedene Blütensträu-
cher, Wandelröschen, Oleander und Sauerklee. Von den
Hauptstraßen schlichen sich invasive Arten ein, die Samen
eingeschleppt durch Lastwagen, die aus östlicher Richtung
in die Stadt kamen. Die Pflanzen- und Tierwelt variierte
seltsam von Grundstück zu Grundstück, während die neu-
en Arten sich etablierten und ihre Kräfte sammelten, bevor
sie versuchten, weitere Territorien in Besitz zu nehmen.

Dadurch gewann das lokale Ökosystem an Vielfalt, wurde aber auch sehr labil. Es hatte keinen Bestand. «Es ist eine
bizarre Mischung, wie man sie in der Natur sonst nirgends
antreffen würde», sagte Blum. «Eine Frankenstein'sche
Artengemeinschaft.» Ökologisch gesehen hatte Katrina ein
Monster erschaffen.

•

Die zwölf Männer, die dieses Monster zähmen sollten, trafen sich jeden Morgen um 7:30 Uhr im Lower Ninth. Sie trugen Sonnenbrillen, Jeans, Stiefel und leuchtend grüne, von der Stadt ausgegebene T-Shirts. Auf dem Rücken der Hemden prangte eine heraldische Lilie, vorn stand der Slogan «Fight the Blight», «Kampf dem Verfall». Wenn der Trupp zu einem Grundstück kam, stapften mehrere Männer durch das Dornengestrüpp und schleppten Reifen und anderen großen Müll zum Bordstein. Dann kam der Traktor, ein Mahindra 4025 mit Zweiradantrieb, den ein Crewmitglied wie einen Rammbock über das Grundstück steuerte.

Enri Jacques, eins der älteren Crewmitglieder, hatte weder Leichen noch Skelette entdeckt, nur Kaninchen, Waschbären und Strumpfbandnattern. Jacques hatte sein Haus bei dem Sturm verloren. Er musste vier Tage auf der Claiborne Bridge verbringen, bevor er von einem Boot gerettet wurde. Von dem Job hatte er durch seinen Bewährungshelfer erfahren. Es war schwer für ihn gewesen, Arbeit zu finden. Sechs Jahre nach Katrina war sein Haus immer noch unbewohnbar. «Dieser Job», sagte Jacques, «ist ein wahrer Segen.» Er würde die wuchernden Pflanzen stutzen, bis seine Stadt wieder vertraut aussah, und wenn es den Rest seines Lebens in Anspruch nähme.

Die Grundstücke wurden von der Liste gestrichen, sobald das Gras geschnitten und der Gehsteig von Müll befreit war. Ein «gesäubertes» Grundstück hatte nicht die geringste Ähnlichkeit mit einem gemähten Rasen. Die Flächen wurden in ein löchriges Stoppelfeld verwandelt, auf dem sich kahle Stellen mit Büscheln schartig abrasierten Unkrauts abwechselten. Manche Grundstücke waren so zugewuchert, dass der Boden nach getaner Arbeit mit einer dicken Schicht Heu bedeckt war. Doch dieser Zustand hielt nirgends lange an. Auf Parzellen, wo wenige Monate vorher alles gestutzt worden war, standen schon bald wieder dreißig Zentimeter hohe Wildblumen.

Nachdem der Traktor seine Arbeit vollendet hatte, durchstreiften zwei Männer mit Rasentrimmern das Terrain. Adrian Tillman, ein schlaksiger Achtundzwanzigjähriger aus dem Trupp, schlang sich ein schwarzes Hemd um den Kopf, damit ihm die umherfliegenden Trümmer nicht das Gesicht zerschnitten. Tillman war an der Jackson-Kaserne, einer Militärbasis im Lower Ninth, in der noch immer Sturmschäden repariert wurden, als Bauarbeiter tätig gewesen. Nach seiner Entlassung hatte er erfolglos versucht, einen Job zu finden, bis seine Mutter ihm erzählte, die Stadt suche Bewohner des Lower Ninth zum Grasschneiden. Tillman war gut vorbereitet, denn er musste ständig das Gras rund um sein eigenes Haus in Schach halten. Seine Nachbarn waren dankbar. «Wenn sie uns kommen sehen», sagte Tillman, «klatschen sie.»

Ein Mann, der sich Mr. Harris nannte, sah das anders. Er stand auf einer Aussichtsplattform auf dem Hochwasserdeich am Rand von Bayou Bienvenue. Er aß Sonnenblumenkerne, während drei Freunde, die schon ein Leben lang im Lower Ninth wohnten, Köder auswarfen, um nach Rotbarschen zu angeln. Mr. Harris deutete auf ein freigeräumtes Grundstück in der Nähe der Florida Avenue. Dort hatte die Crew einen Haufen Bauschutt zurückgelassen.

«Wenn wir für diese Arbeit Geld bezahlen, dann muss sie auch professionell ausgeführt werden», sagte er. «So darf das nicht aussehen.»

Angewidert spuckte er die Schalen der Sonnenblumenkerne aus. Ein luxuriöser Reisebus voller Touristen hinter den getönten Scheiben rollte die Florida Avenue entlang zu den Make-It-Right-Häusern. Im folgenden Absatz habe ich sechzehn Kraftausdrücke gestrichen.

«Tag für Tag kommen zwanzig Reisebusse auf dieser Straße, damit sich die Leute das Viertel ansehen und Fotos machen können», sagte Mr. Harris. «Erzählen Sie mir nicht, dass die eine Stadtrundfahrt machen. Für eine Sightseeingtour sind die im falschen Viertel. Sie fahren bloß durch die Gegend, die zerstört wurde. Der Lower Ninth Ward bekommt keinen einzigen Penny dafür. Warum kriege ich nichts? Ich bin doch kein Versuchskaninchen. Ich will nicht unterm Mikroskop betrachtet werden. Wir sind doch die Geschädigten, die alles verloren haben. Es gibt immer noch Tote, die nicht erfasst sind. Das ist frustrierend. Es hat fast sieben Jahre gedauert, bis der Ninth Ward so aussah wie jetzt, und es sieht hier noch immer beschissen aus.»

•

Der übliche Tarif für eine Hurrikan-Katrina-Rundfahrt im Lower Ninth Ward betrug vierzig Dollar. Die Busse wurden von Big Easy Tours, Historic New Orleans Tours und der Gray Line betrieben, die ihren Fahrgästen einen «Augenzeugenbericht von den Ereignissen rund um die verheerendste menschengemachte Naturkatastrophe auf amerikanischem Boden» anbot. Bei Führungen von Tauck-Tours verbrachte man im Rahmen eines achttägigen New-Orleans-Pakets (ab 2700 Dollar) einen Vormittag im Lower Ninth. Das Ganze begann an der Greater Little Zion Baptist Church, einem bescheidenen kastenförmigen Gebäude, das 1900 errichtet und ein Jahr nach dem Sturm wiederaufgebaut worden war. Die 42 Teilnehmer der Rundfahrt, fast alle weiß und älter als sechzig, saßen geduldig auf den Kirchenbänken, die Kameras auf dem Schoß, während Bilder der Zerstörung in den Altarraum projiziert wurden. Laura Paul, eine Kanadierin, die nach dem Sturm als freiwillige Helferin nach New Orleans gezogen war, hielt einen Einführungsvortrag über die Schrecken von Katrina – die anonymen Gräber, der giftige Schimmel, die grauenhafte bürokratische Kurzsichtigkeit der Bundesbehörde für Krisenmanagement. In ihrem früheren Leben hatte Paul in der Kundenkoordination für Global-Express-Flugzeuge bei Bombardier Aerospace in der Nähe von Montreal gearbeitet. Jetzt leitete sie lowernine.org, eine gemeinnützige Organisation, deren ehrenamtliche Mitarbeiter Häuser wiederaufbauten, eine städtische Farm betrieben und Daten über verlassene Grundstücke sammelten, die im Rahmen des Pilotprogramms zur Erhaltung geschädigter Grundstücke genutzt wurden. «Das Problem sind nicht die Rundfahrten selbst», sagte Paul, «sondern es geht darum, dass die Leute damit Geld machen und der Gemeinde nichts zurückgeben. Das ist manchmal respektlos: Die Teilnehmer steigen aus dem Bus, trampeln auf Privatgrundstücken herum und machen Fotos.» Doch Paul billigte Tauck, denn das Unternehmen spendete pro Teilnehmer 25 Dollar an lowernine.org. «Ich mag die Leute, die mit Tauck ins Viertel kommen: vorwiegend weiße Oberschichtangehörige. Sie haben viel Geld.» Eine Teilnehmerin der Tauck-Rundfahrten schickte Paul einmal einen Scheck über 5000 Dollar. «Nach einem Sturm an Geld zu gelangen ist kinderleicht. Aber eine langfristige Sanierung? Die Leute wollen einfach nicht wissen, wie lange so etwas dauert. Die Wahrheit ist entmutigend. Das Problem ist, dass die Leute irgendwann – und zum Teil jetzt schon – sagen: ‹Mal im Ernst. Es reicht langsam mit diesem Katrina-Kram. Hören Sie bloß auf.›»

Der einzige Mensch im Bus, der sich unwohl fühlte, war die Tourführerin. Renee Whitecloud, aufgewachsen in New Orleans, hatte ein Foto von ihrer überschwemmten Straße im Broadmoor-Viertel in der Brieftasche. Als sie nach dem Zurückweichen der Flut wieder nach Hause kam, war der

Schimmel schon in den ersten Stock vorgedrungen. Der Schimmel hatte «psychedelische Farben: grün, orange, gelb». Sie bekam Asthma und Allergien und Migräneanfälle. «Heute ist ein schwerer Tag für mich», sagte sie. «Jedes Mal, wenn ich diese Tour gebe, durchlebe ich noch mal das Trauma.» Als das Katrina-Video in der Kirche gezeigt wurde, stand sie allein draußen.

Weil der Bus zu groß war, um die mit Schlaglöchern übersäten Wohnstraßen zu benutzen, blieb er auf den großen Durchgangsstraßen und fuhr außen um die am schlimmsten verwüstete Gegend des Viertels herum. Am Industrial Canal blieb er stehen, damit die Fahrgäste den gebrochenen Deich fotografieren konnten. Als der Bus an den Make-It-Right-Häusern vorbeifuhr, kam ein Jugendlicher zum Bordstein gelaufen. Der Fahrer – dessen eigenes Haus nach dem Sturm noch immer entkernt war – hielt an. Die Tür öffnete sich mit einem Zischen, und der Junge stieg ein. Im Bus trat eine Stille ein wie nach dem Zerplatzen eines Luftballons. Der Junge hielt eine Schachtel selbst gemachte Pralinen in der Hand.

«Drei Stück für zehn Dollar», sagte er. «Die sind für einen guten Zweck.»

Die 42 Fahrgäste erstarrten und mieden jeglichen Blickkontakt.

«Wollen Sie einen Dollar spenden? Irgendwer?»

Schweigen.

«Zum Ersten, zum Zweiten ... zum Dritten! An den Mann in der schwarzen Jacke!»

Der Mann in der schwarzen Jacke zuckte heftig zusammen.

«Nein? Also gut. Zum Ersten, zum Zweiten ... zum Dritten! An die Frau hier in der ersten Reihe!»

Niemand bot dem Jungen Geld an. Nach einer weiteren

quälend langen Pause öffnete sich die Tür mit pneumatischem Seufzen, der Junge stieg aus, und der Bus kehrte ins French Quarter zurück.

•

In drei Monaten räumte das Pilotprogramm zur Erhaltung geschädigter Grundstücke mehr als 1200 Grundstücke frei. Der Sieg schien in Sicht: Das Viertel war völlig verändert. In fast allen Straßen standen verfallene Häuser, schief wie alte Preisboxer. Die Straßen selbst waren holprige Slalomstrecken, und abgesehen von den Touristen waren kaum Leute zu sehen. Doch es gab keine Straßenzüge mehr, die durchgehend aus Wald bestanden. Die Gegenden mit der geringsten Bevölkerungsdichte sahen trostlos, aber akkurat aus. Es war unklar, wie es weitergehen sollte. Wenn die Grundstücke nicht bald wieder genutzt oder verkauft wurden, musste die Aktion wiederholt werden. Immer wieder. Jeff Hebert, der Direktor der Sanierungsbehörde von New Orleans, sagte: «Einmal Gras mähen ist eigentlich keine Lösung.» Doch es war das Beste, was sie tun konnten.

Auf die Frage nach einem langfristigen Plan konnte Bürgermeister Landrieu keine konkrete Antwort geben. «Wir wissen nicht, wie alles am Ende aussehen wird», sagte er. «Wir glauben aber zu wissen, wie das Ganze ablaufen muss. Die Grundstücke sollen wieder an Privateigentümer gehen, die dafür Verantwortung übernehmen. Wir werden alles versuchen, um sie für private Investoren attraktiv zu machen.» Es war ein hohes Ziel, die Grundstücke «für private Investoren attraktiv» zu machen, und die Gärten zurückzuschneiden würde wahrscheinlich nicht ausreichen. Landrieu stimmte zu, doch er wusste nicht weiter. Während die Stadt in anderen armen Vierteln im Kampf gegen die Zerstörung deutliche Fortschritte gemacht hatte, war der Lower Ninth, wie er es ausdrückte, «zu einem Symbol der Wiedergeburt von New Orleans geworden – egal, ob zu Recht oder nicht». Und es würde auch nicht ausreichen, die Bedingungen wiederherzustellen, die vor dem Sturm geherrscht hatten, denn die waren erbärmlich und aufs Schlimmste von jahrzehntelangem institutionellem Rassismus geprägt gewesen. «Ich sage den Leuten immer wieder, dass es nicht so wird wie früher», sagte Landrieu. «Wir bauen die Stadt, in die wir uns verwandeln wollen.»

Am Ende kapitulierte die Stadt. Nach einem Jahr wurde das Programm zur Erhaltung geschädigter Grundstücke abgebrochen.

•

Peter Yaukey, ein Ornithologe an der University of Holy Cross, hatte seit dem Hurrikan Katrina eine Studie zur Vogelwelt im Lower Ninth Ward durchgeführt. Bei seinem ersten Besuch, einen Monat nach dem Sturm, durfte er sich nicht nördlich der Claiborne Avenue aufhalten, weil die Behörden noch nach Leichen suchten. Ihn verblüffte die Stille. Es gab keinerlei Vogelgezwitscher. Ein Ghettoblaster war noch drei Straßen weiter zu hören.

Viele Vogelarten wie Trauertauben und Haussperlinge, die im Lower Ninth verbreitet gewesen waren, kehrten nur in geringer Anzahl oder gar nicht zurück. Doch im Lauf der Zeit, als auf den Grundstücken hohes, struppiges Gras und junge Bäume wuchsen, die einer steigenden Nagetierpopulation genügend Schutz boten, machte Yaukey eine seltsame Beobachtung. Große Raubvögel, die sich von Ratten und Mäusen ernährten, stellten sich in großer Zahl ein. In so großer Zahl, dass es im Lower Ninth schon bald eine viel größere Konzentration von Würgern, Falken und Habichten gab als in jeder ländlichen Umgebung. Er vermutete, dass in den verfallenen Gebäuden Schleiereulen nisteten. Das Wort, das Yaukey verwendete, um die Ansammlung von Greifvögeln zu beschreiben, war «übernatürlich». In beiden Bedeutungen des Wortes.

Sobald Yaukey von der Claiborne Avenue abbog, sah er durch die Windschutzscheibe die ersten Vögel. Er hatte ein Fernglas um den Hals hängen, das er jedoch nicht brauchte, um die Arten zu identifizieren, die Hunderte Meter über ihm schwebten: ein Schneesichler, ein Rotschwanzbussard, ein Truthahngeier. Auf den Straßen zeigte er auf Blauhäher, Rotkardinäle, Amerikanerkrähen, Phoebetyrannen, Regenpfeifer, Louisianawürger, Turmfalken, Rotaugen-Kuhstärlinge und den seltensten von allen, einen Goldspecht. Ein großer Reiher, majestätisch und steif, spazierte die Choctaw Street entlang und stellte Eidechsen nach. Eine Schar von dreihundert Staren pickte auf dem neutralen Terrain der Caffin Avenue nach Samenkörnern. Am westlichen Ende der Dorgenois Street saß ein extrem draller Rotschulterbussard auf dem gebogenen Zweig eines Maulbeerbaums. Zu Yawkeys Erstaunen rührte der Bussard sich auch nicht vom Fleck, als er sich ihm auf drei Meter näherte. «Sieht fast so aus, als wäre er zahm», sagte er. «So zahm, dass er fast schon dumm wirkt.»

Yaukey war überrascht, wie stark die Aufräumcrew die Landschaft verändert hatte. Vor der Offensive hatte der aggressive, allgegenwärtige Chinesische Talgbaum die Gegend beherrscht, dessen Blätter sich allmählich gelb, purpurrot und lila färbten. Hätte man ihn noch weitere fünf Jahre in Ruhe gelassen, hätte er vielleicht das ganze Viertel eingenommen. Doch weil inzwischen viele Grundstücke zurückgeschnitten waren, gab es im Unterholz eine größere Pflanzenvielfalt. Yaukey war versessen darauf, ein dicht bewachsenes Grundstück zu finden, auf dem er nach Vögeln wie Sperlingen suchen konnte, die sich gern im Gestrüpp aufhalten. Er fand an der Ecke Jourdan Avenue und Law Street einen geeigneten Ort – drei aneinandergrenzende verlassene Grundstücke, nur ein paar Straßen von Brad Pitts Häusern entfernt, gegenüber vom Deich des Industrial Canal. Genau an dieser Stelle waren vor mehr als sechs Jahren vier der Betonplatten geborsten, woraufhin der Boden wegbrach und der Lower Ninth Ward überflutet wurde.

Kaum war der Wagen stehen geblieben, da sprang Yaukey schon zur Tür hinaus und stürmte ins Dickicht. Die aufgeregten Stare hüpften und flogen umher. Yaukey stieß Vogellaute aus. «Pisch-pisch-spisch-spisch-SPISCH», zwitscherte er. «Wii! Wiiwiiwii!» Und dann folgte ein Laut, der wie ein rotierender Rasensprenger klang.

Schon nach wenigen Sekunden stand er ein paar Meter weiter bis zum Hals im hohen Unkraut. Die Vögel zwitscherten zurück. «Eine Feldammer», sagte er staunend und legte den Kopf schief. «Eine Sumpfammer.»

Pisch-pisch-spisch-spisch-spisch-SPISCH.

«Ich habe ganze Winter lang keine Feldammer gesehen. Die überwintern einfach nicht in den Wohngebieten von New Orleans. Also ist dieser Standort …», sagte er aufgeregt und verstummte dann. Er hatte die sprudelnde Energie eines Kindes am Anfang der Pause. Der Bewuchs war so dicht, dass man keinen sicheren Halt finden konnte. Bei jedem Schritt knackte ein Zweig. Dornen zerrten an seinen Hosenbeinen. Ranken schlangen sich um seine Knöchel wie Fallen. Er stieß an einen Betonblock, der unter einem Erdhaufen verborgen lag – das Fundament des Hauses, das dort einmal gestanden hatte.

«Eine Sesbanie!», sagte Yaukey und deutete auf einen invasiven südamerikanischen Strauch mitten im Dickicht.

Büschel dunkelbrauner Schoten baumelten wie Ohrringe an den Stängeln. Nur Yaukeys sandfarbener Haarschopf war noch zu sehen. Im Summen des Waldes hörte man seine Stimme nur noch schwach. «Ein Orangefleck-Waldsänger!», rief er. «Ein Rubingoldhähnchen!»

Er drang immer tiefer in den Wald vor. Man konnte nicht mehr unterscheiden, welche Laute von ihm und welche von den Vögeln stammten. Er ging um einige fünf Meter hohe Chinesische Talgbäume herum, deren grüne und purpurrote Blätter traurig im Wind flatterten, dann war er verschwunden. Die Wildnis hatte ihn verschluckt.

5

HÜHNCHEN AUS DEM REAGENZGLAS – DIE NEUERFINDUNG DES ESSENS

Als Henry Park in Central Illinois seine Ausbildung zum Fleischhauer machte, erzählte ihm sein Lehrmeister von einer Zeit, als die örtlichen Lebensmittelläden noch Hühner im Keller hielten. Die meisten Familien kauften damals keine Hühner, sondern hatten selbst welche. In dem seltenen Fall, dass ein Kunde kam, der keine Hühner besaß, stapfte der Lebensmittelhändler nach unten, schlachtete eins von ihnen, rupfte es, nahm es aus und brachte das tote Tier zur Fleischtheke, um es einzupacken. Das konnte Henry kaum glauben, aber noch unglaublicher fand er, dass sein eigener Sohn 75 Jahre später in einem Labor in San Francisco arbeitete, in dem er Hühnchenfleisch im Reagenzglas erzeugte.

1969 wurde Henry von einem kleinen Lebensmittelladen der Kette IGA in Rushville, einer ländlichen Kleinstadt mitten in einer Gegend, die von den Einheimischen liebevoll Fleischland genannt wurde, als Lagerist eingestellt. Im Schuyler County lebten mehr Rinder als Menschen. Die Anzahl der Schweine war zehnmal so hoch wie die der Kühe. Die nächste Stadt war Peoria, anderthalb Stunden nordöstlich gelegen, aber die Bewohner von Rushville fuhren dort nicht oft hin. Henry hatte nicht vorgehabt, Fleischhauer oder gar «Metzger» zu werden – ein Begriff, der ihm auch nach fünf Jahrzehnten in diesem Beruf ein bisschen überzogen vorkam. Als der Fleischhauer des Lebensmittelmarkts kündigte, fragte der Chef, ob Henry die Stelle haben wolle. Henry lehnte ab und sagte, er habe keine Lust, sein Geld mit dem Zerlegen von Fleisch zu verdienen. «Du würdest pro Woche zehn Dollar mehr bekommen», sagte sein Chef. «Abgemacht», sagte Henry.

Meistens zerlegte er Rinderhälften. Wenn ein Kunde ein Steak bestellte, wuchtete er das Hinterviertel einer Kuh auf den Hackklotz und löste das Filet erst von der Hüfte und dann von der Schale. Das dauerte ungefähr eine Stunde. Mit der Einführung von abgepacktem Rindfleisch im Jahr 1974 veränderte sich sein Leben: Teilstücke von zweitklassigem Fleisch aus dem Großhandel, zugeschnitten und in vakuumversiegelten Packungen, wurden an den Laden geliefert. Es schmeckte nicht so frisch wie das von Henry zerlegte Rindfleisch, doch er akzeptierte den Kompromiss. Es ersparte ihm Stunden strapaziöser Arbeit. Henry hatte verstanden, dass beim Fleischkonsum Geschmack nicht der einzige Faktor war. Der Preis spielte eine Rolle, genau wie der Komfort und die Verfügbarkeit. Henry verkaufte Behaglichkeit.

Als er 1989 den Lebensmittelladen von seinem Besitzer kaufte, waren seine Söhne im Teenageralter. Henry sagte ihnen, sie würden den Laden irgendwann erben. Nate, der Jüngere, begann mit vierzehn, vierzig Stunden pro Woche zu arbeiten. Er kümmerte sich um das Lager, wischte den Boden, packte die Einkaufstüten und trug sie zu den Autos der Kunden. Mit fünfzehn durfte er schon mit seinem Vater hinter der Fleischtheke stehen. Die Fleischtheke war für die Bürger ein heiliger Ort, so zentral für die Kultur von Rushville wie die Kirche oder der Rotary Club. Nate lernte, die besten Würste in Central Illinois herzustellen, Hamburgerfleisch von Hand zu hacken und dabei das Talgfett und die Reste unterzumischen. «Übertreib's nicht», ermahnte Henry dann seinen Sohn. «Hack es nicht zu fein.» Henry konnte mit einem Blick den Fettgehalt von Rinderhack bis auf ein Prozent genau einschätzen. Vater und Sohn sahen sich jedes Wochenende auf PBS Jacques Pépins Kochsendung an.

Nate staunte über die vertrauten Gespräche, die er zwischen Henry und seinen Kunden erlebte. Nach all den Jahren kannte Henry ihre Vorlieben und Abneigungen, ihre Fähigkeiten und Schwachpunkte. Manche Leute klopften an die Tür der Fleischerei und fragten: «Hey, Henry, was soll ich heute Abend essen?» Bei besonderen Anlässen verspürte er eine große Verantwortung. Er half den Leuten gern, «die Feiertage richtig zu gestalten». Die Kunden wollten ein Essen kochen, das nach Zuhause schmeckte. Henry erklärte ihnen, wie das ging.

Nate fand Gefallen an der Arbeit in einem kleinstädtischen Lebensmittelladen. Er war, wie sein Vater es ausdrückte, «jemand, der mit den Leuten schnell warm wird». Wenn jeder Fremde ein Freund war, dann gehörte jeder Kunde zur Familie. Die Parks waren sich nie näher, als wenn sie zusammenarbeiteten und das Familiengeschäft führten. Mit seinen Söhnen zu arbeiten, war für Henry die größte Freude seines Lebens. «Das waren die guten Zeiten», sagte er Jahrzehnte später.

Auch wenn Nate sich hütete, das Thema gegenüber seinem Vater anzusprechen, zog er es nicht in Betracht, Lebensmittelhändler oder Fleischer zu werden. Er studierte an der Southern Illinois University Journalismus und träumte von einer Schriftstellerkarriere. Nach seinem Abschluss zog er nach Springfield, wo er bei einem Radiosender anfing. Er arbeitete als Techniker und trat als Pointengeber in einer Samstagmorgensendung auf. Henry vermisste Nate, hatte aber das

Gefühl, dass sein Sohn glücklich war. Doch Nate war nicht glücklich. Er kündigte beim Radio und ging zur Firma eines Freundes, die Swimmingpools installierte. Allmählich hatte er den Verdacht, dass er sein Leben vergeudete. Er beschloss, Feuerwehrmann zu werden. Also zog er nach Austin, wo er die nötigen Prüfungen ablegte und auf seinen ersten Einsatz wartete, als ihm sein Vater vom Krieg zwischen den Lebensmittelläden in Rushville erzählte.

Der Familienbetrieb war in Gefahr. Henry hatte die vier anderen Lebensmittelläden in der Stadt ausgestochen, doch eine große Kette hatte angekündigt, eine Filiale in der Stadt zu eröffnen. Henry hatte die Wahl: Er konnte mit dem Giganten konkurrieren, der seine Preise deutlich unterbieten würde, oder er konnte das Angebot annehmen, den größeren Laden zu leiten. Es war eine qualvolle Entscheidung: Henry war ein unabhängiger Mensch. Er hatte das Gefühl, in der Falle zu sitzen. Schließlich kapitulierte er – lieber die Filiale des Großkonzerns leiten als den eigenen Laden verlieren. Nate sagte, er ziehe wieder nach Hause, um ihm zu helfen. Zumindest für kurze Zeit waren Vater und Sohn wieder im Geschäft.

•

Doch schon bald war alles vorbei. Nach einem Streit über die Vertragsbedingungen blieb Henry keine andere Wahl, als seine Ladenanteile zu verkaufen. Plötzlich war er arbeitslos. Dieser Schicksalsschlag fühlte sich für die Parks wie ein Todesfall in der Familie an. Henry war untröstlich. Er hatte nicht nur das Familiengeschäft verloren, sondern seine ganze Identität. Er begann, wehmütig von seinem Gewerbe zu sprechen, wie ein Profisportler, der über das Ende seiner Karriere durch eine Verletzung trauerte. «Ich wünschte, ich könnte wieder ein Messer in die Hand nehmen», sagte er zu Nate, «und meinen Beruf ausüben.»

Nate konnte ihn nicht im Stich lassen. *Es muss einen Ausweg geben*, dachte er, *es muss* – und er fand ihn. Er würde seinem Vater helfen, neu anzufangen, diesmal in ihrer Heimatstadt Beardstown, zwanzig Kilometer von Rushville entfernt. Sie würden zusammen eine Fleischerei eröffnen. Nate schlug vor, sie Henry's Market zu nennen. Trotz Henrys energischer Einwände blieb es bei dem Namen. «Du bist der Star, Dad», sagte Nate. «Die Kunden kommen deinetwegen.» Er hatte den Leuten – und Nate – gefehlt.

Henry's Market eröffnete 2006 ein paar Straßen vom Illinois River entfernt gegenüber vom Rathausplatz. Obwohl der Laden als Fleischerei und Delikatessengeschäft angekündigt war, nahm Nate noch Bioerzeugnisse, Milchprodukte und Bier vom Fass mit auf. Vorher hatte das Gebäude ein mexikanisches Restaurant beherbergt, und es gab hinten eine kleine professionelle Küche, deshalb fand Nate, sie könnten auch Essen anbieten, und kaufte nachträglich eine Hühnerfritteuse. Dann fiel ihm ein, dass sie auch ein paar Beilagen bräuchten, wenn sie gebratenes Hühnchen anboten, also machte er Kartoffelbrei, Brötchen und drei Tagessuppen. Die Suppen wurden zum Schleuderpreis verkauft, weil sie aus Resten von Henrys Fleischertheke bestanden: Das gute Rinderfilet kam ins Chili, der Speck zu den Bohnen. Nate hatte noch nie professionell gekocht und stellte überrascht fest, dass er es gut konnte. Schon bald versorgte Henry's an Samstagabenden 150 Tische mit Essen. In Beardstown wohnten etwa fünftausend Menschen. Im ersten Jahr verkaufte Henry's Market 50 000 Portionen frittiertes Hähnchen.

Nates Erfolg löste einen bizarren Machtkampf zwischen Vater und Sohn aus. Als die Beliebtheit des Restaurants zunahm, verschlang es immer mehr Tresenplatz und Quadratmeterfläche. Unterdessen verloren die Kunden das Interesse an der Fleischerei. Sie kamen, um zu essen, nicht, um Lebensmittel zu kaufen. Das Letzte, was man wollte, nachdem man sich den Bauch mit frittiertem Hähnchen oder Hamburgern vollgeschlagen hatte, und das galt sogar im Herzen des Fleischlands, war, noch mehr Fleisch für den Kühlschrank zu kaufen. War es sinnvoll, weiterhin dieselben Mengen Filet zu bestellen, wenn viel davon nicht verkauft und mit Verlust für die Suppe verwendet wurde? Hätte ich nicht angefangen zu kochen, dachte Nate, wäre die Fleischerei ein Erfolg geworden. Doch sie konnten die Uhr nicht zurückdrehen. Vater und Sohn kamen überein, dass sie sich «auf das Gewinnträchtigere konzentrieren» mussten.

Nates Speisekarte wurde immer ehrgeiziger. Er sah sich YouTube-Videos des Moto an, eines neuen Restaurants in Chicago, das den Begriff «Molekularküche» bekannt gemacht hatte. Als Erstes wurde den Gästen im Moto eine Speisekarte überreicht, die sie nach der Lektüre essen sollten. Manchmal schmeckte sie wie Panini, dann wiederum wie ein Tortilla-Chip, den man in Salsa tunkte, oder wie ein Cracker, den man in eine Gazpacho krümelte. Die Tischkerze wurde über die gebackenen Muscheln gegossen. Es folgten Erdnüsse in essbarer Verpackung, das Foto einer Kuh, das wie Filet Mignon schmeckte, und der «Ölpest-Gang», inspiriert von der Deepwater-Horizon-Katastrophe, bei dem eine Hühnersuppe, blau gefärbt wie der Golf von Mexiko, durch Tintenfischnudeln geschwärzt und mit zerknülltem essbarem Papier verziert wurde, das darin schwamm wie Giftmüll. Das Dessert bestand aus heißem Eis oder orangefarbenem Sorbet, das aussah wie Hackfleisch-Nachos. Die wichtigsten Kochutensilien waren Flüssigstickstoff, Glaskolben, Spritzen, CO_2-Laser der Klasse 4 und ein mit Geschmackspatronen bestückter Canon-i560-Tintenstrahldrucker. Der Besitzer und Küchenchef Homaro Cantu beschrieb seine Kochmethoden mit Begriffen wie «Transmodifikation», «Software und Hardware» und «Geschmacksreise». Ein Essen im Moto dauerte sechs Stunden.

Die Videos verwirrten Henry. «Ich sehe das Essen im Essen nicht.»

«Es ist aber da», sagte Nate. «Es muss da sein. Wenn es nicht gut wäre, würde es niemand bestellen.»

Henry war sich nicht sicher, was den Geschmack der Leute in Chicago betraf.

Die Wirtschaftskrise 2008 zwang Henry's Market zu schließen. Henry musste einen Job in seinem alten Lebensmittelmarkt annehmen und für einen neuen Chef arbeiten. Nate schwor, in Beardstown zu bleiben und seinem Vater bei einem Neuanfang zu helfen. Doch das ließ Henry nicht zu.

«Du weißt doch, dass du auf eine Kochschule gehen musst, oder?», sagte er.

Nate wusste es nicht.

Henry bestand darauf. «Du musst», sagte er, und Nate verließ Beardstown und seinen Vater für immer.

•

Statt auf das renommiertere Culinary Institute of America in New York ging Nate zu Le Cordon Bleu in Chicago, um nah beim Moto zu sein. Nach seinem Abschluss, als er noch im Gästezimmer eines verheirateten Freundes mit einem Kleinkind und einem Neugeborenen wohnte, fing er im Moto als unbezahlter *stagiaire* an. Als es an seinem dritten Arbeitstag ein Abwasserproblem gab, gelang es ihm, das Vertrauen Homaro Cantus und seines Küchenchefs Chris Jones zu erwerben. Nate war erstaunt, die beiden Leiter des

Restaurants in der Toilette im Keller anzutreffen, wo sie eine Verstopfung zu beheben versuchten. «Ich hab ein bisschen Erfahrung mit Klempnerarbeiten», sagte Nate. «Kann ich helfen?» Cantu sagte, wenn er die Verstopfung beseitige, würde er ihm das GTM (Grand Tour Moto), ein dreihundert Dollar teures, zwanziggängiges Degustationsmenü, servieren. Nate steckte den Arm in eine Mülltüte, griff ins Rohr und zog, während Jones würgte, klebrige Stoffservietten, Sitzkissen und Löffel heraus. Cantu bot ihm das GTM und eine Vollzeitstelle an. «Dieses Essen hat mein Leben verändert», sagte Nate später.

Er verstand schon bald, dass der Hauptbestandteil des Moto'schen Zaubertricks, die Trennung von Form und Geschmack, keine Spielerei war – zumindest nicht nur Spielerei. Es war das Angebot, die amerikanische Lebensmittelindustrie radikal zu verändern. Seit Nate hinter dem Fleischtresen seines Vaters gestanden hatte, begriff er, dass die Leute sich aufgrund eines starken emotionalen, psychologischen und kulturellen Verlangens zu bestimmten Nahrungsmitteln und Fleischsorten hingezogen fühlten. Die Gerichte im Moto zwangen die Gäste, dieses Verlangen zu hinterfragen. Ein heilsamer Prozess, denn die amerikanische Esskultur war äußerst zerstörerisch. Ungesundes Essen, umweltschädliche und barbarisch grausame Massenproduktion, unter der Arbeiter und Tiere litten. Cantu glaubte, indem man den Gästen einen Schock versetzte oder sie zum Lachen brachte, könne man ihnen klarmachen, dass die moderne Nahrungsmittelindustrie das Relikt einer gefühllosen, brutalen Vergangenheit war, die einen Umbruch erforderte.

Cantu sprach wie der Gründer eines Start-up-Unternehmens. «In erster Linie bin ich Produktentwickler», sagte er den Reportern. Er beriet die NASA und SpaceX, die in Raumschiffen Nahrungsmittel drucken und Gemüse anbauen wollten. Die Gäste im Moto waren nicht mit der überwältigenden Mehrheit der amerikanischen Bevölkerung gleichzusetzen, doch das war unwichtig. Sie waren Versuchskaninchen. Das Restaurant diente als Werkstatt für Experimente, die die Welt verändern sollten – Experimente, die er in TED-Talks, bei *Iron Chef*, in *Future Food*, der Sendung, die er im Kabelfernsehen moderierte, und in der *Today Show* vorführen würde, wo er Katie Couric beibrachte, mit einer Kelle Flüssigstickstoff abzuschöpfen. Cantu verwandelte den Keller des Restaurants in ein Labor mit Digitalwaage, Zentrifugen, Viskosimetern, Erlenmeyerkolben und einem leuchtenden wandgroßen Periodensystem. Die Köche betrieben ihr Geschäft mit dem leichtfertigen Enthusiasmus verrückter Wissenschaftler.

Das Moto erfand den ersten «blutigen» vegetarischen Hamburger, der aus Roter Bete und einer Fettmasse aus Glyceriden bestand. Das Restaurant entwarf Rezepte für Unkraut, das in den Ritzen der Gehsteige von Chicago spross, und baute im fensterlosen Keller in einem vertikalen aeroponischen Garten Kräuter an. Und es machte in beträchtlichem Umfang Gebrauch von der Wunderbeere *Synsepalum dulcificum*, die an einem immergrünen, im tropischen Westafrika heimischen Strauch wuchs. Die Beeren enthielten ein Protein namens Miraculin, das sich an die Süßerezeptoren der Zunge band und von der Säure in sauren Nahrungsmitteln aktiviert wurde. Wunderbeeren schmeckten nicht selbst süß, sondern verliehen sauren Nahrungsmitteln einen süßen Geschmack. Nate lernte, wie eine Wunderbeerentablette eine Portion fettfreie saure Sahne, die mit etwas Zitronensaft beträufelt wurde, in einen opulenten Käsekuchen verwandelte. «Wenn man erlebt hat, was Miraculin bewirken kann», sagte Cantu, «gibt es keinen

Grund mehr, weiter Zucker zu verwenden.» Er glaubte, dass Wunderbeeren Amerika von seiner Zuckersucht befreien könnten. Er wollte beweisen, dass man köstliches Eis ohne Zucker herstellen, frisches Biogemüse ohne Ackerland anbauen und leckere Hamburger grillen konnte, ohne dafür Kühe zu schlachten. Doch ein Experiment war nur erfolgreich, wenn das Imitat nicht vom Original zu unterscheiden war – oder sogar eine Verbesserung darstellte.

Nach zwei Jahren im Moto half Nate bei der Eröffnung von Cantus zweitem Restaurant iNG (Imagining New Gastronomy) und arbeitete später als Küchenchef in einem anderen Ableger des Moto. Beide waren erfolglos. Nate wurde in einem anderen Restaurant zum Chefkoch ernannt, hörte aber nach vier Monaten wieder auf. Seine Speisekarte, auf der Gerichte wie «Cup-O-Ramen» und «Ranch-Teigtaschen» standen, war «hochkomplex», wie einer der Besitzer es in einer Presseerklärung ausdrückte. Sie wollten jedoch «ein zugängliches Stadtteillokal». Es war eine schwierige Zeit für Nate und die Leute vom Moto. Ein Investor verklagte Cantu und behauptete, der Koch habe im Moto Geld unterschlagen, um seine Privatreisen, andere Geschäftsvorhaben und die Beilegung der Klage einer Angestellten wegen sexueller Belästigung zu finanzieren. Der Investor spielte die Klageschrift der Presse zu und gab denunzierende Interviews. Einen Monat später erhängte sich Cantu.

Er starb in einem Lagerhaus, das er in eine Bio-Brauerei hatte umwandeln wollen. Er hatte ursprünglich vorgehabt, ein Bier zu entwickeln, das die Trinkenden nur für zwanzig Minuten berauschen würde, in der Hoffnung, dass sie sich dann nicht mehr betrunken ans Steuer setzten. Nachdem sein Plan fehlgeschlagen war, versuchte er es mit einem Ale, das nach grünem Tee schmeckte, mit ganz klassischen Cocktails und mit Ahornsirup. Nate verzweifelte daran, dass ein so bewunderter und erfolgreicher Mensch wie Cantu dem Druck der Industrie nicht hatte standhalten können. Wenn es Cantu nicht schaffte, wer dann?

•

Chris Jones schaffte es. Auf dem Junggesellenabschied eines Moto-Kochs in Chicago traf Nate den Mann wieder, der ihn damals in Cantus Restaurant eingestellt hatte. Nach sieben Jahren an Cantus Seite, einem Auftritt bei *Top Chef* und kurz vor der Eröffnung eines eigenen Bistros mit zwanzig Plätzen hatte sich Jones aus der Chicagoer Szene verabschiedet. Er nahm das Angebot eines Start-up-Unternehmens mit dem bewusst nichtssagenden Namen Hampton Creek an und zog mit Frau und Kind nach San Francisco. Der Geschäftsführer Josh Tetrick bezeichnete Hampton Creek in einer cantuesken Redewendung als «Technologiefirma, die sich zufällig mit Lebensmitteln beschäftigt».

Damals bestand die Firma nur aus Tetrick selbst, einem einunddreißigjährigen Absolventen der University of Michigan Law School, der kaum mit einer Mikrowelle zurechtkam, geschweige denn eine Mahlzeit zubereiten konnte. Als er noch in Südkalifornien auf dem Sofa seiner Exfreundin schlief und Begriffe wie «Lebensmittelwissenschaft» und «kulinarische Innovation» googelte, war er auf einen TED-Talk von Homaro Cantu gestoßen. Der Beitrag trug den Titel «Kochen als Alchemie». Tetrick hatte noch nie vom Moto gehört, war aber «hin und weg» von Cantus Verwendung wissenschaftlicher Methoden in der gehobenen Küche, von den Bildern von Wassermelonen-«Sushis», karbonisierten Champagnertrauben und kubanischen Sandwiches, die aussahen wie Cohiba-Zigarren und in einem Aschenbecher serviert wurden. Als das Video Aufnahmen vom Kellerlabor des Moto zeigte, drückte Tetrick auf Pause und zoomte näher heran, um die Namen der im Hintergrund stehenden wissenschaftlichen Instrumente zu erkennen. Er war fest entschlossen, alles, was es im Moto gab, zu kaufen.

Damals nannte Tetrick seine Firma noch Beyond Eggs. Er wollte dafür sorgen, dass Tiere nicht länger als Proteinquelle getötet oder gequält wurden, deshalb hatte er beschlossen, mit dieser allgegenwärtigen Form von tierischem Protein anzufangen. Er hatte nur eine erklärte Absicht – «eine Pflanze zu finden, aus der man etwas wie Rührei herstellen kann» –, doch das genügte schon: Es brachte ihm eine halbe Million Dollar Risikokapital ein. Mit diesem Geld machte Tetrick sich auf die Suche nach jemandem, der ihm erklären konnte, wie so etwas funktionierte. Nachdem er den TED-Talk gesehen hatte, zahlte er Cantu einen Vorschuss.

Mithilfe von Chris Jones ersann Cantu für Tetrick eine Reihe von abwegigen Ideen, die zu nichts führten. Cantu war manisch darauf fixiert, pflanzliche Eier in Quadratform zu entwickeln, in der Hoffnung, sie leichter verschicken zu können. «Bussardeier sind quadratisch», behauptete er, «damit sie nicht den Berg runterrollen.» (Bussardeier sind in Wirklichkeit oval und werden ausschließlich in Nester gelegt.) Tetrick kam zu dem Schluss, dass es besser war, sich Fachleute in die Firma zu holen.

Ihm stand genug Geld zur Verfügung, da er von Marc Benioff, Peter Thiel, Vinod Khosla, Jerry Yang, Eduardo Saverin und Li Ka-Shing, dem reichsten Mann Asiens, letztlich mehr als dreihundert Millionen Dollar eingeworben hatte. Wie viele aufstrebende Start-ups engagierte Tetrick Manager, die von Amazon, Apple, Google und Netflix kamen. Doch er stellte auch etliche Profiköche mit Michelinsternen ein, bevorzugt solche, die Erfahrung mit der Molekularküche hatten. Jones war der erste, im Herbst 2012. Tetrick beauftragte ihn, das Einstiegsprodukt von Hampton Creek zu entwickeln: eilose Mayonnaise. Ende 2013 stand Just Mayo in den Regalen von Walmart, Dollar Tree und Costco. Als Nate Just Mayo probierte, erkannte er sofort, dass Chris Jones das Produkt entwickelt hatte: leicht säuerlich, etwas zähflüssiger als typische Mayonnaise, ausgewogen, «kunstvoll». Sie schmeckte, als wäre sie im Labor des Moto zubereitet worden.

Hampton Creek war eines der selbsternannten Weltrettungsunternehmen, wie sie im Silicon Valley längst Tradition hatten. Tetrick rühmte sich seiner wilden Entschlossenheit, das Leiden der Tiere und das Grauen der industriellen Landwirtschaft zu bekämpfen. Die Firma krankte – ebenfalls eine Tradition des Silicon Valley – an Hybris, Fehleinschätzungen und technischen Fehlern. Es gab erfolglose Vorstöße ins Backwarensegment, Ermittlungen des Justizministeriums und der Börsenaufsichtsbehörde (später eingestellt), eine Klage von Unilever, dem Hersteller von Hellmann's Mayonnaise, bei der es um die Verwendung des Begriffs «Mayo» für einen eilosen Brotaufstrich ging (zurückgezogen), Gerüchte über finanzielle Schwierigkeiten, gefährliche Arbeitsbedingungen und wissenschaftliche Inkompetenz, Vergleiche mit Theranos, die massenhafte Abwanderung leitender Angestellter und den Rücktritt des gesamten Vorstands. Dennoch expandierte Hampton Creek. Nach der Entwicklung eiloser Mayonnaise widmete man sich eilosen Eiern, und die Bewertung des Unternehmens stieg auf eine Milliarde Dollar.

Wenn die eilosen Produkte die Vorspeise waren, dann war «Project Jake», das genau wie Hampton Creek den Namen eines verstorbenen Hundes trug, der Hauptgang. Hampton, ein Bernhardiner, hatte dem Mitgründer der Firma Josh Balk gehört; Jake war Tetricks Golden Retriever, ein Stammgast in der Firmenzentrale, der gelegentlich Prototypen für Lebensmittel aus dem Labor stibitzte. Das Ziel von Project Jake bestand darin, die Massenproduktion von Fleisch zu ermöglichen, ohne Tiere zu schlachten. Die anvisierte Zielgruppe war der hohe Anteil von Fleischessern, die sich weder um ihre Gesundheit noch um das Wohlergehen von Tieren scherten, sondern Fleisch aßen wegen der «Geschichten, die sie sich darüber erzählen» – Geschichten, die von Männlichkeit, Stärke, Tradition und Nostalgie handelten. Tetrick, der aus Birmingham, Alabama, stammte, setzte sich zum Ziel, Fleisch für «die Leute im ländlichen Alabama» zu produzieren. Die würden keine pflanzlichen Hamburger essen, egal, wie sehr diese den echten glichen. Doch sie würden, davon war Tetrick überzeugt, Burger kaufen, die aus gezüchteten Tierzellen bestanden, wenn sie nur gut genug schmeckten. «Um den Übergang von der heutigen Aufzucht und Haltung von Tieren zu schaffen», sagte Tetrick, «muss Laborfleisch mehr als eine Wahlmöglichkeit auf der Speisekarte sein. Es muss das *Einzige* sein, was dort steht.»

2021 war es noch nicht behördlich genehmigt, in den Vereinigten Staaten – oder irgendeinem anderen Land – Laborfleisch zu verkaufen, doch Tetrick setzte, genau wie die anderen zwei, drei Dutzend Firmen, die um den zukünftigen Laborfleischmarkt wetteiferten, mehrere hundert Millionen Dollar darauf, dass sich das bald ändern würde. Man würde es zuerst außerhalb der USA legalisieren, meinte Tetrick, wahrscheinlich in Singapur. Über der Tür zum Fleischlabor hatte er ein Schild angebracht: «ZIEL: 2030 GRÖSSTES FLEISCHUNTERNEHMEN DER WELT». Er sagte voraus, dass die weltweite Fleischproduktion irgendwann zwischen 2040 und 2050 mehrheitlich ohne geschlachtete Tiere auskommen wird.

Nate Park glaubte ihm. Er dachte, es sei an der Zeit, «sich

einer großen Bewegung anzuschließen». Warum sollte man nicht die gleiche Sorgfalt und Erfindungsgabe, die samstagabends im Moto in die Verpflegung von ein paar hundert Leuten gesteckt wurde, für ein paar Millionen oder sogar Milliarden Menschen aufwenden? Wenige Monate nachdem er sein Restaurant aufgegeben hatte und einen Monat nach Cantus Selbstmord sagte Nate, der noch nie in Kalifornien gewesen war, seinem Vater, er wolle nach San Francisco ziehen. Er ließ den «Koch Nate» hinter sich. Sein neuer Titel war «Produktentwickler».

•

Nates erste Aufgabe bestand darin, das eilose Ei zu verbessern. Er war beeindruckt von der funktionalen Ähnlichkeit des Produkts mit echtem Ei – man konnte es verrühren, backen, braten –, doch es schmeckte nicht besonders gut. Er arbeitete in Absprache mit Biochemikern, Molekularbiologen, Tissue-Ingenieuren, Bio-Verfahrenstechnikern und Ernährungswissenschaftlern am Ei 2.0. Das Hampton-Creek-Labor ließ das Labor des Moto geradezu laienhaft erscheinen. Es gab Analysegeräte zur Zellviabilität, Rheometer, Gaschromatografen, Massenspektrometer und eine Pflanzensammlung mit Tausenden von Proben aus mehr als sechzig Ländern, die von Google Maps' ehemaligem Lead Data Scientist geführt wurde. Roboter untersuchten die Pflanzen mithilfe von maschinellem Lernen und anderen Formen künstlicher Intelligenz, um neue Proteine ausfindig zu machen. Nate fand diesen jähen Sprung in die Zukunft spannend, aber wenn er samstagabends in seiner Wohnung saß, hatte er Entzugserscheinungen. Ihm fehlte das lebendige Restaurantleben: die Vorfreude auf einen großen Abend, die stille Anspannung, bevor die Acht-Uhr-Gäste kamen, das

Hochgefühl einer hektischen Küche, die Genugtuung, eine Reihe komplizierter Arbeitsgänge mit Perfektion auszuführen. Der Speisesaal eines beliebten Restaurants hatte eine ganz spezielle aufregende Atmosphäre. Er entwarf neue Gerichte, ja sogar Konzepte für neue Restaurants. «Weißt du, was wir machen könnten?», sagte er dann, doch seine Frau verdrehte nur die Augen. Seine Überspanntheit ging mit der Zeit in eine Art Trauer über.

In Nates ersten fünf Jahren in Kalifornien kam sein Vater nicht zu Besuch. Am Telefon war Nate, was seine Arbeit betraf, nicht besonders mitteilsam. «Du züchtest also im Labor Hühnchenfleisch?», fragte Henry irgendwann.

«Nicht ich», sagte Nate, «aber jemand anders. Ich muss dafür sorgen, dass es gut schmeckt. Leider mache ich dich damit arbeitslos.»

«Tatsächlich?»

«Bald brauchen wir keine Fleischer mehr.»

Henry lachte. «Vielleicht ist das wirklich die Zukunft», sagte er, «wenn man dann keinen Fleischer mehr braucht.»

•

Nate gab sein Bestes, um den Beruf seines Vaters überflüssig zu machen. Im Labor von Just, wie das Unternehmen inzwischen hieß, aß Nate jeden Tag Hühnchen – oder Prototypen für Hühnerfleisch. Er grillte das Laborfleisch, dünstete, panierte, briet es. Er formte es zu Burgern, Hähnchenbrust und Fleischklößchen. Bei der Arbeit und beim Essen musste er oft an Beardstown denken. Würden seine früheren Nachbarn Hühnerfleisch aus dem Labor essen? Würde es sich bei Walmart verkaufen? Oder würde es den Leuten Angst machen?

Tetrick war zu dem Schluss gelangt, dass Chicken-Nuggets der einfachste Weg waren, um die skeptische Öffentlichkeit mit Laborfleisch vertraut zu machen, besonders weil es fragwürdig war, ob es sich bei Nuggets tatsächlich um «Hühnchen» handelte. Die meisten Nuggets im Supermarkt bestanden nicht einmal zu fünfzig Prozent aus Fleisch. Der Rest war Fett, zermahlene Knochen, Adern und Nerven. Nate experimentierte mit verschiedenen Pflanzenproteinen und stellte fest, dass ihm das Nugget, wenn er den Anteil an Hühnchen auf 74 Prozent erhöhte, nicht mehr wie ein Imitat vorkam. «Mit 74 Prozent», sagte er, «kommt dir Pinocchio wie ein richtiger Junge vor.» Er kam zu dem Schluss, dass es bloß eine Frage der Wahrnehmung war. Wenn ein Farmer in Beardstown nicht den Unterschied zwischen einem Just-Nugget und einem herkömmlichen Nugget erkennt, dann hat Just sein Ziel erreicht.

Es ging darum, wie das Essen, bis es auf den Teller kam, vom Kunden wahrgenommen wurde. Die meisten Leute wussten nicht, wie Massentierhaltung aussah, hatten weder einen Dokumentarfilm über einen Schlachthof noch ein Video von PETA gesehen. Just setzte darauf, dass sich die Kunden deshalb auch keine Gedanken über Laborfleisch machen würden: Die große Mehrheit von ihnen würde sich keine Gedanken darüber machen und erst recht nicht mit eigenen Augen sehen, wie es in den Bioreaktoren eines Labors in San Francisco herumschwappte. Wenn jemandem der Gedanke, Hühnerfleisch aus dem Reagenzglas zu essen, nicht geheuer war, konnte Just mit Bildern von den Gräueln industrieller Hühnerzucht kontern. Doch man würde versuchen, diese Argumentation zu vermeiden. Auch wenn Just gegenüber den Investoren seinen moralischen Kampf und seine technologische Raffinesse betonte, hing der wirtschaftliche Erfolg davon ab, wie gut sich die Produkte in die Supermarktauslagen einfügen würden. Die meisten Leute wollen weder sehen, wie ihr Essen produziert wird, noch wollen sie wissen, wo ihr Müll landet. In Amerika spielt sich die Praxis des Lebensmittelkonsums zwischen Einkaufsregal und Mülltonne ab.

Nate glaubte, dass der große Vorteil von Just der Geschmack war. Das Labor konnte den charakteristischen Geschmack eines Huhns aus natürlicher Haltung isolieren und ihn auf diese Art für das Produkt verwenden, so wie Frito-Lay schrittweise das «Cool-Ranch»-Image eines Doritos eingeführt hat. Nate sprach noch voller Stolz von seiner Arbeit und verwendete Begriffe wie «Handwerk» und «Kunstfertigkeit». Doch seine Herangehensweise hatte sich radikal verändert. Er versuchte nicht mehr, die Erwartungen seiner Kunden zu durchkreuzen, sondern wollte sie erfüllen. Er war wie viele langjährige Künstler von der Avantgarde zum Populismus übergegangen. Das passte besser zu ihm. «Ich halte mich für einen Durchschnittsmenschen», sagte er. «Meine Stärke ist, dass ich weiß, was der Durchschnittsbürger gern isst.» Sein Ziel war, den Verzehr von Hühnerfleisch aus dem Labor zu einer reibungslosen Erfahrung zu machen und das Produkt so zu gestalten, dass es sich von den anderen bei Walmart verkauften Hühnchenprodukten nicht unterschied – abgesehen davon, dass es etwas besser schmeckte.

Henry Park, der als Rentner noch zeitweise im Walmart Supercenter in Beardstown arbeitete, war ungeheuer stolz auf seinen Sohn. Er trauerte noch immer der Zeit nach, als er mit seinen Söhnen zusammengearbeitet hatte, doch er fand, dass Nate auf seine eigene Art das Familienerbe antrat. «Ich habe die Leute ein Leben lang mit Essen versorgt, und er tut das Gleiche», sagte Henry. «Es ist nur anderes Essen. Aber dieselbe Branche.»

Dennoch bezweifelte er, dass Laborfleisch in Central Illinois gut ankommen würde. «Hier draußen auf dem Land wird es für sie am schwersten, ihre Sachen zu verkaufen. Alte Leute werden sich dagegen sträuben – alte Leute wie ich.» Am stärksten störte ihn, dass Nate es als Fleisch bezeichnete. «Wenn es nicht auf eigenen Beinen ins Zimmer kommen kann, ist es kein Fleisch», sagte Henry. Er glaubte, Just würde bei den jüngeren Familien der Stadt größeren Erfolg haben, da sie keinen Sinn für solche Unterscheidungen hätten. «Sie werden es als das betrachten, was es ist: ein weiterentwickeltes Protein. Die folgenden Generationen werden es nicht mal seltsam finden. Weißt du, was man irgendwann seltsam finden wird? Dass die Leute ihre eigenen Hühner hatten und sie geschlachtet haben. Bald wird niemand mehr glauben, dass es das wirklich mal gab.»

6

ASPEN RETTET DEN PLANETEN – WIE DIE REICHSTE STADT DER WELT VERSUCHT, DEN SCHNEE ZURÜCKZUHOLEN

Der wahre Test einer Gesellschaft ist die Frage, wie sie mit ihren schwächsten Mitgliedern umgeht. In Aspen werden Hunde so respektvoll behandelt, dass es die meisten Amerikaner beschämen würde. Sie tänzeln in Kaschmirpullovern und Swarovski-Kristallhalsbändern aus Aspens Tierboutique C. B. Paws die Hyman Avenue entlang. Hundegäste des Fünf-Sterne-Hotels Little Nell werden mit einem Welpen-Jetlag-Set, einer Erkennungsmarke aus Messing, Plüschbetten und hingebungsvollen Ausführern und Sittern begrüßt, die rund um die Uhr zur Verfügung stehen. Die Hunde können mit ihren Besitzern die Terrassenbar besuchen, wo sie von der Gourmet-Hundespeisekarte Rinderfilet mit Rührei und braunem Reis bestellen können. Hunde in Aspen haben sogar eigene Privatjets. Unlängst landete auf dem Aspen/Pitkin County Airport ein Gulfstream-V-Jet, und ein Pudel wurde die Gangway hinuntergeführt. Der Besitzer hatte den Hund in seinem Penthouse in der Upper East Side vergessen und das Flugzeug zurückgeschickt, um ihn zu holen.

So verschwenderisch geht man hier nicht nur mit Hunden um. Die meisten Häuser in Aspen sind Zweit-, Dritt-, Viert-

oder Fünftwohnsitze, und es ist nicht unüblich, dass sie nur zwei Wochen im Jahr bewohnt sind. Dennoch müssen sie dauerhaft bezugsbereit sein wie das automatisierte Haus in Ray Bradburys «Sanfte Regen werden kommen». («Das Haus war ein Heiligtum mit zehntausend Tempeldienern … Aber die Götter waren verschwunden, und das religiöse Ritual setzte sich fort, sinnlos, nutzlos.») Im Winter läuft die Heizung, damit die Rohre nicht einfrieren, und im Sommer die Klimaanlage, damit die Farbe nicht von den Ölgemälden tropft. Anhand des Energieverbrauchs kann Aspen Electric zumeist nicht feststellen, ob die Häuser bewohnt sind. Auch potenzielle Einbrecher können das nicht, denn die Hausbesitzer lassen das ganze Jahr über die Außen- und Innenbeleuchtung an, um den Eindruck zu erwecken, dass sie zu Hause sind. 2019 fanden in Aspen nur zehn Einbrüche statt, doch die Alarmsysteme haben 629-mal die Polizei gerufen.

Die Häuser in Aspen – im Besitz der Familien Koch, Bezos, Walton, DeVos, Pritzker, Lauder und einer Reihe von Ölmagnaten – lösen Probleme, von deren Existenz die meisten Amerikaner nichts ahnen. Um das unangenehme Gefühl zu vermeiden, wenn man aus einer heißen Dusche auf kalten Marmor tritt, haben die Bäder Fußbodenheizung. Die Handtuchhalter werden auf die Temperatur des Duschwassers erwärmt. Die Einfahrten sind mit Schneeschmelzanlagen unterfüttert. Das elektrische Heizband, das sich um die meisten Dächer in Aspen schlängelt und im Sommer von den Besitzern oft nicht abgeschaltet wird, kann allein mehr als tausend Dollar jährlich an Stromkosten verschlingen – besonders weil die Häuser, zu denen die Dächer gehören, zu den größten der Welt zählen. «Viele der Häuser sind tatsächlich sehr gut isoliert», sagte Chris Menges, der bei der Klimaschutzbehörde der Stadt Nachhaltigkeitsbeauftragter ist, «aber wir reden hier von Fünfhundert-Quadratmeter-

Häusern mit Whirlpools, elektronischen Geräten und kino-artigen Fernsehzimmern ...» Die meisten dieser Wohnsitze werden, wenn sie bei Sotheby's aufgeführt sind, mit Adjektiven wie «erstklassig», «vollkommen» oder «spektakulär» beschrieben wie «Die spektakuläre Residenz in Wildcat Ranch», ein 2400 Quadratmeter großes Einfamilienhaus mit acht Schlafzimmern und sechzehn Bädern, das für fünfzig Millionen Dollar zum Verkauf stand. Eine durchschnittliche Immobilie am Red Mountain, der in Forbes «Billionaire Mountain» genannt wird, kostet zweihundert Dollar pro Quadratmeter. Doch in Aspen gibt es nicht viele durchschnittliche Häuser.

Und zu alledem kommen noch die allgegenwärtigen SUVs, die Kosten für die Lieferung von Waren in ein abgelegenes Bergtal (das Benzin kostet an der Zapfsäule fünfzig Prozent mehr als in Denver) oder die Gulfstreams und Bombardiers, die durch den Luftraum fliegen. 2019 landeten auf dem Aspen / Pitkin County Airport mehr als 13 000 Privatflugzeuge. Die Einwohnerzahl von Aspen liegt, Hunde nicht eingerechnet, bei 7401.

•

«Der Winter dauert ewig», schrieb James Salter 1981 in einer Ode an den Ort, in dem er die letzten 45 Winter seines Lebens verbrachte. «Ski fahren kann man von Ende November bis Mitte April.»

Doch das ist vorbei. Etwa zwanzig Jahre, nachdem Salter diese Zeilen schrieb, wanderte Chris Davenport, Weltmeister im Extremskifahren, zu den Maroon Bells, dem berühmtesten Wahrzeichen Aspens. Kurz vor Ende dieser Wanderung, wenn man eine Höhe von 4200 Metern erreicht, kommt Aspens zweitbekanntestes Wahrzeichen in Sicht:

das gewaltige Schneefeld, das dem Snowmass Mountain seinen Namen gab. Snowmass galt lange als das größte dauerhafte Schneefeld in Colorado und zog sich den Osthang des Berges hinab wie eine wellige weiße Schürze. Es war hier Tradition, im Juli oder August den Hang hinaufzuwandern, am Gipfel des North Maroon Peak zu picknicken und dann mit den Skiern hinunterzufahren. Aber als Davenport, siebzig Meter vom Gipfel entfernt, nach dem vertrauten Bild Ausschau hielt, war er plötzlich orientierungslos. Snowmass war nicht mehr da. Lag es woanders? Nein, stellte er fest, der Berg war noch da. Nur der Schnee war verschwunden.

«Ich spreche die Sprache des Berges», sagte Davenport. «Er verbirgt nichts. Wenn er spricht, dann mit deutlichen Worten.»

Aspen geht der Schnee aus. Die Skisaison ist mehr als einen Monat kürzer als vor fünfzig Jahren. 2030 wird sie voraussichtlich noch zwei Wochen kürzer sein, und sie dürfte in den folgenden Jahrzehnten weiter abnehmen. Im Frühjahr werden immer öfter Nassschneelawinen auftreten, wobei ein ganzer Hang den Berg hinabrutscht und auf seinem Weg die Bäume, Felsen und Skilifts zerstört. Der Hang, an dem die Lawinengefahr am größten ist, liegt direkt über Spar Gulch, einer Piste, die zu den Hauptstrecken von Aspen Mountain gehört und eine der wenigen Abfahrten des Berges ist. Die Übungshänge werden mit Steinen und Grassoden gespickt sein, was man nur mithilfe von Schneekanonen ausgleichen kann. 2100 wird es am Fuß des Berges keinen Naturschnee mehr geben. Den pessimistischsten Prognosen zufolge wird man in Aspen gar nicht mehr Ski fahren können, und es wird ein ähnliches Klima wie heute in Amarillo, Texas, herrschen. In Amarillo dürfte es dann so aussehen wie auf der Venus.

Aspen wird dann größere Sorgen als die Skibedingungen

oder die Hitze haben. Selbst in den Worst-Case-Szenarien werden Aspen und die anderen Bergorte im amerikanischen Westen, obwohl die Erwärmung dort schneller voranschreitet als im weltweiten Durchschnitt, besser bewohnbar sein als die Städte im Flachland. Wenn Denver sich in eine trockene, ausgedörrte Wüste verwandelt, wird es in Aspen wohl vergleichsweise erquicklich sein. Nicht die Hitze ist das Problem, sondern das Wasser. Die Flüsse und Bäche von Aspen werden größtenteils durch Schmelzwasser gespeist. Die Schneedecke schmilzt nach und nach, sie funktioniert wie eine natürliche Pipette und versorgt die Bäche mit einem stetigen Rinnsal. Wenn der Winter aber kürzer wird und die Schneedecke schrumpft, schmilzt der verbleibende Schnee umso schneller. Die Bäche werden im Winter mehr und im Sommer weniger Wasser führen, was das Ökosystem gefährden dürfte: die Bach- und Cutthroatforellen, Chorfrösche, Wasserschnecken und Wasserwanzen; die Bisamratten, amerikanischen Biber und Elche, die aus den Bächen trinken; die Fichtentyrannen, Nevadaammern und Weißkopfseeadler, die dort rasten; und die Feuchtgebiete und Wälder, die von den Bächen gespeist werden. Achtzig Prozent der Tierwelt von Colorado braucht zum Überleben einen Zugang zu Uferzonen, doch diese Lebensräume machen heute nur noch ein Prozent des Staatsgebiets aus. Auch die Einwohner von Aspen brauchen zum Überleben Zugang zu Fließgewässern: Zwei spärliche Bergbäche, der Castle und der Maroon Creek, liefern der Stadt Energie und das gesamte Trinkwasser. Der Roaring Fork River, in den all diese Bergbäche münden, könnte über längere Zeiträume hinweg trockenfallen.

Das wiederum dürfte die Bekämpfung von Waldbränden erschweren. Die zunehmende Trockenheit hat bereits dafür gesorgt, dass das Feuerwerk am Independence Day seit zehn

Jahren fast immer abgesagt werden musste. 2018 kündigte Aspen an, das Feuerwerk durch eine Drohnen-Lightshow zu ersetzen, nur um die Darbietung dann abzusagen, weil der Rauch eines Großbrands den Himmel verdunkelte. In der zweiten Hälfte des Jahrhunderts werden die Brände kleiner sein, aber öfter vorkommen. Sie werden aufgrund von massivem Insektenbefall immer schlimmere Zerstörungen anrichten. Wenn die Temperaturen in Winternächten seltener unter den Gefrierpunkt fallen, wird die Anzahl von Schwammspinnern und rindefressenden Käfern steigen. Eine gefräßige Population von Kiefernmarkkäfern hat aus den Drehkiefern rings um Aspen bereits emsig Feuerholz für künftige Großbrände gemacht.

Viele der Bäume werden schon verschwinden, bevor es dazu kommt. Arten wie Tannen und Fichten, die bei kühlen Temperaturen und in großen Höhen gedeihen, wandern allmählich die Berge hinauf und flüchten aus dem immer unwirtlicheren Tal. Der vorherrschende Vegetationstyp wird sich von Taiga und Tundra zu borealem Nadelwald verschieben. Aspen verliert sogar seine namensgebenden Espen.

•

Umso überraschender ist es, dass Aspen glaubt, die Welt vor dem ökologischen Kollaps retten zu müssen.

«Ich werde fertiggemacht», sagte Auden Schendler, ein leitender Angestellter der Aspen Skiing Company, auf die Frage, ob er das nicht ironisch finde. «Die Leute nennen mich einen Heuchler. Sie sagen: ‹Halt den Mund, du bist aus Aspen.› Aber wer soll vorangehen, wenn nicht Aspen? Bangladesch?»

Schendler stand am Fuß einer kohlebetriebenen Gondel, die, obwohl Hochsommer war, ihre Runden zum Aspen

Mountain drehte. Er hatte vierzehn Jahre lang bei Skico gearbeitet, wie allgemein bekannt war, doch Schendler sah sich nicht als Firmenmensch. Er zog «Outdoor-Freak» vor. Obwohl – oder weil – er in Weehawken, New Jersey, aufgewachsen war, schwärmte er, seit er mit vierzehn eine anstrengende Drei-Tage-Wanderung durch die Bob Marshall Wilderness in Montana mit seinem Onkel gemacht hatte, von den westlichen Idealen wilder Schönheit und rechtschaffener harter Arbeit. Schendlers Erscheinungsbild stellte einen Kompromiss zwischen seiner Anlage und seiner Umwelt dar. Als Zugeständnis an Skico war er frisch rasiert und trug einen zackigen Haarschnitt und ein gebügeltes Oxford-Hemd. Doch das Hemd war nachlässig in seine Jeans gestopft, und die Sandalen und die schwarze Sonnenbrille passten zu einem Menschen, der sich vom Schreibtisch wegschleicht, um eine vierzig Kilometer lange Fahrradtour in den Bergen zu machen – was Schendler, von seinem Chef ermutigt, auch tat, wann immer sich die Gelegenheit bot. Wie die meisten Leute in Aspen erfreute sich Schendler einer tadellosen Gesundheit, und man sah ihm das auch an: Er hatte eine hochgewachsene und drahtige Figur, alles an ihm war groß und markant, sein Kinn, seine Hände, seine Stirn. Mit 43 Jahren sah er zehn Jahre jünger aus und besaß die Energie eines Zwanzigjährigen. Auden Schendler gehörte zu den Skifahrern, Radfahrern oder Marathonläufern, die einen lächelnd und freundlich winkend mit doppelter Geschwindigkeit überholen.

Schendler kümmerte sich bei Skico um Nachhaltigkeit und sollte die Umweltschädlichkeit der Firma verringern. Eine große Verantwortung, denn Skico war der größte Arbeitgeber nicht nur in Aspen, sondern im gesamten Roaring Fork Valley – der breiten grünen Ebene, die sich von Glenwood Springs sechzig Kilometer südostwärts bis Aspen zieht und von viertausend Meter hohen Gipfeln umschlossen ist wie von den Zacken einer Krone. Skico betrieb die vier örtlichen Skigebiete, siebzehn Restaurants und zwei Luxushotels. An seinem ersten Arbeitstag teilte Schendler dem Manager des Little Nell mit, dass er alle Glühbirnen im Hotel durch Kompaktleuchtstofflampen ersetzen wolle. Diese würden zehnmal so lange halten, Geld sparen und den Energieverbrauch um 75 Prozent verringern. Es schien ein naheliegender winziger Schritt, doch der Hotelmanager lehnte es rundweg ab. «Wenn Sie nach Las Vegas fahren und im Motel 6 übernachten», sagte er zu Schendler, «dann gibt's dort Kompaktleuchtstofflampen. Aber das hier ist kein Motel 6.»

Schendler kam zu dem Schluss, dass er klüger vorgehen und sich auf Projekte konzentrieren musste, die weniger sichtbar waren. Unter seiner Leitung baute Skico eine eigene Solaranlage, ein Wasserkraftwerk und eine Methanauffanganlage. Nach einem Jahrzehnt stiegen die Einnahmen von Skico um mehr als vierzig Prozent, während die Emissionen um circa vier Prozent sanken (eine beträchtliche Verringerung, wenn man bedenkt, dass die künstliche Beschneiung wegen des geringeren Schneefalls 2016 einen mehr als sechsmal so hohen Kohlendioxidausstoß wie im Jahr 2000 zur Folge hatte). Das Little Nell tauschte schließlich doch seine Glühbirnen aus. Schendler schrieb in *Getting Green Done*, von dem ein Gratisexemplar in jedem Zimmer des zur Skico gehörigen Limelight-Hotels auslag, über seinen Erfolg und seine Fehler. Das Hotel führte nicht Buch darüber, wie viele Gäste das Buch mit nach Hause nahmen.

Nachdem er den CO_2-Fußabdruck von Skico beseitigt hatte, setzte sich Schendler ein neues Ziel: «Dafür zu sorgen, dass die Aspen Skiing Company für immer im Geschäft bleibt.» Mit anderen Worten, er machte es sich zur Aufgabe, die globale Erderwärmung zu stoppen. Schendler wurde der einzige leitende Angestellte in den Vereinigten Staaten, dessen Erfolg nicht am Profit, sondern am Schneefall bemessen wurde. Dementsprechend änderte sich sein Ton. Schendler war nun weniger entgegenkommend und, wie Chris Davenport es ausdrückte, «jederzeit bereit, einen Streit auszutragen». Einen seiner bekanntesten Konflikte trug Schendler mit Vail Resorts, dem Hauptkonkurrenten von Skico, aus, weil man dort meinte, es sei schlecht fürs Geschäft, die Folgen der Erderwärmung zu diskutieren. Nachdem eine Studie, die von einer von Schendler geleiteten gemeinnützigen Stiftung finanziert wurde, errechnet hatte, dass die wärmeren Winter die Skiindustrie in den letzten zehn Jahren mehr als eine Milliarde Dollar gekostet hatten, antwortete Rob Katz, Geschäftsführer von Vail Resorts, mit einem Leitartikel in der *Denver Post*. «Es ist schwer zu verstehen, wie die Wetterveränderung vor sich geht», schrieb er. «Ich gehöre jedenfalls nicht zu den Leuten, die behaupten, dass wir uns mit dem Klimawandel befassen müssen, um das Skifahren zu retten.»

«Sie glauben, dass wir nicht darüber reden sollten», sagte Schendler, «aber es ist keine negative Botschaft. Wir wollen die Skiindustrie retten.»

Er besuchte mehr als ein Dutzend Kongressmitglieder in D. C., hielt Vorträge im Googleplex und in der Yale School of Management und veröffentlichte Essays in *The Atlantic* und auf *Grist* mit Titeln wie «Selma, Montgomery und der Klimawandel» und «Die vorsätzlichen Klimalügen des *Wall Street Journal*». Seine größte Verachtung aber galt den kosmetischen, großtuerischen Gesten von Unternehmen, die ihr umweltfreundliches Image aufpolieren wollten – die Möglichkeit, frische Bettwäsche abzulehnen –, während sie tiefgreifende Reformen nicht unterstützten. Seine unverblümte Argumentation schadete den Beziehungen zu Kollegen, auch zu seinem Mentor, dem Wissenschaftler und Umweltaktivisten Amory Lovins. Bevor er zu Skico ging, arbeitete Schendler drei Jahre lang in Lovins' Rocky Mountain Institute, das die Doktrin eines «natürlichen Kapitalismus» propagierte – der Glaube, dass Unternehmen und somit die ganze Welt zwangsläufig auf erneuerbare Energien und Naturschutzmaßnahmen umsteigen werden, weil das bei voranschreitender Technik profitabel wird. Dieses Argument gelte vielleicht für Glühbirnen, doch das könne «nicht mal ansatzweise mit dem Problem fertigwerden», schrieb Schendler in einem anklagenden Artikel. Der Essay trug den Titel «Die Nachhaltigkeit der Unternehmen ist nicht nachhaltig». Lovins beantwortete daraufhin Schendlers Anrufe nicht mehr.

Schendler forderte eine «Klima-Revolution im Stil der Civil-Rights-Bewegung». In seiner Analogie setzte er Aspen mit Selma gleich. «Aspen kann eine Geschichte erzählen. Wir haben genug Geld und Zugang zu den einflussreichsten Menschen der Welt – das heißt zu den reichsten Menschen der Welt. Wir haben die Möglichkeit, Aspen in der Klimapolitik als Waffe zu benutzen. Als Baseballschläger.» In diesem Vergleich wäre Schendler kein Haudrauf, sondern ein lästiger Eröffnungsschläger – sagen wir: wie Charlie Blackmon von den Colorado Rockies.

•

Die Voraussetzung für Aspen als globales Klimamodell – eine strahlende Stadt am Fuß eines Berges – wurde 2005 mit der Canary Initiative vorgestellt, einer Reihe ehrgeiziger Beschlüsse zur Reduzierung des CO_2-Fußabdrucks der Stadt. Ein Jahrzehnt später vollendete Aspen Electric die vollständige Umstellung auf erneuerbare Energie. In Aspen bezahlen die Kunden einen der geringsten Nebenkostenbeträge in ganz Colorado. Der Wasserschutz wurde durch eine Umrüstung der städtischen Leitungsrohre verbessert. Das Hightech-Bussystem, mit dem man in einem Umkreis von 25 Kilometern kostenlos fahren kann, hat den Autoverkehr auf das Niveau von vor zwanzig Jahren verringert. Ein geflügeltes Wort lautet: «Es sind die Reichen, die Geld haben.» Und es sind auch die Reichen, die billige erneuerbare Energie haben.

Aspen war so reich, dass es diese Zugeständnisse machen konnte, bevor es rentabel wurde. «Wir haben die Freiheit, das große Ganze im Blick zu behalten», sagte der dreimalige Bürgermeister Mick Ireland, der so aussah, wie der Gitarrist Ronnie Wood ausgesehen hätte, wenn er sich streng pflanzlich ernährt und täglich fünf Stunden auf dem Mountainbike verbracht hätte. «Viele Gemeinden haben mit Etatkürzungen, Kriminalität und Schulschießereien zu kämpfen. Hier sind unsere Grundbedürfnisse befriedigt, deshalb wenden wir uns den größeren Problemen zu. Wir sind verpflichtet, mit gutem Beispiel voranzugehen, weil wir es können. Wir haben eine Bühne. Wenn das hier Carbondale wäre [eine Stadt fünfzig Kilometer weiter im gleichen Tal], würde mich Bill Clinton nicht zum Essen einladen.»

Diese aufgeklärte Opferbereitschaft, dieses «Noblesse oblige», lässt sich weiter zurückverfolgen als bis zur Canary Initiative, bis in den Frühling 1945, als Walter Paepcke, ein Kartonfabrikant aus Chicago, in die Stadt kam. Damals gab es weder asphaltierte Straßen noch Ampeln, und die Einwohnerzahl war auf 700 gesunken, doch Paepcke fand ein baufälliges Grandhotel vor, die verkohlten Überreste eines Opernhauses, kleine Läden aus Ziegel- und Sandstein und viktorianische Herrenhäuser – die Hinterlassenschaften eines Silberbergwerks mit einer sechzig Kilometer langen Hauptader, das zu den ergiebigsten der Welt gehört hatte. Allein im Jahr 1892 wurde in den Bergen von Aspen Silber gewonnen, dessen Wert heute drei Milliarden Dollar entspräche. Ein Jahr später wurde der Sherman Act aufgehoben. Man nahm Silber aus dem Umlauf, und sein Wert brach ein. Fast alle 15 000 Einwohner von Aspen ergriffen die Flucht und gaben die Schätze der Stadt auf. Am wertvollsten war das Wasserkraftwerk, gebaut, um die Bergwerksstollen mit Strom zu versorgen. Aus einem kleinen Staubecken hundert Meter über der Stadt strömte das Wasser eine Rutsche aus Holzplanken hinab in fünf Turbinen. Aspen war eine der ersten Städte westlich des Mississippi, die vollständig elektrifiziert waren. Hell leuchtende Straßenlaternen wurden aufgestellt, und aus allen Fenstern strahlte elektrisches Licht. Bis 1958 wurde der gesamte Strom der Stadt durch Wasserkraft gewonnen.

Paepcke, ein Yale-Absolvent, der moderne Kunst in die Werbekampagnen seines Unternehmens einbaute und das Weltliteratur-Seminar an der University of Chicago besuchte, träumte davon, Aspen nach seiner eigenen Vorstellung neu zu erschaffen. Nachdem er im Jahre 1946 die Aspen Skiing Company gegründet hatte, wurde er noch ehrgeiziger. «Er sah den Ort zunächst als Geisterstadt, die als solche bewahrt werden sollte», sagte Robert Maynard Hutchins, der Präsident der University of Chicago. «Dann begann er, ihn als ein amerikanisches Salzburg zu betrachten.» 1949 lud Paepcke Künstler, Wissenschaftler, Geschäftsleute und Politiker zu einem Festival anlässlich Goethes zweihundertstem Geburtstag nach Aspen ein. Diese Feier diente als Vorbild für das Aspen Institute, das Paepcke im selben Jahr gründete, gefolgt vom Aspen Music Festival und der International Design Conference. Es war nicht so sehr eine

Stadt, die daraus hervorging, sondern ein grandioses humanistisches Experiment, das als Aspen Idea bekannt wurde, definiert als «Harmonie zwischen Seele, Körper und Geist». 1953 eröffneten in der Innenstadt zwei Buchhandlungen und mehrere Geschäfte, die Venini-Glas, Pucci-Kleider, Gucci-Lederwaren und Zeichnungen von Warhol verkauften. Paepckes Wiederaufbau einer «zerstörten Stadt zu einer Art Nationalheiligtum der Künste und Ideen war kein Akt der Menschenliebe», schrieb die Journalistin Peggy Clifford in ihren 1980 erschienenen Erinnerungen *To Aspen and Back*. «Es war ein Akt der Leidenschaft – und der Hybris.»

«Aspen hat stets Menschen angezogen, die glauben, sie könnten tun, was sie wollen», schrieb Hunter S. Thompson, der dieses «experimentelle Verhaltensbecken» 1960 erstmals besuchte und sich später 25 Kilometer entfernt niederließ. «Natürlich kann man kein Tal für die Reichen erschaffen», schrieb er weiter, «und dann ein friedliches Zusammenleben mit ihnen erwarten. Die Reichen sind Ungeheuer.»

Vor Kurzem konnte man bei einer Neuauflage des jährlichen Ideas Festival Thompsons Geist im Herzen von Aspens Innenstadt kichern hören. Der Beweis für Aspens aufgeklärtes Umweltbewusstsein war überall zu sehen: die allgegenwärtigen Wertstofftonnen, die Stände, die kostenlose biologisch abbaubare Behälter für Essensreste anboten, die Flaschennachfüllstationen mit Schildern, die die Passanten aufforderten, Aspener Leitungswasser zu trinken, die Fahrräder und Autos, die man zum Minutentarif mieten konnte. Maria Shriver fuhr lautlos mit zwei Freundinnen vorbei. Sie sah glücklich aus. In Aspen sahen alle glücklich aus. Die Aspen Idea war ein voller Erfolg. In den Privatjets, die oben am Himmel im Sinkflug waren, saßen viele der weltweit berühmtesten Intellektuellen, Manager und Politiker. Sie würden Vorträge halten mit Titeln wie «Zwischen

Bangen und Hoffen: Klimawandel und politische Lösungen»
oder «Was ist der richtige Energiemix?». Allem Anschein
nach war Walter Paepckes Traum wahr geworden.

Es gab nur ein Problem. Egal, wie effektiv die Stadt ihren
Kohlendioxidausstoß verringert oder ihre unberührte Umgebung bewahrt, Aspen, wie wir es kennen, ist todgeweiht.

•

Die Leute, die am besten begriffen, was mit Aspen geschehen ist und was dem amerikanischen Westen in den nächsten Jahrzehnten bevorsteht, wohnten auf der anderen Seite
des Berges in einer ehemaligen Geisterstadt namens Gothic.

Man kann mit dem Auto von Aspen nach Gothic fahren,
doch zu Fuß ist man fast genauso schnell. Wenn man zu
den Maroon Bells wandert und immer weitergeht, über den
West Maroon Pass und auf der anderen Seite wieder bergab, kommt man ein paar Stunden später ins East River Valley.
Da, wo das Tal breiter und tiefer wird, folgt es dem Fluss gut
sechs Kilometer bis zum Crested Butte Mountain Resort
und mündet nach weiteren sechs Kilometern in das Städtchen Crested Butte. Gothic befindet sich am höchsten Punkt
des Tals, fast dreitausend Meter über dem Meeresspiegel
und vor der Zivilisation verborgen. Es liegt am Ende einer
unbefestigten, die Hälfte des Jahres unpassierbaren Straße.
Die sesshafte Bevölkerung des Ortes bestand aus einem einzigen Menschen.

Dieser Mensch war der 1973 hergezogene Billy Barr. Barr
sah exakt so aus, wie man sich jemanden vorstellt, der seit
vierzig Jahren umgeben von Bergen und Schnee in einer
Hütte in den Rockies lebt. Er sah nach Bergen und Schnee
aus: markante Gesichtszüge, strähniges weißes Haar, das
ihm bis zu den Schultern hing, und ein unglaublich langer

weißer Bart. Er bewohnte die abgeschiedenste der mehreren Dutzend Holzhütten in Gothic, die sich beiderseits der Straße und bis in den Wald den Berg hinaufzogen. Manche davon stammten noch aus dem neunzehnten Jahrhundert. Sobald sich der Herbst dem Ende zuneigte, hortete Barr genau wie die anderen Säugetiere in den umliegenden Bergen genügend Nahrung, um den Winter zu überstehen. Wenn er Urlaub machen wollte, lief er auf Skiern sechs Kilometer bis zur befestigten Straße, wartete auf den Bus nach Crested Butte und stieg in den Bus nach Gunnison um, wo er die Nacht verbrachte. Doch er verließ Gothic nur selten. «Alle stellen sich das so vor: Du sitzt in deiner Hütte in einem bequemen Sessel, liest ein Buch, und draußen fällt leise der Schnee. In Wahrheit ist es stinklangweilig. Aber mir gefällt's.»

Barr hatte mehr als vierzig Jahre lang Tag für Tag eine Wetterchronik geführt. Er notierte den Zeitpunkt des Sonnenaufgangs (da war er immer längst auf den Beinen) und des Sonnenuntergangs. Er schrieb seine Beobachtungen über das Licht, die Bewölkung und die Windstärke auf und benutzte dabei eine numerische Skala, die er selbst entwickelt hatte. Die Schneehöhe ermittelte er mit einem Stab, den Schneefall mithilfe eines Snowboards, das er zweimal täglich freiwischte, die Schneedichte mittels einer hängenden Fleischerwaage. Er vermerkte das erste Erscheinen der Tiere im Frühling – Erdhörnchen, Backenhörnchen, Rotkehlchen und Kupferspecht – und ihre letzte Sichtung im Herbst. In einer speziellen Chronik führte er gewissenhaft Buch über Lawinen, von denen er jeden Winter etwa vierhundert sah. Zusammengenommen beschrieben seine Tagebücher die radikale Veränderung der hochalpinen Landschaft Colorados im letzten halben Jahrhundert. Barr hatte ganz zufällig eine der umfassendsten Klimadatenbanken der Welt erstellt.

Wenn der Schnee auf der unbefestigten Straße schmolz,

verwandelte sich Gothic in das Rocky Mountain Biological Laboratory (RMBL), eine der führenden amerikanischen Forschungsstationen – «ein Freak-Camp für Wissenschaftler», wie einer der Camper es formulierte. Zu Barr, der als Buchführer des RMBL fungierte, gesellten sich etwa vierzig Wissenschaftler, vierzig Doktoranden sowie Studenten und Schüler aller Altersgruppen, die den Ort besuchten. Auch wenn die Wissenschaftler aus verschiedenen Disziplinen kamen – vor allem aus der Botanik, Ökologie und Evolutionsbiologie –, sprachen sie zwangsläufig über Klimaforschung.

Der Bestäubungsbiologe David Inouye kam seit 43 Jahren jeden Sommer nach Gothic, um sich mit den Wildblumen dort zu befassen. Als er das Experiment als Doktorand begann, hatte er sich zum Ziel gesetzt, zu verstehen, wie sich die Blumenpopulation im Lauf der Zeit veränderte. Er kehrte jeden Sommer zu derselben mit Lupinen, Wicken und Rispengras bewachsenen Wiese zurück. Tag für Tag zählte er alle Blumen. Da der Sommer allmählich früher begann, blühten auch die Blumen früher. Inouye fand heraus, dass das Datum der Schneeschmelze der Auslöser war. Normalerweise genügte es, nach dem Ende des Sommersemesters von der University of Maryland nach Gothic zu reisen. Doch inzwischen musste er schon eine Woche vorher einen Assistenten zum Blumenzählen schicken, denn die Schneeschmelze fand bereits während des Semesters statt.

Eine noch ältere Studie befasste sich mit den Murmeltieren rings um Gothic, die seit 1962 unter ständiger Überwachung standen. Jedes Murmeltier war zu irgendeinem Zeitpunkt seines Lebens eingefangen und mit einer in schwarze Farbe getauchten Zahnbürste markiert worden. Doktoranden wanderten Tag für Tag in die Berge und beobachteten die Nager mit Ferngläsern. Sie machten sich eifrig Notizen über das Verhalten der Tiere, die nach ihren Markierungen benannt wurden: Smiley reibt die Wange an einem Stein. Notenschlüssel stößt Micky Maus von einem Felsen. Lollipop paart sich mit Segelboot. Solche Notizen gab es schon seit sechzig Jahren. Wir betrachten die Evolution als einen Prozess, der sich über Jahrtausende erstreckt, doch die natürliche Selektion kann sich bereits nach fünfzig Jahren zeigen. Und die Murmeltiere veränderten sich. Sie wurden dicker. In vierzig Jahren verkürzte sich ihr Winterschlaf um vierzig Tage – pro Jahr ein Tag weniger. Da sie früher aus ihrem Bau kamen, fraßen die Tiere mehr, was ihre Chancen erhöhte, den Winterschlaf zu überleben, allerdings auch die Gefahr, von einem Kojoten erwischt zu werden.

Das weltweit längste Experiment zu den Folgen der Erderwärmung lief mehrere hundert Meter oberhalb der Hütten des RMBL ab, wo an einem Gewirr aus Kabeln Wärmelampen über einem sanften Hang baumelten. Die Lampen, die seit 1990 ununterbrochen leuchteten, erwärmten den Boden um zwei Grad Celsius, den Mindestanstieg der Erdtemperatur in diesem Jahrhundert. Die Lampen gaukelten den Wildblumen etwas vor. Im Frühjahr sorgten sie dafür, dass die Blumen früher blühten, woraufhin sie noch vor dem Sommerregen verwelkten. Die Zahl mancher Arten hatte sich verringert, während robustere Pflanzen wie Beifuß sich ausbreiteten, doch insgesamt gab es weniger Blumen. Crested Butte, die Wildblumenhauptstadt von Colorado, verlor seine Wildblumen. Colorado verlor seine Wälder. Und Aspen verlor seinen Schnee.

•

Auden Schendler war überzeugt, dass Aspen, um eine weltweite Energiewende auszulösen, nicht nur seine Erfolge anpreisen durfte, sondern auch sein Scheitern eingestehen musste. Er rechnete damit, zu scheitern. Womit er nicht gerechnet hatte, war, *wie* sie scheiterten, nämlich so spektakulär, dass die gute Arbeit der letzten Jahrzehnte verloren zu gehen drohte. Während sich die Umweltschützer von Aspen bei der Umstellung auf erneuerbare Energien einen Wettlauf lieferten, hatten sie sich in Lager aufgespalten und begannen, sich zu bekämpfen. «Wir haben uns bei lebendigem Leibe aufgefressen», sagte Schendler. Der mörderische Kampf wurde so erbittert, dass die politischen Kreise in Washington den Begriff Aspen Idea durch einen neuen ersetzten: Aspen Problem.

Wie bei allen Problemen im Westen ging es auch bei diesem um Wasser. Um aus der Kohleenergie auszusteigen, fasste man in der Stadt den Beschluss, ein neues Wasserkraftwerk zu bauen. Es gab einen naheliegenden Standort: das Ufer des Castle Creek, wo das ursprüngliche Kraftwerk länger als ein Jahrhundert gestanden hatte. Schendler war einer der vehementesten Fürsprecher dieses Plans. Die Stadt stellte Berater ein, die den Vorschlag prüfen, Umweltverträglichkeitsgutachten erstellen und Regeln entwickeln sollten, um sicherzustellen, dass das Kraftwerk dem Bach nicht schaden würde. 2007 stimmten bei einem Referendum mehr als siebzig Prozent der Stimmberechtigten für die Finanzierung des Kraftwerkbaus. Nachdem man für 1,5 Millionen Dollar eine Turbine gekauft und mehr als 1200 Meter Rohrleitung verlegt hatte, wurde das Projekt durch eine Klage gestoppt. Zu den Klägern gehörten mehrere Landeigentümer mit Grundstücken in Millionenwert, die an den Castle Creek grenzten oder Wasser daraus bezogen. Einer davon, der sich hinter vier von ihm kontrollierten Kapitalgesellschaften verbarg, war Bill Koch.

Im Vergleich zu seinem älteren Bruder Charles und seinem verstorbenen Zwillingsbruder David, die zusammen mehr als 125 Millionen Dollar an Organisationen gespendet hatten, die Kampagnen zur Leugnung des Klimawandels veranstalteten, war Bill geradezu arm. Er besaß nur 1,8 Milliarden. Er hatte den Energiekonzern Oxbow Carbon gegründet, der auf der anderen Seite der Elk Mountains in einer Kleinstadt namens Somerset ein Kohlebergwerk und ein paar Kilometer entfernt ein Gaskraftwerk betrieb. Manche Milliardäre begnügen sich mit einer privaten Insel, Koch jedoch besaß ein privates Tal. In der Nähe von Somerset – nur einen fünfzehnminütigen Hubschrauberflug von seinem 28-Zimmer-Palazzo in Aspen entfernt – hatte Koch Bear Ranch erbaut, auf einem Gelände etwa doppelt so groß wie Aspen. Dort befand sich die Nachbildung einer Wildweststadt, die «Wild Bill», wie er bei seinen Freunden hieß, zu seinem persönlichen Vergnügen errichtet hatte. Die meisten Gebäude stammten aus Buckskin Joe, einem MGM-Set, das für *True Grit* und *Cat Ballou* als Kulisse gedient hatte. In der Stadt gab es siebzig Gebäude, darunter fünf Saloons, einen Mietstall, eine Kirche, eine Bank, ein Theater, ein Hotel, ein Bordell und ein Gefängnis. Zwanzig Beschäftigte betreuten Kochs aus mehr als einer Million Objekten bestehende Memorabiliensammlung: Sitting Bulls Gewehr, General Custers Fahne, Jesse James' Waffe, das einzige existierende Foto von Billy the Kid. Koch bezeichnete die Ranch als einen «Ort, an dem ich das Leben gemeinsam mit meiner Familie und meinen Freunden genießen kann, ohne mir Gedanken über meine Feinde machen zu müssen». Einer dieser Feinde war ein Manager von Oxbow Carbon namens Kirby Martensen, der behauptete, er sei nach Betrugsvorwürfen von Koch entführt, nach Bear Ranch gebracht und dort verhört worden. (Seine Klage gegen Koch wurde später abgewiesen.)

Ein weiterer Feind Kochs war Mick Ireland, der Bürgermeister von Aspen. «Für erneuerbare Energien gibt es in dieser Stadt viele Hindernisse, die man mit bloßem Auge nicht wahrnimmt», sagte Ireland.

Koch und die anderen Gegner des Wasserkraftwerks warnten, dass es die Steuerzahler zu viel Geld kosten würde, und führten verschiedene technische Vorschriften ins Feld. Doch dann stellten sie fest, dass es am erfolgreichsten war, die Ängste der Umweltschützer in der Stadt zu schüren. Sie behaupteten, das Kraftwerk bedrohe trotz gegenteiliger Beteuerungen der ökologischen Berater das Überleben des Bachs. (Die gleiche Taktik hatte Koch bei seiner Fünf-Millionen-Dollar-Kampagne gegen einen Offshore-Windpark im Nantucket Sound benutzt, der von seinem Sommeranwesen aus zu sehen gewesen wäre. Er sagte, er sei besorgt, dass die Turbinen «die herrliche Umgebung zerstören» würden.) Handzettel, die Bilder von trockenen Flussbetten und verschmutztem Wasser zeigten, wurden an alle Bewohner von Aspen geschickt. «EIN TOTER BACH WÄCHST NICHT NACH», stand dort oder «DAS WATERGATE VON ASPEN». Das Ganze wurde von Scheinorganisationen mit Namen wie «Bürgerkomitee Aspen» und «Freunde des Castle und Maroon Creek» finanziert, die in Denver und Colorado Springs registriert waren.

Die Debatte über das Kraftwerk trieb einen Keil zwischen die Generationen in Aspens Umweltbewegung. Wie ein Kraftwerksbefürworter es ausdrückte, wurde der «Rachel-Carson-Typ», der dem Schutz der örtlichen Flüsse und Bäche den Vorrang gab, gegen den «Auden-Schendler-Typ» ausgespielt, der darauf verwies, dass alle Bäche austrocknen würden, wenn man keine radikalen Maßnahmen zur Eindämmung der Erderwärmung ergreife. «Niemand will sich gegen Auden Schendler stellen», sagte Chelsea Congdon Brundige, eine Gewässeraktivistin aus Aspen. «Er ist der ökologische Playboy.» Doch sie warnte, dass der Bach bei steigenden Temperaturen noch anfälliger werde, weshalb er streng geschützt werden müsse. Außerdem, so Brundige, sei Aspens Bestreben, Kohlestrom zu verbieten, in erster Linie symbolisch, es habe keine nennenswerte Auswirkung auf das globale Klima. Dasselbe galt natürlich auch für das Gasleck am Aliso Canyon, für die elektrischen Geräte, die in den leeren Häusern von Aspen Energie verbrauchten, und für fast jede andere Quelle von Treibhausgasemissionen.

«Die Debatte ist in vielerlei Hinsicht seltsam», sagte William Dolan, der Versorgungsexperte der Stadt. «Beide Seiten können sich zu Recht als äußerst umweltbewusst bezeichnen. Die große Mehrheit der Leute, die auf der anderen Seite standen, hatte ehrliche Absichten. Ob ihre Sorgen realistisch waren, ist eine andere Frage.» Doch die Umweltschützer lebten in verschiedenen Realitäten. Das lag an ihrer unterschiedlichen Vorgeschichte. Die ältere Generation war mit der Verteidigung einzelner unberührter Naturwunder gegen die plündernde Industrie groß geworden, die jüngere Generation hingegen machte sich Sorgen wegen des katastrophalen Zusammenbruchs der auf der Erde herrschenden Lebensstrukturen. Den verschiedenen Generationen stand auch eine unterschiedliche Zukunft bevor. Die älteren Aktivisten sorgten sich darum, wie der Bach in zwanzig Jahren aussehen würde, und die jüngeren darum, ob er in fünfzig Jahren noch existierte.

Der entscheidende Rückschlag kam, als eine Petition, die von Bill Koch finanziert wurde, so viele Unterschriften bekam, dass ein neues Referendum vonnöten war. Die Stimmberechtigten, die das Wasserkraftwerk ablehnten, gewannen mit einem Vorsprung von hundertzehn Stimmen. Die Stadt schob ihre Pläne auf. In den folgenden Jahren kaufte sie Wind- und Wasserenergie aus Städten, die so weit entfernt waren wie Kimball, Nebraska. Wie fast alle Luxusgüter in Aspen wurde die erneuerbare Energie von der anderen Seite der Berge importiert.

•

Die Lehre, die Schendler aus dem gescheiterten Wasserkraftwerk zog, hatte Auswirkungen, die über Aspen, ja sogar über den amerikanischen Westen hinausgingen. «Wenn wir den Klimawandel aufhalten wollen», sagte er, «müssen wir Allianzen brechen. Wir müssen schwierige Probleme bewältigen. Und das wird wehtun.» So rechtfertigte Schendler zumindest seinen überraschendsten Schachzug: eine Partnerschaft mit Bill Koch.

Nachdem er zehn Jahre lang vergeblich darum gebeten hatte, gelang es Schendler, ein Treffen mit Oxbow Carbon zu vereinbaren, um über die Möglichkeit zu sprechen, das Methan aus dem Kohlebergwerk Elk Creek, einer der größten Tiefbaugruben des Landes, aufzufangen. Das Methangas ist in Kohleflözen eingeschlossen und wird beim Abbau freigesetzt. Die Gesetze von Colorado schrieben vor, dass das Gas zum Schutz der Arbeiter und zur Verhinderung von Explosionen in die Luft abgelassen werden musste. Das Methan stieg dann in der Regel in die Atmosphäre, wo es die Strahlung in einem Zeitraum von zwanzig Jahren vierundachtzigmal wirkungsvoller absorbierte als Kohlendioxid. Doch Methan kann auch Energie erzeugen. Schendler schlug vor, die Grube von Oxbow mit einem Methanauffangsystem auszustatten, das genug Energie erzeugen würde, um alle Immobilien von Skico mit Strom zu versorgen. Und es würde pro Jahr dreimal mehr Treibhausgasemissionen beseitigen, als Skico verursachte.

«Moment mal», sagte einer der Leute von Oxbow und hob

die Hand. «Wir glauben nicht, dass Methan umweltschädlich ist. Genauso wenig wie Kohle. Wir glauben, dass Kohleverbrennung gut für die Gesellschaft ist.»

Schendler hielt inne. Was konnte er sagen, um solche Leute zu überzeugen?

«Warum nehmen Sie an diesem Treffen teil?», fragte er schließlich.

«Mir geht es um Rohstoffe», antwortete der Mann. «Ich kann es nicht ausstehen, wenn sie vergeudet werden.»

«Das war der einzige kleine gemeinsame Nenner», sagte Schendler später, «und ich musste mich mit aller Kraft daran festklammern.»

Die Methanauffanganlage ging am 9. November 2012 in Betrieb, drei Tage nachdem die Einwohner von Aspen für das von Koch unterstützte Referendum zur Verhinderung des Wasserkraftwerks gestimmt hatten. Bei der Eröffnungsfeier posierte Schendler mit Managern von Oxbow für Fotos. Koch nahm nicht teil, steuerte aber eine vorsichtige Stellungnahme für die Presseerklärung bei. «Dieses Projekt», schrieb er, «ist nützlich und vernünftig.» Das war zwar keine uneingeschränkte Vertrauensbekundung, verdeutlichte aber Schendlers Standpunkt so prägnant wie möglich.

Ein paar Wochen später ging ein tief im Bergwerk gelegener Stollen in Flammen auf. Das Feuer konnte nicht gelöscht werden. Nach einem Jahr wurde Elk Creek, das für ein Zehntel der Kohleförderung Colorados verantwortlich war, stillgelegt. Oxbow begrub Maschinen, die viele Millionen Dollar wert waren, im Innern der Erde. Koch entließ fast dreihundert Beschäftigte, viele von ihnen Bergleute in der dritten Generation.

Unterdessen florierte das Kraftwerk. Es strömte weiter Methan aus dem versiegelten Bergwerk und wurde in Energie umgewandelt – genug, um siebzehn Restaurants, zwei

Luxushotels und vier Skigebiete mit Strom zu versorgen. «Der Stellenabbau, den Oxbow gerade erlebt, tut uns leid», sagte Schendler einem Reporter, «doch wir sind froh, dass unser Projekt weiterläuft.»

Der Zusammenbruch des Kohlebergwerks hatte Schendlers Standpunkt verdeutlicht – dass neue Industrien die alten ersetzten, dass eine Lebensweise brutal endete und eine neue begann.

•

Schendler war nach dem Dichter Auden benannt worden. Seine Mutter, die in New York lebte, hatte W. H. Auden oft in der U-Bahn gesehen, wo er in Bademantel und Pantoffeln den Bahnsteig entlangschlurfte. Schendlers Lieblingsgedicht war «Musée des Beaux Arts», das Auden verfasst hatte, nachdem er das Pieter Bruegel dem Älteren zugeschriebene Gemälde *Landschaft mit Sturz des Ikarus* in den Königlichen Museen der Schönen Künste in Belgien betrachtet hatte. Es zeigt die Ansicht eines Hafens, in dem mehrere Schiffe liegen, von einer Klippe aus betrachtet. Im Vordergrund pflügt ein Bauer sein Feld, ein Schäfer steht bei seiner Herde, ein Angler wirft seine Leine aus. In der rechten unteren Ecke, auf den ersten Blick leicht zu übersehen, sind die strampelnden blassen Beine von Ikarus zu erkennen, der kopfüber ins Wasser stürzt.

«Es geht darum, dass sich das Leid im Hintergrund zuträgt», sagte Schendler, «während woanders das Leben weitergeht. Während wir in Aspen sind, passiert auf der Welt viel Schlimmes. Wir können alldem gleichgültig gegenüberstehen, weil es hier so schön ist.»

Das schien eine bewusst bescheidene Auslegung des Gedichts zu sein. Denn Schendler hatte mehr mit Ikarus als mit den selbstvergessenen Arbeitern gemein. Im Grunde war er es, dessen einsamer Schrei von dem eifrigen Bauern und der Besatzung des Schiffs ignoriert wurde: «Und das schlanke teure Schiff, das Erstaunliches / – Einen Knaben vom Himmel stürzend – gesehn haben mußte, / Hatte irgendein Ziel und segelte ruhig seines Wegs.» Würde die Welt bemerken, dass Schendler sein eigenes grässliches Martyrium erlebte und, während der Schnee in Aspen schmolz, zu einem goldenen Vorbild wurde? Oder würde sie ruhig ihres Wegs segeln?

Schendler hatte sein Leben der Hoffnung gewidmet, dass seine Aktionen, wie symbolisch sie auch sein mochten, weltweit einen starken Einfluss ausüben würden. «Wir glauben gern, dass wir der Mittelpunkt des Universums sind, aber das ist nicht so. Wir sind eine Seifenblase. Wenn wir dieses Bewusstsein verlieren, sind wir erledigt. Wir sagen gern, dass wir's vermasselt haben. Und das stimmt. Verstehen Sie mich nicht falsch, wir haben es *wirklich* vermasselt. Aber wir in Aspen können die ganze Welt erreichen.»

Schendler stand auf halber Höhe am Fanny Hill, der blauen Piste am Fuße des Snowmass Mountain. Neben dem Hang stand ein laut summendes Häuschen. Dahinter mündete ein Rohr, das vom dreihundert Meter höher gelegenen West Brush Creek herabführte, in ein Auffangbecken mit türkisgrünem Schmelzwasser. Im Winter wandelte eine Maschine dieses Wasser in Schnee um. Noch in seiner Anfangszeit bei Skico stellte Schendler fest, dass das Beschneiungssystem, einer der größten Einflussfaktoren für den Energieverbrauch des Unternehmens, selbst zur Stromerzeugung genutzt werden konnte. Für etwa 200 000 Dollar errichtete Skico das Häuschen und stattete es mit einer Turbine aus. Dieses kleine Wasserkraftwerk erzeugte genug Energie, um fünfzehn Häuser das ganze Jahr über mit Strom zu versorgen.

Doch der langfristige finanzielle Nutzen des Kraftwerks hatte für Schendler keine große Bedeutung. Genau wie die Energieeinsparungen, die, wenn man das Gesamtbild betrachtete, verschwindend gering waren.

«Nichts davon spielt eine Rolle», sagte Schendler. «Aber das hier schon.» Er deutete auf eine große Informationstafel, die an dem Häuschen hing. Ein Schaubild zeigte, wie die Turbine mithilfe eines Peltonrads, eines von einem Goldgräber erfundenen Wasserrads, Wasser in Energie umwandelte.

700 000 Menschen, viele von ihnen unverschämt reich, fuhren jeden Winter auf Skiern den Fanny Hill hinunter. Einige davon, so stellte es Schendler sich vor, würden auf diesem Plateau eine Pause machen, aus Neugier anhalten oder in den Schnee stürzen und sich die Tafel ansehen. Und manche würden dadurch vielleicht ermuntert, Wasserkraftwerke oder noch ehrgeizigere eigene Projekte zu finanzieren.

Aber gerade betrachtete niemand die Tafel, denn es war Sommer und kein Schnee in Sicht, nichts als Felsen und Gras. In der Stille des Nachmittags konnte man sich kaum vorstellen, wie der Hang in weiches, strahlendes Weiß getaucht aussah, wenn Tausende Skier auf ihm Pflugbögen und Schwünge übten. Wesentlich leichter war es, sich eine Zukunft ganz ohne Schnee auf dem Berg auszumalen – in der niemand die Gelegenheit hätte, die Tafel in Augenschein zu nehmen, außer vielleicht ein Wanderer, der versuchte, der Hitze des Tals zu entkommen.

TEIL III
WIE GÖTTER

7

TAUBENAPOKALYPSE - DIE NEUEN
UNTOTEN DES TIERREICHS

Als Ben Novak zum ersten Mal eine Wandertaube sah, sank er sprachlos auf die Knie und verharrte zwanzig Minuten so. Da war er sechzehn Jahre alt. Mit dreizehn hatte sich Novak geschworen, sein Leben der Wiedererweckung ausgestorbener Tiere zu widmen. Mit vierzehn hatte er in einem Buch der Audubon Society das Foto einer Wandertaube gesehen und «sich verliebt». In seinem Heimatstaat North Dakota gab es eine einzige Wandertaube, doch sie befand sich in der geschlossenen Forschungssammlung des Geschichtsvereins in Bismarck. Er hatte keine Ahnung, dass das Science Museum of Minnesota, das er im Rahmen eines Sommerprogramms für Highschool-Schüler besuchte, Tauben in seiner Sammlung hatte, und war verblüfft, sich plötzlich zwei ausgestopften Exemplaren gegenüberzusehen, einem Männchen und einem Weibchen, beide in lebensechten Posen ausgestellt. Angesichts ihrer Schönheit – die rötliche Brust, der schiefergraue Rücken und der schillernde Nacken, der je nach Licht und Blickwinkel lila, pink oder grün aussah – war er vor Ehrfurcht, Trauer und Begeisterung überwältigt. Bevor die Aufsichtspersonen ihn aus dem Raum schleifen konnten, fotografierte Novak die Tauben mit seiner Einwegkamera. Doch das Blitzlicht war zu stark, und als der Film einige Wochen später entwickelt wurde, musste er feststellen, dass das Foto nur einen weißen Blitz zeigte.

Seitdem hat sich Novak 483 Wandertauben angeschaut. Im Burke Museum in Seattle, im Carnegie Museum of Natural History in Pittsburgh, im American Museum of Natural History in New York und in der Ornithologie-Abteilung in Harvard, die 145 Exemplare besitzt, darunter auch acht in Ethanol konservierte Tiere, 31 Eier und eine Taube mit Teilalbinismus. Auf der ganzen Welt gibt es noch 1532 Exemplare der Wandertaube. Seit dem 1. September 1914, als eine in Gefangenschaft lebende Taube namens Martha nachmittags im Zoo von Cincinnati ihr Leben aushauchte, gilt die Spezies als ausgestorben. Martha hatte George, das vorletzte Exemplar und ihr einziger Gefährte, um vier Jahre überlebt. Als sich die Nachricht vom bevorstehenden Aussterben der Art verbreitete, wurde Martha zu einer kleinen Touristenattraktion. Ob sie depressiv oder bloß alt war, wusste man nicht, in jedem Fall bewegte sich Martha, abgesehen von einem gelegentlichen Zittern, in ihren letzten Jahren kaum noch. Die Zoobesucher bewarfen sie mit Sand, um ihr eine Reaktion zu entlocken. Nach ihrem Tod brachte man ihren Körper zur Cincinnati Ice Company, wo man ihn in einem 140 Kilo schweren Eisblock einfror, der mit einem Güterzug nach Washington, D.C., geschickt wurde. In der Smithsonian Institution wurde sie ausgestopft, ausgestellt und 49 Jahre später von Ben Novak bewundert.

•

Die Tatsache, dass wir den Tod der letzten Wandertaube genau bestimmen können, ist eine von vielen Besonderheiten dieser Spezies. Tausende von Arten sterben alljährlich aus, doch wir bekommen es nicht mit, weil wir zumeist nichts von ihrer Existenz wissen. Seit der Veröffentlichung von Carl von Linnés *Systema Naturae* im Jahr 1735 wurden, Mikroben nicht mitgezählt, etwa 1,3 Millionen Arten identifiziert. Die Schätzung des Biologen Boris Worm von 2011, die von 8,7 Millionen lebenden Arten ausgeht, wurde mit Skepsis aufgenommen. Die tatsächliche Anzahl könnte aber sogar noch wesentlich höher liegen. Stewart Brand, dessen Long Now Foundation daran scheiterte, eine Datenbank aller lebenden Arten zu erstellen, schrieb dazu: «Wir sind so unwissend, dass wir nicht einmal wissen, wie unwissend wir sind.»

Das Aussterben der Wandertaube sowie der rasante Niedergang des Amerikanischen Bisons gaben den Anstoß zur Einrichtung nationaler Tierschutzgebiete, zur Durchführung früher wissenschaftlicher Studien über gefährdete Arten des Kontinents und zur Verabschiedung der ersten bedeutenden Naturschutzgesetze. Vor Marthas Tod wurden Tiere, trotz der immer dringlicheren Warnungen einiger Naturforscher, als unerschöpfliches Gut betrachtet. Wenn Arten ausstarben, so sei das auf natürliche Prozesse zurückzuführen, nicht auf den Menschen. Am Ende des achtzehnten Jahrhunderts glaubten die meisten Amerikaner nicht mal an die Existenz des Artensterbens. «In der Ökonomie der Natur», schrieb Thomas Jefferson, der meinte, es gäbe noch immer Mammuts auf dem amerikanischen Kontinent, «kann kein Beispiel dafür gefunden werden, dass sie es einer Spezies gestattet hätte auszusterben oder ein Bindeglied ihrer großartigen Schöpfung so schwach gestaltet hätte, dass es zerbrochen wäre.»

Der Niedergang der Wandertaubenpopulation ließ sich jedoch nicht ignorieren, weil sie noch in den 1880er-Jahren die größte unter den Wirbeltieren Nordamerikas gewesen war. Vier von zehn Vögeln waren Wandertauben. In

A *Feathered River Across the Sky* schätzt Joel Greenberg, dass die Zahl der Wandertauben «möglicherweise die Zahl aller anderen Vögel auf der Welt übertrifft». Ein Holländer, der in den 1620er-Jahren Manhattan besuchte, beschrieb Zugschwärme, die stundenlang, manchmal sogar tagelang, «das Sonnenlicht verdecken». 1806 schrieb der Entdecker Zebulon Pike, als er auf Inseln in der Nähe von St. Louis auf Rastplätze der Vögel stieß: «Die glühendste Phantasie kann sich ihre Anzahl nicht vorstellen. Der Lärm, den sie im Wald machten, glich dem stetigen Heulen des Windes, und der Boden war über und über mit ihren Exkrementen bedeckt.» 1813 beobachtete der Ornithologe Alexander Wilson in Kentucky einen Schwarm, der nach seiner Schätzung aus 2,2 Milliarden Tieren bestand. 1860 sah der englische Naturforscher W. Ross King in Fort Mississauga, Ontario, wie ein 1,5 Kilometer breiter und etwa fünfhundert Kilometer langer Taubenschwarm, dem noch tagelang Nachzügler folgten, von Sonnenaufgang bis Sonnenuntergang über den Himmel zog. Nach seiner Berechnung bestand dieser Schwarm aus 3,7 Milliarden Tauben. Im Vergleich dazu gibt es heute nur noch 260 Millionen Tauben. New Yorker dürften überrascht sein zu hören, dass in New York nur noch eine Million Tauben leben. Ein einziges Wandertauben-Brutgebiet nahm früher eine Fläche von 2200 Quadratkilometern oder der siebenunddreißigfachen Größe Manhattans ein.

Wenn ein Schwarm in einem Waldgebiet landete, konnte man vor lauter Vögeln die Bäume nicht sehen. Augenzeugen sprechen von «kleinen Pyramiden» oder «Heuhaufen», die sich, wenn man näher kam, als «über und über mit lebenden Vögeln bedeckte Ulmen oder Weiden» entpuppten. Doch man konnte sie meilenweit riechen. Die Schwärme hinterließen «Tausende Wagenladungen» Exkremente, die das Dickicht und die Bäume umhüllten und niederdrückten «wie ein Korsett». Und das Geschrei ... die Tauben gurrten nicht, sondern kreischten. 1871 in Wisconsin machte ein nahender Schwarm in den Worten eines Jägers «ein Gebrüll, das alle je gehörten Laute wie Wiegenlieder erscheinen ließ und dazu führte, dass manche aus der erwartungsvollen, enthusiastischen Jagdgesellschaft das Gewehr sinken ließen und hinter den nächstgelegenen Bäumen Schutz suchten. Es war der reinste Schrecken.»

Doch die meisten Jäger ließen die Waffe nicht sinken, da man mit einem einzigen in den Himmel gefeuerten Schuss ganze 132 Vögel erlegen konnte – ein 1662 von einem kanadischen Jäger aufgestellter Rekord. Die schiere Anzahl der Vögel reizte die Menschen zu einem Gemetzel. Die Tauben wurden wegen ihres Fleisches gejagt, das man tonnenweise verkaufte (die luxuriöse Variante gab es bei Delmonico's: mit Foie gras und Trüffeln gefüllte Taubenballotines), aber auch wegen ihres Öls und Gefieders oder als Sport. Zehntausende Vögel fielen Schießwettbewerben zum Opfer; es gibt Berichte über einen Mann aus San Antonio, der 475 Tauben mit einem Stock erschlug, über 700 000 gefangene und geschlachtete Vögel in einem Nistgebiet in Michigan, über einen Taubenhändler in Wisconsin, der in einem einzigen Jahr zwei Millionen Vögel auf den Markt brachte. Dennoch verblüffte der Niedergang der Spezies von etwa fünf Milliarden Tieren bis zum Aussterben innerhalb einer Generation die meisten Amerikaner. *Science* veröffentlichte einen Artikel, in dem es hieß, die Tauben seien in die Wüste Arizonas geflüchtet. Andere stellten die Hypothese auf, sie hätten in den chilenischen Kiefernwäldern, auf einer Insel östlich vom Puget Sound oder in Australien Zuflucht gefunden. Eine weitere Theorie besagt, alle Wandertauben hätten sich einem einzigen Megaschwarm angeschlossen, der im Bermudadreieck verschwunden sei.

Stewart Brand, der 1938 in Rockford, Illinois, zur Welt kam, vergaß nie die Traurigkeit, mit der seine Mutter von den Wandertauben sprach. Im Sommer machten die Brands immer im Norden von Michigan Urlaub, nicht weit vom Pigeon River, einem von Hunderten Orten in Amerika, die nach Tauben benannt sind. (Allein in Michigan gibt es vier Pigeon Rivers, vier Pigeon Lakes, zwei Pigeon Creeks, Pigeon Cove, Pigeon Hill und Pigeon Point.) Alteingesessene erzählten Geschichten über die Taube, die für Brand etwas Mythisches hatten. Das Schlagen ihrer Flügel, erzählten sie ihm, habe geklungen wie die Niagarafälle.

Vor ein paar Jahren bat Brand den Zoologen Tim Flannery um einen Beitrag für ein Seminar der Long Now Foundation, Teil einer monatlichen Veranstaltungsreihe in San Francisco über langfristige Perspektiven. Sie gaben ihrem Gespräch den Titel «Ist das Massensterben auf der Erde unvermeidlich?». Im Frage-und-Antwort-Teil erwähnte Brand auf der Suche nach einem Lichtblick eine neue Herangehensweise an den Naturschutz, die gerade in den Blickpunkt der Öffentlichkeit rückte: den Ansatz, ausgestorbene Arten wie das Wollmammut mithilfe von neuartigen, von dem Harvard-Molekularbiologen George Church entwickelten Genomtechnologien wiederzubeleben. «Wenn die Wölfe oder die Büffel zurückkehren, wenn Rewilding geschieht, gibt das den Leuten Hoffnung», sagte Brand. Er hielt inne. «Vermutlich könnten wir auch die Wandertaube zurückbringen. Das ist mir noch gar nicht in den Sinn gekommen.»

Brand verbiss sich in die Idee. Eine verschwundene Spezies wieder zum Leben erwecken, das war genauso ein ehrgeiziges, interdisziplinäres, verrücktes Projekt wie der *Whole Earth Catalog*, den er 1968 gegründet und bis 1984 weiterbearbeitet hatte, ein enzyklopädisches, aus Instrumenten, Methoden, Grafiken und Product-Placement zusammengesetztes Kompendium, das zu einem Symbol seiner Generation wurde – ein heiliger Text der in den Siebzigerjahren erblühenden Umweltbewegung, der überall (zumindest in den Metropolen und Collegestädten) auf den Couchtischen lag. Der Katalog «stärkte die Macht des Einzelnen», sagte Brand einmal. Der Erfolg des Katalogs verlieh Brand jedenfalls eine gewisse Macht und verschaffte ihm persönlichen Zugang zu den einfallsreichsten Denkern und zu Mäzenen, die reich genug waren, um die kühnen Pläne jener Denker zu finanzieren. Seit 1996 wurden einige dieser Ideen unter Federführung der Long Now Foundation umgesetzt, die Brand gegründet hatte, um Projekte zu unterstützen, die «langfristige Verantwortung» fördern sollten. Der Begriff «Long Now», geprägt von Brian Eno (einem Gründungsmitglied), bezeichnet den Zeitraum, der sich von heute vor 10 000 Jahren bis zu dem Zeitpunkt 10 000 Jahre in der Zukunft erstreckt. Der Long-Now-Stiftung und ihrer Mission lag die Annahme zugrunde, dass der Zeithorizont des Menschen und seine Empathie wachsen müssen. Wir bilden uns ein, eine langfristig denkende Spezies zu sein, haben aber bestenfalls die mittelfristige Zukunft im Blick und verhalten uns auch so: Künftige Generationen behandeln wir meist mit der anomischen Grausamkeit von Psychopathen. Eno drückte es folgendermaßen aus:

Unsere Empathie erstreckt sich nicht weit in die Zukunft. Wir müssen anfangen, unsere Urenkel und deren Urenkel als unsere Mitmenschen zu betrachten, die in einer realen Welt leben werden, die wir unablässig, wenn auch nur halbbewusst, errichten. Aber können wir akzeptieren, dass unsere Handlungen und Entscheidungen ferne Konsequenzen haben, und trotzdem wagen, etwas zu tun? ... Wenn wir zu einer annehmbaren Zukunft beitragen wollen, müssen wir eine Geisteshaltung erreichen, in der es inakzeptabel – respektlos, unzivilisiert – ist, ohne jeglichen Gedanken an unsere Nachkommen zu handeln.

Diese Sätze wurden 1995 geschrieben – in der bevorzugten Terminologie von Long Now «01995» –, das bis dahin wärmste Jahr seit Messbeginn; in der Antarktis brach damals ein Stück Eisberg ab, das größer als Puerto Rico war. Wer imstande ist, echte Empathie für seine ungeborenen Urenkel zu empfinden, kann angesichts unseres fortwährenden Verbrauchs von fossilen Brennstoffen nur vor Schreck zusammenzucken, doch langfristiges Denken zwingt uns auch zu einer Neubewertung der herkömmlichen Ansichten über Atommülllagerung, Wörterbücher, künstliche Intelligenz, digitale Archive, die Nutzung öffentlichen Lands, Weltraumforschung, Investitionsstrategien, Infrastruktur, Nächstenliebe und Kunst.

Der augenscheinlichste Beweis für das Konzept von Long Now war eine hundert Meter hohe Uhr im Innern eines Jeff Bezos gehörenden Berges in Texas, die Bezos mit 42 Millionen Dollar finanziert hat und die in den nächsten 10 000 Jahren ununterbrochen laufen soll. Hinzu kamen mehr als achtzig Hektar Land im Osten Nevadas, genutzt von einer permanenten Klimastation, und eine mit Texten in 1500 Sprachen versehene Scheibe aus reinem Nickel, an die Weltraumsonde *Rosetta* montiert, die 2016 auf dem Kometen 67P/Tschurjumow-Gerasimenko landete, in acht Milliarden Kilometer Entfernung zur Erde.

Drei Wochen nach seinem Gespräch mit Tim Flannery schickte Brand eine E-Mail an George Church und Edward O. Wilson:

Lieber Ed, lieber George,

der Tod der letzten Wandertaube im Jahr 1914 war ein Ereignis, das den Leuten das Herz brach und jedem vor Augen führte, dass das Artensterben der Kern der Beziehung zwischen dem Menschen und der Natur ist.

George, könnten wir den Vogel mithilfe von Gentechnik zurückholen? Ich kann mich an ein Gespräch mit Ed vor einer ausgestopften Wandertaube im Museum für vergleichende Zoologie erinnern [in Harvard, wo Wilson Emeritus ist], und ich weiß von weiteren ausgestopften Exemplaren am Smithsonian und in Toronto, die wahrscheinlich mit den erforderlichen Genen ausgestattet sind. Das wäre bestimmt einfacher als die Wiederbelebung des Wollmammuts, für die du dich eingesetzt hast.

Die Umwelt- und Naturschutzbewegungen stecken in ihrer tragischen Sicht auf das Leben fest. Die Rückkehr der Wandertaube könnte sie aufrütteln – und sie verlocken, die besonnene Biotechnologie in diesem Jahrhundert als Green Tool statt als Bedrohung zu betrachten … Ich bin sehr gerne bereit, eine gemeinnützige Organisation zu gründen, die die Wiederbelebung der Wandertaube finanziert …

Ein abenteuerlicher Plan. Das könnte Spaß machen. Und alles verbessern. Die Geschichte vorantreiben, wie es so schön heißt.

Was meint ihr?

Nach knapp drei Stunden antwortete Church mit einem detaillierten Plan für die Rückkehr «eines Schwarms von Millionen oder gar Milliarden» Wandertauben auf den Planeten.

Am 8. Februar 2012 veranstaltete Church an der Harvard Medical School ein Symposium mit dem Titel «Die Wiederbelebung der Wandertaube». Es nahmen zehn Leute teil, darunter Brand und seine Frau Ryan Phelan, Gründerin einer der ersten Firmen für genetische Gesundheitsanalysen, drei Ornithologen und Beth Shapiro, eine Evolutionsmolekularbiologin, die in ihrem Labor an der University of California in Santa Cruz bereits damit begann, das Genom der Wandertaube zu sequenzieren. Church führte seine neue Technologie zur Genom-Editierung vor. «Die Wiederbelebung ausgestorbener Arten verwandelte sich direkt vor unseren Augen von einer Idee in potenzielle Realität», sagte Phelan. «Wir begriffen, dass wir es nicht nur für die Wandertaube tun könnten, sondern auch für andere Arten. Das Interesse war so groß, dass wir drumherum eine Infrastruktur errichten mussten. Wir sagten uns: ‹O Gott, seht nur, was wir angestoßen haben.›» Phelan wurde Geschäftsführerin des neuen Projekts, das sie Revive & Restore nannten.

Mehrere Monate später fand in der National Geographic Society eine Debatte über die wissenschaftlichen und ethischen Fragen statt, die die «Deextinktion» aufwarf. Brand und Phelan luden drei Dutzend der weltweit führenden Gentechniker und Biologen ein. Unter den Gästen waren: Stanley Temple, ein Mitbegründer der Naturschutzbiologie; Oliver Ryder, Direktor des «Frozen Zoo» im Zoo von San Diego, wo tiefgefrorene Zellen von gefährdeten Arten gelagert werden; Henri Kerkdijk-Otten, der europäische Rinder züchtete, in der Hoffnung, eine neue Art zu erschaffen, die dem seit 1627 ausgestorbenen Auerochsen ähnelt, von dem unsere Hausrinder abstammen; der schottische Biologe Mike McGrew, der ein Huhn erschaffen hatte, das Eier mit Entenküken legt, und eine Ente, die Eier mit Hühnerküken legt; und Sergej Zimow, der in Sibirien ein experimentelles Wildgehege namens Pleistozän-Park gebaut hatte, das er eines Tages mit Wollmammuts bestücken wollte. Steven

Spielberg, der gerade den vierten *Jurassic-Park*-Film produzierte und dafür recherchierte, wollte Notizen zu der Veranstaltung und schickte jemanden zu Recherchezwecken vorbei.

Neben dem Argument, das Taubenprojekt sei «ein Fanal der Hoffnung für den Naturschutz», nannte Brand auch einen ethischen Beweggrund: «Die Menschen haben ein riesiges Loch in die Natur gerissen. Wir haben jetzt die Fähigkeit – und vielleicht auch die moralische Verpflichtung –, einen Teil des Schadens zu beheben.» Diese Argumentation spiegelt den stillschweigenden Glauben an ein menschliches Gemeinschaftsbewusstsein wider, das sich von den Jägern im neunzehnten Jahrhundert, die Millionen von Vögeln abschlachteten, bis zu den Naturschützern erstreckt, die fast ein Jahrhundert nach Marthas Tod geboren wurden. Außerdem zeigt sich darin ein generationen- und personenübergreifendes Schuldbewusstsein, das von unserer Spezies einen wesentlichen Akt der Buße erforderte. Brand bot eine Vision der Menschheit als moralische Autorität der Schöpfung – eine gefallene Autorität, die sich durch den wissenschaftlichen Fortschritt eine Chance zur Wiedergutmachung verdient hatte.

Die anderen Tagungsteilnehmer stellten keine so hohen ökologischen Ansprüche an die Wiederbelebung ausgestorbener Arten. So wie der Verlust einer Spezies den Reichtum eines Ökosystems verringert und ein buntes Gemisch unbeabsichtigter Folgen hat, könnte die Zuführung neuer Tiere das Gegenteil bewirken. «Es geht nicht bloß um eine einzige Spezies», sagte Phelan, «sondern auch um den Kaskadeneffekt für das Ökosystem.» Grasende Mammuts setzten beispielsweise das Erdreich der kalten Luft aus, und das half, den arktischen Permafrostboden vor dem Schmelzen zu schützen – ein Nutzen von globaler Bedeutung, da der Permafrostboden zwei- bis dreimal so viel Kohlenstoff speichert wie der gesamte Regenwald. Es war wichtig, wie Brand sofort begriff, das Projekt als Naturschutzmaßnahme zu sehen. «Wir holen das Mammut zurück, um die Steppe in der Arktis wiederherzustellen», sagte er. «Nicht ein oder zwei, sondern 100 000 Mammuts sind ein Erfolg.»

Ein Argument, das zwar weniger wissenschaftlich, aber dafür ausgesprochen überzeugend klang, wurde von den beiden Ethikern Hank Greely und Jacob Sherkow vorgebracht. Die Wiederbelebung ausgestorbener Arten solle weiterverfolgt werden, schrieben sie in *Science*, weil das Ganze wirklich cool wäre. «Wäre es nicht wirklich cool, ein lebendiges Wollmammut zu sehen? Das könnte sich als die größte Attraktion und der größte Nutzen der Deextinktion erweisen.»

Ben Novak musste nicht erst überzeugt werden. Als er erfuhr, dass Revive & Restore beschlossen hatte, die Taube wieder zum Leben zu erwecken, schickte er Church eine E-Mail, die dieser an Brand und Phelan weiterleitete. «Wandertauben sind schon sehr lange meine größte Leidenschaft», schrieb Novak. «Es wäre mir eine Ehre, auf irgendeine Weise zu dieser Arbeit beizutragen.»

•

Jakob Novak, geboren in Moravia, Iowa, könnte riesigen Schwärmen von Wandertauben begegnet sein, als er 1873 mit seiner Familie westwärts zu den Great Plains zog. Jakobs Sohn Anton ließ sich 1914, in dem Jahr, in dem Martha starb, in den Badlands von North Dakota nieder. Anton war Farmer, sein Sohn, Anton junior, eröffnete eine Autoreparaturwerkstatt und züchtete Gänse, Enten und Tauben. Er hatte im Wohnzimmer ein Teleskop, das auf sein zehn Meter entferntes Vogelhäuschen gerichtet war. Von dort beobachtete er die Vögel und zeigte sie seinem Enkel Ben. «So sah man die Federbüschel besser, als wenn man den Vogel in der Hand gehalten und mit einem Vergrößerungsglas betrachtet hätte», erinnerte sich Novak. «Ihm gefiel jedes Detail.»

Novak wuchs in einem Haus auf, das sein Vater hundert Meter oberhalb des Missouri River gebaut hatte. Es stand auf halbem Weg zwischen Williston, der neuntgrößten Stadt North Dakotas, und Alexander, das 233 Einwohner hatte. Fünf Kilometer trennten die Novaks von ihrem nächsten Nachbarn. Zwei Stunden südlich lag die Elkhorn Ranch, wo Theodore Roosevelt seine Theorien zum Wildtierschutz entwickelt hatte, die zur Erhaltung von nahezu hundert Millionen Hektar staatlichem Land führten. Als Jugendlicher wanderte Novak allein durch die Badlands und erkundete den riesigen versteinerten Wald, der die Sentinel Butte Formation durchzieht. Vor fünfzig Millionen Jahren war diese Gegend im westlichen North Dakota ein von Flüssen und Sümpfen gesäumter, üppiger Wald mit mehr als dreißig Meter hohen Bäumen gewesen. Es sah dort ähnlich aus wie in den Florida Everglades. Novak stieß häufig auf Wirbelsäulen, Zehenglieder und Rippenfragmente ausgestorbener Krokodile und Champsosaurier. Einmal verbrachte er die Sommerferien damit, ein Bisonskelett auszugraben.

Die Schulen der Gegend legten im naturwissenschaftlichen Unterricht großen Wert auf Naturschutz. Im dritten Schuljahr musste Novak ein Referat über bedrohte Arten halten, und ein paar Jahre später las er in einem Artikel im *National Geographic*, dass er mitten im sechsten Massensterben der Erdgeschichte lebte und die vom Menschen bewirkten Veränderungen der Erdatmosphäre bis 2050 ein Viertel der Säugetierarten, ein Fünftel der Reptilien und ein Sechstel der Vögel auf dem Planeten ausrotten könnten. «Ich verspürte Solidarität mit diesen Tierarten», sagte er. «Vielleicht, weil ich so viel Zeit allein verbracht hatte.»

Als Novak mit dreizehn vom Klonen erfuhr, gelangte er zu der Überzeugung, «dass der Naturschutz die Lücken auffüllen würde, die ausgestorbene Arten hinterlassen hatten». In jenem Jahr befasste er sich in einer Projektarbeit im Naturwissenschaftsunterricht mit den technischen Herausforderungen der Wiederbelebung des Dodos (dabei lernte er, dass der Dodo zu den Taubenvögeln gehört). Er gewann bei der North Dakota Science Fair den ersten Preis in seiner Altersklasse. «Dieser Sieg», schrieb er später, «sollte meinen weiteren Lebensweg bestimmen.»

Nach seinem Abschluss an der Montana State University in Bozeman bewarb sich Novak um eine Forschungsstelle bei Beth Shapiro, die 2001, ein Jahrzehnt vor Brands großer Idee, bereits begonnen hatte, die DNA der Wandertaube zu sequenzieren. Sie lehnte ihn ab. «Ich wusste seine Hingabe zu schätzen», sagte sie später, «aber ich machte mir Sorgen, dass seine Leidenschaft für die Taube die Fähigkeit, seriöse Wissenschaft zu betreiben, beeinträchtigen könnte.» Novak schrieb sich in einem Graduiertenprogramm am McMaster Ancient DNA Centre in Hamilton, Ontario, ein, war aber weiterhin von der Wandertaube besessen. Er beschloss, wenn er nicht Teil von Shapiros Laborteam werden könnte, würde er das Genom der Taube eigenhändig sequenzieren. Er schrieb Bittgesuche an alle Museen, von denen er wusste, dass sie ausgestopfte Exemplare besaßen. Mehr als dreißigmal wurde er zurückgewiesen, bevor das Field Museum in Chicago ihm ein winziges Stück eines Taubenzehs schickte. Ein Labor in Toronto nahm die Sequenzierung für etwas mehr als 2500 Dollar vor, die Novak sich bei Freunden und seiner Familie besorgte. Als er gerade mit der Analyse der Daten begonnen hatte, erfuhr er von Revive & Restore.

Nachdem Phelan ihn eingestellt hatte, bot ihm Beth Shapiro einen Schreibtisch im paläogenomischen Labor der UCSC an, wo er die Sequenzierungsarbeit weiterverfolgen konnte. Wenn die Leute ihn fragten, was er beruflich mache, sagte er, er erwecke die Wandertaube wieder zum Leben.

•

Der hochgewachsene Ben Novak war in Fachgesprächen zurückhaltend und höflich, bis man auf Wandertauben zu sprechen kam – was mit Novak unvermeidlich geschah. Bei ihm war Gelächter nicht Ausdruck von Freude, sondern von Ungläubigkeit, zum Beispiel wenn er gefragt wurde, ob sich die Wiederbelebung als nicht realisierbar erweisen könnte. Er argumentierte, dass sie, in gewisser Hinsicht, bereits stattgefunden hatte. Vor mehr als fünfzehn Jahren hatte ein Team aus spanischen und französischen Wissenschaftlern unter der Leitung von Alberto Fernández-Arias (der später Revive & Restore beraten sollte) einen Pyrenäensteinbock, eine seit dem Jahr 2000 ausgestorbene Bergziegenart, wieder zum Leben erweckt. Der letzte lebende Bucardo war ein dreizehnjähriges Weibchen namens Celia gewesen. Bevor sie starb – ihr Schädel wurde von einem umstürzenden Baum zerschmettert –, schabte Fernández-Arias ein Stück Haut von ihrem Ohr und fror es in Flüssigstickstoff ein. (Celia wurde später ausgestopft und im Empfangszentrum des Nationalparks Ordesa y Monte Perdido im spanischen Aragon ausgestellt.) Fernández-Arias' Team nutzte die gleiche Technologie, mit der das Schaf Dolly, das erste geklonte Säugetier, erschaffen worden war: Mit Celias DNA wurden Embryos erschaffen, die man 57 Ziegen implantierte. Am 30. Juli 2003 trug eins der Weibchen den Embryo erfolgreich aus. «Soweit wir wissen», schrieben die Wissenschaftler, «ist es das erste

Tier einer ausgestorbenen Unterart, das zur Welt gekommen ist.» Doch es lebte nicht lange. Nachdem es sieben Minuten lang um Atem gerungen hatte, erstickte das Junge.

Diese Klonierungsmethode, auch somatischer Zellkerntransfer genannt, kann nur bei Arten eingesetzt werden, von denen wir Zellmaterial besitzen. Bei Arten wie der Wandertaube, die das Pech hatten, vor dem Aufkommen der Kältekonservierung auszusterben, ist eine kompliziertere Prozedur nötig. Der erste Schritt besteht darin, das Genom der Spezies zu rekonstruieren. Das ist schwierig, denn sobald ein Organismus stirbt, beginnt seine DNA zu zerfallen. Sie vermischt sich auch mit der DNA anderer Organismen, mit denen sie in Kontakt kommt, zum Beispiel von Pilzen, Bakterien oder anderen Tieren. Wenn man sich einen DNA-Strang als Buch vorstellt, dann ist die DNA eines vor langer Zeit gestorbenen Tieres ein wirrer Haufen zerrissener Seiten, manche der Schnipsel so lang wie dieser Absatz, andere aus einem einzigen Satz oder nur ein paar Wörtern bestehend – eine Art Polynukleotid-Heraklit. Und was noch schlimmer ist, die Schnipsel haben nicht die richtige Reihenfolge, und viele stammen aus anderen Büchern. Und die Geschichte ist ein Epos: Das Genom der Wandertaube besteht aus etwa 1,2 Milliarden Basenpaaren. Wenn jedes Basenpaar ein Wort wäre, hätte die Sage von der Wandertaube vier Millionen Seiten.

Doch es gibt eine Abkürzung. Das Genom einer eng verwandten Art hat einen großen Anteil an identischer DNA, deshalb kann es als Vorlage oder «Gerüst» dienen. Der genetisch engste Verwandte der Wandertaube ist die Bandtaube, die Shapiro bereits sequenziert hatte. Durch den Vergleich von Fragmenten der DNA einer Wandertaube mit den Genomen ähnlicher Arten konnten die Forscher annähernd das Genom einer wirklichen Wandertaube zusammenfügen.

Wie dicht am Original so eine Annäherung ist, kann man nicht wissen. Wie bei einer Übersetzung gibt es in der Regel grammatische Fehler, unverständliche Formulierungen und Auslassungen, doch das Buch dürfte lesbar sein. Es sollte zumindest in etwa die gleiche Geschichte erzählen.

Novak schlug einen Namen für diese neuartige Spezies vor: *Patagioenas neoectopistes* oder «neue Wandertaube Amerikas». Er sprach sich auch für eine neue Definition von «Aussterben» aus, jede Art, von der wir kältekonserviertes Gewebe besitzen, wie beim Pyrenäensteinbock, sollte nicht als «ausgestorben» gelten, sondern als «evolutionär erstarrt». Das Ziel der Wiederbelebung solcher Arten sei deshalb die Wiederherstellung eines Ökosystems durch die *Adaptation* lebender Organismen, sei es durch Züchtung, künstliche Auslese oder Genom-Editierung. Genau genommen handelte es sich also nicht um wiederbelebte Spezies, sondern neuartige, von Menschenhand geschaffene Tiere.

In fünf Jahren sequenzierte Shapiros Team erfolgreich die DNA von drei Dutzend Wandertauben. Das war der leichte Teil. Als Nächstes musste das Genom mit lebenden Zellen nachgebildet werden. Am effizientesten funktioniert das in einer Petrischale, doch die Zellen von Tauben sind im Labor schwer zu züchten. Die einzige Vogelart, bei der das jemals gelang, ist das Haushuhn. 2019 vergab Revive & Restore Stipendien an Forscher der Texas A&M University, um herauszufinden, wie man die Zellen anderer Vogelarten modifizieren konnte. Sobald das Verfahren perfektioniert ist, wird Novak beginnen, die Zellen von Bandtauben zu bearbeiten und DNA-Stücke gegen die synthetisierte DNA von Wandertauben auszutauschen. Diese nachgebildeten Wandertaubenembryos werden in Bandtauben implantiert, und die brüten dann Vögel aus, die Wandertauben so ähnlich wie möglich sind.

Damit verschiebt sich der Prozess der Deextinktion vom Labor zur Voliere. Mit den gleichen Methoden wie bei der Züchtung gefährdeter Arten in Gefangenschaft werden Verhaltensbiologen den Tauben beibringen, sich wie ihre ausgestorbenen Vorbilder zu verhalten. Das dürfte ein gewaltiger Lernprozess werden. Die Bandtaube ist ein westlicher Vogel, der in Nord-Süd-Richtung riesige Strecken zurücklegt, die Wandertaube hingegen lebte in der östlichen Hälfte des Kontinents und zog ohne bestimmte Richtung zur Futtersuche umher. Im Gegensatz zu anderen Taubenarten lebten Wandertauben in riesigen Kolonien und wurden von der Gruppe aufgezogen. Die Eltern verließen die Jungen, zwei Wochen nachdem sie geschlüpft waren. In einem Schwarm von Millionen Vögeln war das nicht schwierig, besonders wenn sich ihr Lebensraum über 37 Manhattans erstreckte.

Novak wird seine Tauben nicht verlassen, er wird mit übertriebenem Vaterstolz über sie wachen. Er wird für sie große Volieren mit Lautsprechern einrichten, aus denen dauerhaft ein Geschrei ertönt, das dem Lärm eines riesigen Schwarms gleicht. Die Züchter werden andere Tiere bringen und die Vögel von einer Voliere in die nächste umsiedeln, um ihre sprunghaften Zugmuster zu simulieren. Nach etwa zehn Jahren wird Novak einige der Tauben freilassen und sie mithilfe von unter die Haut implantierten GPS-Chips überwachen. Er wird das Projekt als Erfolg betrachten, wenn die neue Wildpopulation die gleichen ökologischen Funktionen erfüllt wie die Wandertauben von einst. Von Amerikas neuen Wandertauben ist zu erwarten, dass sie die Wälder durch eine massenhafte Zerstörung wiederbeleben, indem sie mit ihren riesigen Schwärmen Äste abbrechen und das Dickicht mit Vogelkot verseuchen. Novak rechnete damit, dass er das noch erleben würde. Das Wandertaubenprojekt, sagte er 2020, «ist nicht von der Technologie, sondern vom

Geld abhängig. Wenn es einen reichen Oligarchen gäbe, der uns sofort 25 Millionen spendet, könnte ich garantieren, dass wir in fünf Jahren eine Wandertaube haben». Unter den derzeitigen Bedingungen erwartete er, dass man die ersten Wandertauben in den 2050er Jahren freilassen wird.

Sein Optimismus war durch die plötzliche Begeisterung der US-Regierung für die Verwendung von Gentechnik zur Erreichung von Naturschutzzielen bestärkt worden. Eine der wenigen Arten, die einen ähnlichen Kollaps wie die Wandertaube erlitten hatten, war die Amerikanische Kastanie, die bis Anfang des zwanzigsten Jahrhunderts in den östlichen Laubwäldern des Landes vorherrschte. Eine Krankheit, die mit der Einfuhr asiatischer Kastanienbäume aufkam, vernichtete innerhalb von Jahrzehnten Milliarden Amerikanischer Kastanien; heute existieren nur noch ein paar Dutzend in freier Natur. Novak erwartete, dass man schon bald eine neuartige genveränderte Amerikanische Kastanie, die dem tödlichen Pilz trotzen könnte, in den Nationalparks anpflanzen würde. Das Landwirtschaftsministerium hatte bereits virenresistente Pflaumen- und Papayabäume genehmigt. Die amerikanische Naturschutzbehörde hatte sich aktiv an einem der Projekte von Revive & Restore beteiligt, der Rettung des Schwarzfußiltisses, einer der gefährdetsten Arten des Kontinents. 2013 hatte die Behörde Revive & Restore gebeten zu erforschen, ob man den Iltis mithilfe genomischer Technologien gegen die überlebensbedrohliche kalifornische Nagerpest resistent machen konnte. Die Präzedenzfälle wurden also bereits geschaffen. Novak brauchte nur noch die Vögel.

Während die Leute von Revive & Restore darauf warteten, dass die Forscher an der Texas A&M University herausfanden, wie man Taubenembryos züchtete, verfolgten sie die anderen Versuche auf der Welt, Arten wiederzubeleben.

Das Lazarus-Projekt versuchte einen seit dreißig Jahren ausgestorbenen australischen Frosch wieder zum Leben zu erwecken, der seine Jungen durch das Maul zur Welt brachte. Beth Shapiro hatte dem kalifornischen Grizzlybär Monarch, der seit mehr als einem Jahrhundert tot war und für die kalifornische Flagge als Modell gedient hatte, Gewebeproben entnommen. Ein australischer Forscher, der das Genom des Beutelwolfs sequenziert hatte, wollte ein genetisch verändertes Embryo im Beutel eines Kängurus reifen lassen. Es gab Pläne, den Karolinasittich, die Riesenseekuh und den Riesenalk zurückzuholen, der seit dem 3. Juni 1844 nicht mehr gesichtet worden war; damals waren die letzten beiden bekannten Angehörigen der Spezies auf der Insel Eldey von isländischen Fischern erwürgt wurden, die beim Verlassen der Insel auch noch ein Alk-Ei mit dem Stiefel zertreten hatten.

Die Wiederbelebung ausgestorbener Spezies war, selbst für eine Organisation, die in Zeitspannen von zehntausend Jahren dachte, ein langsamer Prozess. Die Gentechnologie beschleunigte sich exponentiell, aber noch immer stand keine Art kurz vor der Wiederbelebung. Ryan Phelan erkannte, dass dieselbe Technologie, die ausgestorbene Arten zurückbringen sollte, auch gefährdete Arten retten konnte, und weitete die Mission von Revive & Restore aus. Die Gentechnik konnte Seesterne gegen Auszehrung immunisieren, Mikroben entwickeln, die Ewigkeitschemikalien wie PFOA aufspalteten, salzwasserresistente Zypressen erschaffen, um verschwindende Küstenfeuchtgebiete zu schützen. Der wissenschaftliche Begriff für diese Art genetischer Eingriffe lautet «erleichterte Anpassung». Ein passenderer Name für Revive & Restore wäre Revive & Restore & Improve.

•

Wie mitreißend Ben Novak die optimistische, weichge-
zeichnete Vorstellung der Wiederbelebung ausgestorbener
Arten auch finden mochte, viele beunruhigte Naturschutz-
biologen sahen sie als Bedrohung ihrer gesamten Disziplin,
ja sogar der ganzen Umweltschutzbewegung. Auf Tagungen
von Revive & Restore, in der Presse und in Fachzeitschriften
sprachen sie ihre Kritikpunkte immer deutlicher aus. Darauf
reagierten die Befürworter der Deextinktion mit immer aggressiveren Gegenargumenten. «Wir haben Antworten auf
alle Fragen», sagte Novak.

Die drängendste Frage war praktischer Natur: Geld. Um-
weltphilanthropie war ein umkämpfter Markt. Wenn es
ums Spendensammeln ging, hing die Verkaufstechnik der
Naturschutzbewegung stark von sogenannten «charismatischen» Spezies ab, also von den Tieren, die Kinderbücher
bevölkern – Koalas, Schmetterlinge, Nashörner, Gorillas,
Eisbären. Die Deextinktion war ein auffälliger neuer Rivale
für die traditionellen Lockvögel der Naturschützer. Was war
charismatischer als ein Wollmammut? Der Umweltschützer
David Ehrenfeld sagte bei einer Tagung von Revive & Restore: «Wenn es funktioniert, ausgestorbene Arten wiederzubeleben, dann wird sich diese Praxis nur auf sehr wenige
Arten konzentrieren und extrem teuer sein. Wird sie den alt-
bewährten Schutzmaßnahmen, die bereits geschehen und
über zu wenig Mittel verfügen, noch mehr Geld entziehen?»

Brand und Phelan wiesen diese Sorge von der Hand,
indem sie sich über ihre eigenen Probleme bei der Geld-
beschaffung beklagten. Außerdem, so ihr Argument, würde
jeder ihrer Erfolge mehr Geld in den Umweltschutz spülen.
«*Uns* werden immer solche Fragen gestellt», sagte Novak,
«aber die Leute, die sich mit Nashörnern beschäftigen, fragt
keiner, warum sie sich nicht um die arktischen Bestäuber
kümmern, die dem Klimawandel zum Opfer fallen. Das

Panda-Programm wird nur selten kritisiert, obwohl es für die Biodiversität auf unserem Planeten völlig sinnlos ist, denn der Panda ist ein putziges Tier. Das Gute am Erhalt der Pandas ist letztlich, dass es Leute, die noch nie etwas vom Schutz bedrohter Arten gehört haben, zum Nachdenken darüber bringt. Und dasselbe gilt für die Deextinktion.»

Doch die Wiederbelebung stellte für Umweltschützer eine ernsthafte rhetorische Bedrohung dar. Das drohende Aussterben war die stärkste Rechtfertigung der Naturschutzbewegung. Was, wenn man das Artensterben in Zukunft nur noch als vorübergehende Unannehmlichkeit ansehen würde? Der Ökologe Daniel Simberloff, der häufig mit seinem Mentor Edward O. Wilson zusammenarbeitete, sagte: «Schnelle technische Lösungen für Umweltprobleme sind Heftpflaster für schwere Blutungen, insofern als die Öffentlichkeit, die über das größere Problem nicht besonders gut informiert sein dürfte, glaubt, dass man eine Spezies mühelos wieder zum Leben erwecken kann. Das ist äußerst gefährlich ... Die Wiederbelebung ausgestorbener Tierarten suggeriert, dass wir Umweltprobleme generell rasch beheben können, und das ist sehr, sehr schlecht.»

Novak verweigerte sich dieser Logik: «Hier geht es um die Erweiterung eines Fachgebiets, nicht um die Schmälerung.» Wenn der Erfolg oder auch das Scheitern der Deextinktion die öffentliche Aufmerksamkeit für die Bedrohungen des Massenaussterbens erhöhe, argumentierte Novak, dann sei das ein Gewinn. Im ersten Jahrzehnt seines Bestehens hatte Revive & Restore wissenschaftlich nicht viel erreicht, doch als Werbekampagne war es eine wahre Urgewalt gewesen, eine stetige, zuverlässige Quelle für Zeitschriften-Cover, Leitartikel und populärwissenschaftliche Bücher.

Könnte ein neuer Vogel womöglich eine neue Vogelgrippe auslösen? «Die Krankheitserreger in unserer Umwelt entwickeln sich ständig weiter, und die Tiere entwickeln neue Immunsysteme», sagte Doug Armstrong, ein Naturschutzbiologe aus Neuseeland, der die Auswilderung von Arten erforschte. «Wenn man eine Spezies genetisch wiedererschafft und freisetzt und deren Erbgut auf einen Vogel zurückgeht, der vor hundert Jahren gelebt hat, erhöht man wahrscheinlich das Risiko.»

David Haussler, Bioinformatiker an der UCSC und Berater von Revive & Restore, bezweifelte diese These. «Ständig kommt diese Angst auf, dass wir bei der Wiederbelebung von Arten unbeabsichtigt etwas Schreckliches bewirken, weil nur die Natur es richtig machen kann. Aber die Natur ist völlig willkürlich. Sie erschafft Monster. Sie erschafft Bedrohungen. Vieles von dem, was für uns am bedrohlichsten ist, stammt aus der Natur. Revive & Restore wird dieses Gleichgewicht nicht zerstören.» Menschen sind schon seit Tausenden von Jahren mit der Erschaffung von Monstern beschäftigt. Kühe waren einmal Auerochsen, Haushühner waren Bankivahühner und Hausschweine Wildschweine. Niemand fühlt sich von Farmtieren, Stadtparks, gelben Bananen oder Maisfeldern bedroht. Es sind die wilden, unserer Herrschaft entronnenen Tiere – der Grizzly, der weiße Hai, die Zibetkatze –, die uns Angst machen.

War es nicht grausam, mit Tieren zu experimentieren, ja sie sogar zu töten, weil man auf die Wiedererweckung einer Spezies spekulierte? Man denke an die 56 Bergziegen, die die in ihre Gebärmutter implantierten Pyrenäensteinbock-Embryos nicht austragen konnten. Oder an den geklonten Pyrenäensteinbock, der nur ein paar Minuten lebte und währenddessen nach Atem rang, bevor er an einer Lungenmissbildung starb. «Ist es gerechtfertigt, den Tieren so etwas anzutun?», fragte Shapiro. «Ist ‹weil wir uns schuldig fühlen› ein hinreichender Grund?»

Stewart Brand brachte ein utilitaristisches Gegenargument vor. «Wir erleben viel Leid», gestand er, «weil man es oft probiert und es manchmal nicht funktioniert. Aber wenn man die Pyrenäensteinböcke zurückholen kann, wie viele würden dann leben, die sonst nicht gelebt hätten?»

Die beharrlichsten Fragen von Naturschützern zielten darauf ab, wie sinnvoll es sei, ein Tier wieder zum Leben zu erwecken, dessen angestammter Lebensraum längst verschwunden ist. Wozu die ganze Mühe, wenn das Tier dann von Neuem ausstirbt? Und warum eine Spezies, die für ihren heftigen Durchfall bekannt war? Beth Shapiro sagte: «Meinen Sie, die reichen Leute an der Ostküste wollen, dass Milliarden von Wandertauben über ihren frisch gemähten Rasen und ihren soeben gewachsten Geländewagen fliegen?»

Anfangs antwortete Novak darauf mit dem Argument, dass die Wandertaube besonders anpassungsfähig sein würde, weil sie ein Gelegenheitsfresser ohne angestammten Lebensraum sei. Doch im Lauf der Zeit vertiefte sich seine Argumentation und wurde zum Thema seiner Dissertation, bei der ihn Shapiro beriet. Die Wandertaube profitiere nicht nur von den weitläufigen unbewohnten Wäldern des Kontinents, sie sei auch deren Architekt. Die Taube sei «seit Zehntausenden von Jahren der wichtigste Baumeister von Ökosystemen in den östlichen Wäldern Nordamerikas und prägt die flickenhafte Lebensraumdynamik, auf der die östlichen Ökosysteme beruhen». Die von den nomadischen Taubenschwärmen angerichtete Zerstörung – zerbrochene Äste, eine mit Vogelkot bombardierte Pflanzendecke – stimuliere die biologische Vielfalt etwa so, wie der «bereinigte» Lower Ninth Ward in New Orleans Pflanzen und Tiere anlockte, die das Territorium kolonialisierten. Novak bezeichnete das Zerstörungswerk der Tauben als «Sturm und Großbrand in einem», als ökologischen Nährboden, der noch lange, nachdem der Schwarm weitergezogen war, vor sich hin brodelte.

Um das zu beweisen, konzipierte er ein vierjähriges Experiment. Er wollte es auf zwei Hektar Wald durchführen, die in einiger Entfernung zueinander lagen, aber ein ähnliches ökologisches Profil hatten. Im ersten Jahr würden die Biologen eine Bestandsaufnahme machen: Arten zählen, Bodenproben nehmen, die Jahresringe der Bäume studieren. Im folgenden Frühjahr würde Novak mit circa fünfzig Helfern über eines der Waldstücke herfallen, um eine sechswöchige Taubenrast nachzuahmen. Sägen, Ketten und Stöcke – *Britwas* und *Uschis* und Knüppel – schwingend, würden Novak und seine *Droogs* Bäume umstürzen, auf dem Laub herumtrampeln und Enterhaken über die Äste werfen und daran zerren. Sie würden jede Eichel und Beere in dem Hundert-Morgen-Wald konfiszieren. Sie würden drei Sattelschlepperladungen Taubenkot auf den Waldboden kippen, in den Baumwipfeln Taubenattrappen anbringen, um die Aufmerksamkeit von Raubvögeln zu erregen, und auf dem Boden Taubenkadaver auslegen. «Man kann sich über den ökologischen Nutzen von Wandertauben den Mund fusselig reden», sagte Novak, «doch viele Leute verstehen das erst, wenn man ihnen die Auswirkung von einem Haufen Vogelkot draußen in der freien Natur zeigt.» Stewart Brand nannte Novaks Experiment die «Taubenapokalypse».

Die Schlussfolgerung von Novaks Forschung über den ökologischen Nutzen von riesigen Wandertaubenschwärmen war offensichtlich: Zur Wiederherstellung und Wiederbelebung unserer Wälder müssen die Tauben zurückkehren. Die Wandertaube sei «die wichtigste Spezies für den Erhalt der biologischen Vielfalt in den östlichen Waldgebieten Amerikas».

Mit dieser Synthese schloss sich der Kreis von Novaks Lebensaufgabe. Der ausgestorbene Vogel, den er mit vierzehn ins Herz geschlossen hatte, war zufällig die ideale Tierart für die Rettung der nordamerikanischen Wälder.

•

Die von der Deextinktion befeuerte Romantik und Skepsis wurden durch ein semantisches Missverständnis hervorgerufen. Der Begriff «Deextinktion» war, wie die Genetiker als Erste zugeben würden, ein sprachliches Bild – eine Metonymie, um genau zu sein. Die Weltnaturschutzunion, globale Autorität für gefährdete Arten, definiert «Deextinktion» als Schaffung von «Stellvertretern» ausgestorbener Arten, die die gleichen ökologischen Funktionen haben, aber keine «getreuen Nachbildungen» sind. Die Wandertaube wird nicht von den Toten auferstehen. Erst wenn die neue Taube geboren ist, werden wir wissen, inwiefern sie der ausgestorbenen gleicht, und auch dann können wir nur körperliche Merkmale vergleichen. Unser Verständnis vom Verhalten der Wandertaube beruht voll und ganz auf historischen Berichten. Obwohl viele davon anschaulich und berührend sind, wie John James Audubons Kapitel über die Taube in *Ornithological Biography* – «die Zärtlichkeit und Zuneigung, die diese Vögel gegenüber ihrem Partner zeigen, ist äußerst bemerkenswert» –, sind sie nur selten wissenschaftlicher Natur. «Anhand der Genomsequenz eines Organismus kann man sehr vieles nicht erkennen», sagte Ed Green, ein Molekularbiologe, der im paläogenomischen Labor der UCSC an der Technologie zur Genomsequenzierung arbeitete. «Vieles ist nur Vermutung», sagte Shapiro. «Und dabei nicht mal besonders überzeugend.»

Auch beim Wollmammut-Projekt war sie nicht optimistischer. «Wir werden nie den genetischen Klon eines Mammuts haben. Wahrscheinlich wird irgendjemand, vielleicht George Church, ein paar Gene ins Erbgut des asiatischen Elefanten einfügen, die ihn ein bisschen behaarter machen. Dabei würde nur ein winziger Teil des Genoms verändert, und ein paar Jahre später kommt dann ein Geschöpf zur Welt, das ein Elefant ist, bloß mit mehr Haaren, und dann schreibt die Presse: ‹George Church hat ein Mammut geklont!›»

Auch wenn Church mehr als das Behaarungsgen verändern wollte, gab er ihr recht. «Ich hätte gern einen Elefanten, der kaltes Wetter mag», sagte er. «Ob man ihn als Mammut bezeichnet, ist mir egal.»

Und wen sollte es sonst interessieren? Es gibt keine verbindliche Definition von «Spezies». Die von den meisten anerkannte Definition bezeichnet eine Gruppe von Organismen, die sich miteinander fortpflanzen und fruchtbare Nachkommen zeugen können. Doch es gibt viele Ausnahmen, darunter auch sogenannte «Ringspezies» wie die Singammer, deren Lebensraum von Südwestalaska bis zur östlichen Spitze Neufundlands reicht. Angehörige einer Ringspezies können sich mit Artgenossen aus angrenzenden Regionen – ihrem «Ring» – paaren, aber nicht über das ganze Verbreitungsgebiet hinweg. So ist etwa eine mexikanische Singammer außerstande, sich mit einer aleutischen Singammer zu paaren, obwohl ihr Gesang sich gleicht.

Dasselbe Prinzip prägt die Restaurierung von Kunstwerken: Wenn man *Das Abendmahl* im Refektorium des Klosters Santa Maria delle Grazie in Mailand betrachtet, wird man keinen einzigen Farbtupfer vom Pinsel Leonardo da Vincis mehr vorfinden. Man sieht ein Wandgemälde, das genauso gestaltet ist wie das Original, und vielleicht verspürt man die gleiche Ehrfurcht wie die Gemeindemitglieder im Jahr 1498, doch die ursprüngliche Farbe ist schon vor Jahrhunderten oxidiert. Besucht man Kyoto, bezeichnet der Reiseführer den Goldenen Pavillon Kinkaku vermutlich als Heiligtum aus dem vierzehnten Jahrhundert, obwohl das Gebäude mehrmals zerstört und wiederaufgebaut wurde. Für die Gläubigen ist der heutige Tempel jedoch keine Nachbildung, sondern der echte Goldene Pavillon, und war es schon immer. Philosophen nennen dieses Phänomen Theseus-Paradoxon, als Verweis auf das Schiff, mit dem Theseus von Kreta nach Athen zurücksegelte, nachdem er den Minotaurus erschlagen hatte. Das Schiff wurde von den Athenern erhalten, die Plutarch zufolge «von Zeit zu Zeit daraus alte Planken [entfernten] und sie durch neue, intakte [ersetzten]». Theseus' Schiff wurde für die Philosophen zu einer Streitfrage, wobei «die einen behaupteten, das Boot sei nach wie vor dasselbe geblieben, die anderen hingegen, es sei nicht mehr dasselbe».

Was spielte es für eine Rolle, wenn die Wandertaube 2.0 nicht mehr als eine überzeugende Hochstaplerin war? Wenn der neue, synthetisch erzeugte Vogel eine Bereicherung für die Ökologie der Wälder darstellte, die er bewohnte – oder sogar dabei half, neue zu erschaffen –, hätten nur wenige Naturschützer oder Philosophen etwas dagegen einzuwenden. Die genetisch angepassten Vögel wären für die Laubwälder keine größere Veränderung als andere menschliche Eingriffe, die meisten davon schädlich: invasive Arten, Krankheiten, Kahlschlag und eine rapide Klimaerwärmung. Als die ersten Menschen den amerikanischen Kontinent betraten, trafen sie auf Kamele, zweieinhalb Meter große Biber und Riesenfaultiere, so schwer wie Schweine. «Die Leute wachsen mit der Vorstellung auf, dass die Natur, die sie sehen, ‹natürlich› ist», meinte Novak, «aber seit der Mensch existiert, gibt es auf der Erde kein wirklich ‹natürliches› Element mehr.»

Biologen haben im Labor neue Formen von Bakterien erschaffen, den genetischen Code zahlloser lebender Arten verändert, transgene Tiere entwickelt und Hunde, Katzen und Wasserbüffel geklont. Doch die Schöpfung sich selbst fortpflanzender neuartiger Wirbeltiere – atmende, fliegende, kotende Tauben – wäre ein neuer Meilenstein für die synthetische Biologie. Und dieses Faktum würde alle Argumente gegen die Deextinktion besiegen. Dank *Jurassic Park* standen die Massen vermutlich bereits hinter dem Vorhaben. («Dieser Film hat viel für die Deextinktion geleistet», sagte Stewart Brand in vollem Ernst.) Laut einer aktuellen Umfrage des Pew Research Center glaubte die Hälfte der Teilnehmer, dass bis 2050 ein ausgestorbenes Tier wieder zum Leben erweckt wäre. Unter Amerikanern rangiert der Glaube an die Wiederbelebung ausgestorbener Arten nur zehn Prozentpunkte hinter dem Glauben an die Evolution. «Wir haben von Anfang an erwartet, dass es so kommt», sagte Brand mit leuchtenden Augen, «was ist also die verträglichste Form?»

●

Was auf uns zukommt, wird über die Wiederbelebung ausgestorbener Arten weit hinausreichen. Seit Jahrtausenden haben wir die Umwelt, die Pflanzen und Tiere durch Düngung, Züchtung und Bestäubung unseren Bedürfnissen angepasst. Die synthetische Biologie verfügt über raffiniertere Werkzeuge. Danny Hillis, Vorstandsmitglied bei Long Now und ein produktiver Erfinder, der Pionierarbeit für den Verarbeitungsmechanismus von Supercomputern leistete, bezeichnete die Deextinktion lediglich als «die konservativste, früheste Anwendung dieser Technologie». Er fühlte sich an Marshall McLuhans Bemerkung erinnert, dass ein neues

Medium stets das alte Medium beinhaltet: dass jede neue Technologie bei ihrer Einführung die vertraute Technologie nachbildet, die sie ersetzen wird. Die ersten Fernsehsendungen waren gefilmte Radiosendungen. Die ersten Computer imitierten Schreibmaschinen. Die synthetische Biologie könnte ebenso durch die Wiedererweckung charismatischer Tiere allgemeine Akzeptanz finden. «Die Verwendung des Werkzeugs zur Nachbildung von etwas Altem», sagte Hillis, «ist die bequemste Art, sich auf seine Möglichkeiten einzulassen.» Die erste Welle von Laborfleisch wird Chicken-Nuggets nachahmen, die erste Welle der Deextinktion wird Arten ins Visier nehmen, die die Sehnsucht nach einer reineren – und imaginären – verlorenen Welt weckt. Erst danach wird eine Fülle von Hybridarten, Designerarten, hochintelligenten Arten folgen.

Wir werden uns mit dem Instrument der synthetischen Biologie anfreunden müssen, denn, wie McLuhan es ausgedrückt hat, «sobald eine neue Technologie in eine Gesellschaft eindringt, erfasst sie dort alles». Der erste Satz im ersten *Whole Earth Catalog* lautete: «Wir sind wie Götter, warum sollten wir dann nicht auch gut darin werden?» Brand hat dieses Motto später korrigiert: «Wir sind wie Götter und MÜSSEN gut darin werden» (Die Großbuchstaben sind von ihm.) Die Wiederbelebung ausgestorbener Arten war da eine gute Übung.

Brand sagte voraus, dass die derzeitige Arbeit von Revive & Restore schon bald altmodisch wirken würde. «Man wird sagen: Wollmammuts mit nur zwei Stoßzähnen, ist das alles, was ihr draufhabt? Wie wär's mit vier?» Jahrtausendelang war die Menschheit bestrebt, die Natur mit immer größerer Aggression und Brutalität «zu unterwerfen. Diesmal ist es eine ganz andere Herangehensweise: demütiger und geschickter. Wir erlernen die Fertigkeit, die Natur zu *verfeinern.*» Brand und Phelan verwendeten oft das Wort «mythisch», wenn sie die Arbeit von Revive & Restore schilderten. «Was wir tun, ist wie Geschichten erzählen», sagte Brand. «Erst wenn man mitten in der Geschichte steckt, beginnt man die Frage ernst zu nehmen, wo es langfristig hingeht.» Aus dieser Perspektive betrachtet, war Revive & Restore eher ein Kunstwerk als ein Wissenschaftsprojekt.

Ben Novak hingegen beharrte darauf, dass er nur aus ökologischem Antrieb handle. Die Wissenschaftler, die neben ihm im paläogenomischen Labor arbeiteten – und Zeugen seiner täglichen Schwärmereien über die Wandertaube waren –, vermuteten, dass es da noch einen anderen Beweggrund gab. «Wissen Sie, ich bin Biologe. Ich habe schon öfter Leute mit einer Leidenschaft für Tiere erlebt», sagte André Soares, ein freundlicher brasilianischer Biologe, der hauptsächlich die DNA von Wandertauben analysierte. «Ich bin Leuten begegnet, die Vögel oder kleine unbedeutende Ratten mögen. Aber ich habe noch nie jemanden gesehen, der so leidenschaftlich ist.» Er lachte. «Es ist ja nicht so, als hätte er sie jemals herumfliegen sehen. Und es geht auch nicht um einen Dinosaurier, ein riesiges Tier, das vor Millionen von Jahren herumlief. Nein, es ist bloß eine Taube. Keine Ahnung, warum er die so toll findet. Ich bin mir ziemlich sicher, dass er es selbst nicht weiß. Was sagt er denn dazu?»

Novak sagte, das Taubenprojekt werde «ganz und gar im Rahmen des Naturschutzes» durchgeführt.

«Ich weiß nicht, ob er sich selbst gegenüber ehrlich ist», sagte Soares, der sich noch nirgends eine ausgestopfte Taube angesehen hatte. «Ich glaube, Vögel sind sein Ding.»

Ed Green, der Molekularbiologe im Team, drückte es prägnanter aus. «Die Wandertaube», sagte er, «erweckt in Ben die Sehnsucht, Gedichte zu schreiben.»

8

LOUISIANA GEHT UNTER –
DER VERSUCH EINER RETTUNG

Eine Stadt aus Öl und Gas

Die Rotalgen knackten unter den Füßen wie die Knochen kleiner Vögel, es war ein Albtraum. Sie waren überall und verbargen den flachen weißen Strand auf der Grand Isle, der südlichsten Barriereinsel von Louisiana. So etwas hatte auf Grand Isle noch niemand gesehen. Jeden Morgen stopften besorgte Einwohner die Algen in Müllsäcke, doch bei Ebbe waren sie wieder da, eine rotbraune Decke, die auf den Strand schwappte wie eine riesige verrottete Zunge. Warum waren sie rot? Warum gab es so viele davon? Niemand wusste es.

Mike Stagg durchquerte die Algen, um für eine politische Aktion, die er geplant hatte, zwei Zweiliterflaschen mit Meerwasser aufzufüllen. Er wollte mit dem Wasser zu Fuß zur 250 Kilometer entfernten Villa des Gouverneurs in Baton Rouge gehen. Bei seiner Ankunft würde er es feierlich auf Bobby Jindals Veranda schütten. Stagg wollte eine Botschaft überbringen. Das Meer verschlingt uns. Wenn Jindal sich weigerte, die sterbende Küste zu retten, würden sie die Küste zu ihm bringen. Stagg fand, dass es eine witzige, skurrile Art war, Aufmerksamkeit zu erregen – ein ökologischer

Friedensmarsch. Er erwartete, dass sich verantwortungsbewusste Bürger seiner Aktion anschließen würden, wenn er auf seinem Weg durch das südliche Louisiana Radio- und Fernsehinterviews gab.

Sieben Personen, darunter auch der Fahrer eines Begleitfahrzeugs, brachen zusammen mit Stagg am Anfang des Louisiana Highways 1 in Grand Isle auf. Es war Juni und der heißeste Sommer der Geschichte. Die Straße hatte keinen Seitenstreifen, und es wurde sofort gefährlich. Die Autofahrer schienen zu beschleunigen, wenn sie die Aktivisten sahen, und zwangen sie, auf den schmalen, unebenen Grasstreifen zu springen, der die Straße teilte. Die Wasserflaschen waren schwer. Stagg begriff zu spät, dass er mehr Socken hätte mitnehmen sollen. Schon nach fünfzehn Kilometern hatten alle außer Stagg, 62 Jahre alt, und seinem Freund Kirk Green, einem vierzigjährigen Geschichtslehrer an einer Middleschool in East Baton Rouge, aufgegeben. Die beiden beschlossen, sich den Marsch aufzuteilen: Einer würde mit dem Begleitwagen vorfahren und warten, während der andere die Wasserflaschen schleppte. Alle zwei Kilometer tauschten sie die Plätze. Mittags stieg die Temperatur immer auf fast vierzig Grad.

Am zweiten Tag, nach etwa fünfzig Kilometern, begegneten die beiden in Golden Meadow einem neunundsiebzigjährigen Angehörigen des Houma-Volks, der erlebt hatte, wie das Land unter seinen Füßen verschwand. Früher hatte er Hirsche gejagt und Kaninchen gefangen. Als Salzwasser in das Marschland eindrang, das Land absackte und die Pfade von der Flut verschluckt wurden, sammelte er Austern. Doch inzwischen war das Wasser für Austern zu salzig.

Vom dritten Tag an machten Stagg und Green eine fünfstündige Mittagspause und suchten in Tankstellen Zuflucht, um der schlimmsten Hitze zu entgehen. Sie begannen daran zu zweifeln, dass sich noch jemand ihrem Marsch anschließen würde. Ihre Schuhe waren abgewetzt, ihr Hals ständig schweißnass. 150 Kilometer weiter gingen sie in eine Fernfahrerraststätte in Labadieville, wo sie, über einen Resopaltisch gebeugt, literweise Wasser hinunterkippten.

«Wenn es in diesem Staat das Wasser, die Seen und Flüsse, nicht gäbe, würden wir jetzt Spanisch sprechen», sagte der Geschichtslehrer Green. Er hatte seine eigene Abstammung bis zur Ankunft eines Vorfahren namens François Gautreau im Jahr 1632 zurückverfolgt. «Der einzige Grund, warum die Franzosen hier eine Kolonie gründen wollten, war das Mississippi-Delta mit seinen üppigen Ressourcen. Das ist auch der Grund, warum Jefferson das Territorium kaufte. Wenn es das Wasser nicht gäbe, würden wir vielleicht nicht mal zu Amerika gehören. Wasser ist bereits seit Tausenden von Jahren, schon seit den Houma-Indianern, unsere Lebensgrundlage. Wir verlieren unser Erbe und unsere Kultur. Das bekommt man nicht wieder. Öl ist eine begrenzte Ressource. Wenn es kein Öl mehr gibt, werden die Ölfirmen verschwinden. Doch der Mississippi regeneriert sich.»

«Die Abrechnung wird kommen», sagte Mike Stagg.

Am achten Tag erreichten sie die Villa des Gouverneurs. Es hatten sich ihnen doch noch ein Dutzend Aktivisten angeschlossen, die selbst gemachte Schilder schwenkten: «GESUNDES WASSER STATT PROFIT» und «BOBBY, DU HAST UNS VERSENKT». Zwei Frauen schrammelten auf Gitarren Protestlieder. Die Sicherheitsleute des Gouverneurs ließen die Demonstranten nur bis zum Zaun des Grundstücks. Stagg goss das Meerwasser in den Plastikflaschen auf einen Grasstreifen zwischen Zaun und Gehsteig.

«Die Abrechnung wird kommen», sagte Mike Stagg.

•

Im footballverrückten Louisiana wird die existenzielle Krise des Staates üblicherweise durch die Metapher von Footballfeldern veranschaulicht. Der Staat verliert alle hundert Minuten ein Territorium von der Größe eines Footballfelds. Das ist eine Verbesserung: Zwischen 1932 und 2010 war es noch jede Stunde ein Footballfeld. Diese Metapher hatte den heilsamen Effekt, die Zerstörung auf eine Dimension herunterzubrechen, die für die menschliche Vorstellungskraft nachvollziehbar ist. Erweitert man jedoch den Zeithorizont, wird der Schrecken irreal. Alle zwei Tage verliert Louisiana eine Fläche so groß wie alle Stadien in der National Football League zusammengenommen. Jede Woche ein Gebiet, das der Fläche aller Division-I-Footballfelder im ganzen Land entspricht. Wenn New York einen derartigen Landverlust erleiden würde, dann wäre der Central Park nach anderthalb Monaten nicht mehr da. Manhattan würde in gut zwei Jahren verschwinden. Die New Yorker würden diesen Verlust bemerken. Und der Rest der Welt auch. Doch die großen Landverluste in den Küstenfeuchtgebieten von Louisiana blieben außerhalb der Staatsgrenzen größtenteils unbeachtet. Das war seltsam, denn die verbleibenden 1,2 Millionen Hektar sterbendes Marschland – etwa die Landmasse von Connecticut – sind die erste Verteidigungslinie der Küste gegen die immer wiederkehrenden Orkane und den Anstieg des Meeresspiegels. Das Marschland schützt ein knappes Fünftel der Rohölförderung des gesamten Landes, fast zehn Prozent der Erdgasvorkommen, eine Anlage, die mit mehr als fünfzig Prozent der Ölraffineriekapazitäten des Landes verbunden ist, die Stadt New Orleans und ihren Hafen, die Häuser von mehr als anderthalb Millionen Menschen und den unteren Mississippi, auf dem fast vierzig Prozent der gesamten Agrarexporte der Vereinigten Staaten verschifft werden. Das Schrumpfen Louisianas ist wie jede Umweltkatastrophe von einem gewissen Ausmaß eine Bedrohung der nationalen Sicherheit.

Der Schaden ist für Flugzeugpassagiere, die in New Orleans landen, bereits deutlich erkennbar. Der unterste Teil des Mississippi-Deltas sieht aus wie ein von Raupen bis auf die Adern zerfressenes Ahornblatt. Seit 2011 hat die US-Klimabehörde mehr als vierzig Ortsnamen von den Karten des unteren Mississippi gestrichen. Die English Bay, die Cyprien Bay, die Skipjack Bay und die Bay Crapaud sind miteinander verschmolzen wie Seifenblasen in einer Badewanne.

Der Landverlust hat den Entstehungsprozess Louisianas rapide umgekehrt. Während der Mississippi über Jahrtausende seinen Lauf änderte und sein Wasser wie ein aufgedrehter Gartenschlauch in alle Richtungen verteilte, lagerte er in einem großen Bogen Schlamm und Schlick ab. Dieses Sediment verwandelte sich in Marsch und wurde im Lauf der Zeit zu Land. Doch was in 7000 Jahren entstanden ist, wurde in den letzten neunzig Jahren weitgehend zerstört. Stauseen, die flussaufwärts bis Montana in den Nebenflüssen des Mississippi gebaut wurden, haben die Sedimentfracht des Flusses halbiert. Deiche pferchen den Fluss ein und verhindern, dass Überschwemmungen die Sedimente verteilen. Durch das Ausbaggern von zwei wichtigen Wasserstraßen, des Mississippi River Gulf Outlet und des Gulf Intracoastal Waterway, gelangte Salzwasser ins verkümmerte Herz des Feuchtgebiets. Über diese tiefen Schnitte hinaus hat die Öl- und Gasindustrie dem Marschland noch Tausende oder sogar Zehntausende weitere Wunden zugefügt und so sein Sterben beschleunigt. Die Feuchtgebiete sind durch Tausende Kilometer von Kanälen zerfurcht, die für Tankschiffe und Pipelines ausgeschachtet wurden. Über die Kanäle drang Salzwasser aus dem Golf ein und zerfraß die empfindlichen Wurzelsysteme, die die Feuchtgebiete wie Webfäden zusammenhielten. 50 000 Öl- und Erdgasbohrungen erzeugten Lufteinschlüsse, die alles noch verschlimmerten. Nach eigener Schätzung hat die Industrie 36 Prozent aller Feuchtgebietsverluste im Südosten Louisianas verursacht. Dem Innenministerium zufolge liegt die Verantwortung der Industrie sogar bei 59 Prozent.

Eine bessere Analogie als verschwindende Footballfelder hat der Historiker John M. Barry vorgeschlagen, der seit etwa fünfzig Jahren im French Quarter wohnt. Barry verglich das Marschland mit einem Eisblock. Die Verringerung der Sedimente im Mississippi und der Bau von Deichen «hat einen ähnlichen Effekt, wie wenn man den Eisblock aus der Gefriertruhe nimmt und er zu schmelzen beginnt». Das Ausbaggern von Kanälen und die Verlegung von Pipelines ist, «als würde man mit einem Eispickel auf den Block einhacken».

Die Öl- und Erdgasindustrie hat diesen Schaden mit dem stillschweigenden Einverständnis der Regierung und der lokalen Verwaltungen und ohne großen Widerstand der Umweltverbände verursacht. Öl und Gas sind letztlich der stärkste Wirtschaftszweig in Louisiana, durch den jährlich circa zwei Milliarden Dollar Steuern eingenommen werden. Es kam somit als große Überraschung für die Industrie, als sie plötzlich für die Schäden zur Kasse gebeten wurde. Die Aufforderung kam in Form der ehrgeizigsten Klage wegen Umweltzerstörung in der Geschichte der Vereinigten Staaten. Sie wurde von einem unerwarteten Gegner eingereicht, einem ehemaligen College-Footballtrainer, Gewichtheber und Verfasser von intellektuell anspruchsvollen Fünfhundert-Seiten-Büchern über amerikanische Geschichte: John M. Barry.

•

Als der Hurrikan Katrina am 29. August 2005 auf die Küste Louisianas traf, schrieb Barry schon seit anderthalb Jahren an seinem sechsten Buch, *Roger Williams and the Creation of the American Soul*, über die Versuche des puritanischen Theologen, die Grenzen politischer Macht zu definieren. Barry schrieb nicht schnell, er saß im Durchschnitt acht Jahre an einem Buch. «Ich neige dazu, mich in ein Thema zu verbeißen», sagte er. Er hatte fast ein Jahrzehnt als politischer Journalist gearbeitet und über den Kongress geschrieben, eine Erfahrung, auf die er sich bei seinem ersten Buch, *The Ambition and the Power*, stützte. Nach der Veröffentlichung des Buches hörte er mit dem Journalismus auf und zog sich zurück, um sich ganz der Recherche, dem Lesen und dem Schreiben zu widmen. Er suchte sich komplexe Episoden der amerikanischen Geschichte aus, die in seiner Darstellung zu jakobäischen Dramen über strukturelle Machtkämpfe wurden. *The Ambition and the Power*, Ehrgeiz und Macht, wäre ein passender Untertitel für jedes seiner Bücher – besonders für *Rising Tide*, seine Darstellung des Mississippi-Hochwassers von 1927, der verheerendsten Überschwemmung in der amerikanischen Geschichte.

In der Zeit direkt nach Hurrikan Katrina wurde Barry zu einem der bekanntesten Repräsentanten der Stadt. «Ich habe mich verpflichtet gefühlt, die Leute davon zu überzeugen, dass die Stadt es wert ist, wiederaufgebaut zu werden», sagte er. Von Anfang an bemühte sich Barry, die Verantwortung der Öl- und Erdgasindustrie für die Zerstörung hervorzuheben – ein Standpunkt, der in der nationalen Presse kaum auftauchte. Am ersten Sonntag nach dem Sturm erschien ein Artikel von ihm in der *New York Times*, in dem er erklärte, dass die Kanäle, die das Marschland bei New Orleans durchzogen, für den Staat lebensbedrohlich waren. In der Sendung *Meet the Press* warnte er, es sei «sinnlos, ein

Deichsystem zu errichten, wenn man den Küstenverlauf nicht wiederherstellt». Als Dennis Hastert, der Sprecher des Repräsentantenhauses, die Entscheidung, New Orleans zu Hilfe zu kommen, infrage stellte, antwortete Barry mit einem Essay für *Time*, zusammen mit Newt Gingrich verfasst, in dem er darauf hinwies, dass die Vereinigten Staaten jedes Jahr mehr Geld im Irak ausgaben, als die Wiederherstellung der gesamten Küste Louisianas kosten würde.

Unterdessen versuchte Barry wie viele andere Amerikaner herauszufinden, warum New Orleans so verheerend überschwemmt worden war. Die Zahlen – die Windscherung auf dem Lake Pontchartrain, die Flutwelle, die Niederschlagsmenge – ergaben keinen Sinn. Nachdem er seine früheren Informanten angerufen hatte, kam er zu dem Schluss, dass die Deiche nicht überschwemmt worden waren, wie man beim Ingenieurkorps der U. S. Army vermutete, sondern wegen Konstruktionsfehlern eingebrochen waren. Die unnötigen Todesfälle erinnerten ihn an die Hunderte Unschuldigen, die bei der Flut von 1927 wegen der zynischen Entscheidungen engstirniger Politiker ums Leben gekommen waren. Es war für ihn die Bestätigung, dass die Geschichte von Katrina nicht nur die eines Wetterereignisses war, sondern auch eine, die von Politik, Wissenschaft und Macht handelte. Mit anderen Worten, es war eine wohlbekannte Geschichte.

Als Nächstes traf Barry eine Entscheidung, die nur wenige Autoren angesichts einer offenkundigen, brisanten und lukrativen Idee für ein Buch treffen würden. Er beschloss, *kein* Buch zu schreiben. Das Thema war zu persönlich, das Ergebnis zu ungewiss. Er sprach von seiner Verpflichtung gegenüber der Stadt, doch es steckte mehr dahinter. Die Geschichte, wie eine Stadt – seine Stadt – von genau den Kräften, die ihre Identität geprägt hatten, zerstört worden war, musste dem Rest des Landes, dem Kongress und dem Präsidenten vermittelt werden. Barry begann dem Bauingenieur Andrew Humphreys zu ähneln, einem zwiespältigen Helden aus *Rising Tide*, der 1850 nach New Orleans kam, um sich mit Hochwasserschutz zu befassen: «Die Arbeit ließ ihn nicht los, brachte ihn aus dem Gleichgewicht, trieb ihn an seine Grenzen. Er hörte auf zu schreiben ... denn es lenkte ihn ab ... Er sprach selbst mit den Reportern. Er sonnte sich in ihrer Aufmerksamkeit, in ihrem Porträt von ihm als bedeutende Gestalt.» Barry legte sein Buch über Roger Williams beiseite und betrat, auf der Schwelle zu seinem sechzigsten Geburtstag, die Arena. Er trat staatlichen Ausschüssen bei, die damit betraut waren, die Küste wiederherzustellen. Er sah sich Hochwasserschutzsysteme in den Niederlanden an. In Washington, wo er einen Teil des Jahres verbrachte, traf er sich mit Politikern, darunter auch ein neuer Kongressabgeordneter aus dem First District, der einen großen Teil des südöstlichen Louisiana umfasst: Bobby Jindal.

«Wir haben nichts vom Weißen Haus bekommen», sagte Barry, als er in Jindals Büro saß. «Wir haben nichts vom Bürgermeister bekommen und nur sehr wenig vom Gouverneur.» Er hoffte, dass Jindal, der sein Haus am Stadtrand von New Orleans bei dem Sturm hatte verlassen müssen, der Held sei, den die Stadt brauchte. Er bat den Abgeordneten, das Weiße Haus zum Handeln aufzufordern. Nach zwei Stunden sagte Jindal zu Barry, dass eine Führungsrolle in Sachen Katrina «wegen seiner Kandidatur für das Amt des Gouverneurs vom Timing her nicht gut passe».

Empört verließ Barry das Büro. «Ich kannte alle, die bei den letzten beiden Präsidentschaftswahlen kandidiert hatten», sagte Barry, «aber aus meiner Sicht hat keiner von denen seinen persönlichen Ehrgeiz so sehr über alles andere gestellt wie Jindal.»

Barry hatte ein besonderes Talent zur Empörung. Sein

normaler Gesichtsausdruck hatte etwas gezwungen Geduldiges, als sammelte er seine Kräfte, um einen Irrtum oder eine harmlose Übertreibung zu korrigieren. Abgehärtet durch das jahrzehntelange Studium des Verhaltens mächtiger Menschen, die kurzsichtig und voll niederer Ambitionen waren, neigte er zum Skeptizismus und hatte keine Geduld für Unwissenheit. Seine Stimme war rau und leise, doch seine Entrüstung verstärkte sie um das Fünffache. Wenn er wütend wurde und über seine Feinde sprach, ahmte er ein ratterndes Maschinengewehr nach. Barry war knapp 1,70 Meter groß und kräftig gebaut, er hatte noch mit fünfzig an nationalen Wettkämpfen im Gewichtheben teilgenommen. Er hatte an der Brown University Football gespielt (mehr als zwanzig Jahre bevor sich Jindal dort einschrieb) und nach dem Abbruch eines Graduiertenprogramms in Geschichte beim Footballteam der Tulane University als Trainer der Receiver gearbeitet. In seinem Büro in der Innenstadt von New Orleans war der auffälligste Wandschmuck eine laminierte *Times-Picayune* von 1973, die den ersten Sieg der Tulane University über die Louisiana State University seit 25 Jahren feierte. In seiner ersten bezahlten Schreibarbeit, einem Artikel für *Scholastic Coach* mit dem Titel «Flexibles Blocken», erläuterte er die Feinheiten der codierten Signale an der Scrimmage Line. Bei dem Gespräch über seine politischen Kämpfe benutzte er häufig Footballmetaphern. «Beim Schreiben ist man ziemlich isoliert», sagte er. «Ich steh auf Action. Ich kämpfe gern.»

In dem Sumpf aus Inkompetenz und Entsetzen nach dem Sturm trugen ihm sein Kampfgeist und seine intellektuelle Tiefe schnell das Vertrauen der Öffentlichkeit ein. Als das Parlament von Louisiana einen regionalen Ausschuss für Deiche ins Leben rief, bewarb sich Barry um einen Sitz. (Der Ausschuss war genau genommen die Southeast Louisiana

Flood Protection Authority-East oder SLFPA-E und wurde, entsprechend dem New Orleans'schen Talent für sonderbare Aussprache, als «Slip-fah» bezeichnet.) Der Ausschuss beaufsichtigte die Hochwasserschutzprojekte in seinem Zuständigkeitsbereich, zu dem auch der größte Teil von New Orleans gehörte. Da das Fortbestehen der Stadt davon abhing, wie gut sie sich vor Überschwemmungen schützte, war das eine große Verantwortung. Barry wurde 2007 in den Ausschuss berufen und zum Pressesprecher ernannt.

Es schien nur folgerichtig, dass ein Historiker diese Position bekleidete. Wie viele Historiker zitierte Barry gern George Santayana: «Wer sich nicht an die Vergangenheit erinnert, ist dazu verdammt, sie zu wiederholen.» Doch er zitierte ihn nie, ohne auch Hegel zu zitieren: «Das Einzige, was wir aus der Geschichte lernen, ist, dass wir nichts aus der Geschichte lernen.» Der Kampf um das Überleben Louisianas würde entlang der Santayana-Hegel-Achse ausgefochten werden.

•

Zu Barrys Schlussfolgerung, dass die existenzielle Bedrohung nicht von den Deichen, sondern vor allem von der Zerstörung des Marschlands ausging, war etwa ein Jahr vorher auch ein verärgerter früherer Erdölgeologe namens John Lopez gekommen. Lopez, eine Art Kris Kristofferson mit charmant-bärbeißigem Auftreten, sagte immer so unverblümt die Wahrheit, dass selbst diejenigen, die glaubten, seine Pläne würden sie ins Verderben treiben, ihn dafür widerwillig respektierten. Er wurde in New Orleans als eins von fünf Geschwistern geboren, sein Vater handelte mit Autoersatzteilen und, als die sich nicht verkauften, mit Süßigkeiten. Seine Mutter arbeitete als Personalleiterin für das

Ingenieurkorps der U.S. Army. An den Wochenenden unternahm Lopez mit seiner Familie Angelausflüge, um flussabwärts in Plaquemines Parish Bachsaiblinge oder im Lake Pontchartrain am Nordrand von New Orleans Umberfische zu fangen. Noch in seiner Kindheit, in den Sechzigerjahren, galt der See als zu schmutzig, um darin zu schwimmen. Jahrzehntelang hatte er als Entsorgungsort für ungeklärtes Abwasser, Jauche und Industrieabfälle gedient, bis sein unruhiges Wasser, in den Worten eines Naturschützers, wie «Schokoladenmilch» aussah. Dieser Ruf blieb auch bestehen, nachdem der See 2006 von der EPA-Liste geschädigter Gewässer gestrichen wurde. Der örtliche Wetterdienst nimmt noch immer tägliche Analysen der fäkalen Kolibakterien vor.

Lopez hatte an der Louisiana State University Geologie studiert und dann für die American Oil Company den Meeresboden des Golfs von Mexiko kartiert. Bei der Suche nach Öl entwickelte er ein Bewusstsein für die Rolle seines Industriezweigs bei der Plünderung Südlouisianas. Er begann sich außerhalb seines Arbeitslebens als «heimlichen Umweltschützer» zu bezeichnen. Nachdem er ein Haus am Nordufer bezogen hatte, wurde er Mitgründer der Pontchartrain Conservancy, die sich der Aufgabe widmete, die Wasserqualität des Sees zu verbessern. Der See war nicht nur verschmutzt, er trat auch regelmäßig über die Ufer. Lopez begriff, dass die Probleme der Feuchtgebietserosion, denen er bei der American Oil Company begegnete, direkt zu den immer häufigeren Überschwemmungen seines Gartens beitrugen. Pontchartrain war eigentlich kein See, sondern ein riesiger, brackiger Meeresarm, der durch eine Reihe von Durchlässen mit dem Golf von Mexiko verbunden war. Der See konnte nicht gesünder sein als die Küste. «Das war die überraschende Entdeckung», sagte Lopez Jahre später. «Ich begann, den See in einem viel breiteren Kontext zu sehen. In allen historischen Phasen dachten wir, dass wir unsere Umwelt bloß *managen*. Aber mit etwas Abstand erkennt man, dass wir schon immer darauf versessen waren, die Ressourcen so schnell wie möglich auszuplündern.»

Nach zwanzig Jahren verließ Lopez die American Oil Company und promovierte an der University of New Orleans im Bereich Ingenieurwesen und angewandte Wissenschaft. Er schrieb seine Dissertation über die Geschichte der menschlichen Eingriffe ins Ökosystem des Lake Pontchartrain ab dem Jahr 1718, als französische Siedler die aus Magnolien, Eichen und Palmettopalmen bestehenden Laubwälder fällten, die auf den natürlichen Deichen des Mississippi wuchsen. Noch vor Abschluss seiner Dissertation wurde er vom Ingenieurkorps der U. S. Army, dem alten Arbeitgeber seiner Mutter, eingestellt.

Das Korps sollte sich seit Neustem in Südlouisiana um die Umwelt kümmern und war, wie Lopez befürchtete, nicht besser als seine Vorgängerinstitutionen. Lopez nahm am Programm zur Restaurierung der Küste teil, das, wie er bald feststellen musste, der Aufgabe nicht gewachsen war. Es gab zwei große zusammenhängende Probleme: Der Landverlust schritt voran, und zugleich verstärkte sich durch die Erderwärmung die Bedrohung durch Orkane. Lopez kam zu dem Schluss, dass es zu spät war, sich auf Deiche, Hochwassermauern und künstliche Riffs zu verlassen. Und es reichte auch nicht aus, das, was noch blieb, zu erhalten. Es musste neues Land hinzukommen.

Nachts und an Wochenenden entwickelte Lopez seinen eigenen Plan zur Rettung der Küste. Er kam auf eine ähnliche Lösung wie viele andere, die sich in den letzten vierzig Jahren mit Klimapolitik beschäftigt hatten. Das Problem musste von allen Seiten angegangen werden, in koordinierter Form, egal, wie viel das kostete. Seine Strategie besagte, dass für eine stabile Küste ständige, schwerwiegende menschliche Eingriffe nötig waren. Lopez zufolge galt dieses Prinzip nicht nur für Louisiana, sondern für den gesamten Planeten. «Es gibt keine unberührte Umwelt, die man einfach sich selbst überlassen kann», sagte er. «Über diesen Punkt sind wir hinaus. Es ist, wie Colin Powell sagt: ‹Wenn du etwas kaputt machst, bist du dafür verantwortlich.› Tja, wir haben jetzt die Verantwortung.» Nur ein radikales Vorgehen – getragen von Verzweiflung, Entsetzen und dem unerschütterlichen Glauben an die menschliche Erfindungsgabe – konnte noch ausreichen. Lopez nannte es die Strategie der vielfachen Verteidigungslinien.

Lopez schlug dem Korps seinen großen Plan im Juni 2005 vor. Der Vorschlag wurde höflich aufgenommen. Sein Chef sagte: «John, das ist eine wirklich gute Idee. Aber du musst begreifen, das Korps kann das nicht.» Lopez pflichtete ihm bei. Die Bürokratie des Korps war für eine solche systematische Kampagne zu zersplittert. Im Juli präsentierte er sein Papier auf einer Tagung der US-Klimabehörde in New Orleans und wurde mit einem Preis ausgezeichnet, der den Namen des Aktivisten Orville T. Magoon trug und den besten Beitrag zum öffentlichen Verständnis der bedrohten Küste honorierte. Dennoch nahm ihn niemand ernst. Die Bürokratie Louisianas war genauso starr wie die des Korps. Wie konnte sie ein Problem dieser Größenordnung angehen? Und wo sollte der mittellose Staat die Milliarden zur Finanzierung eines solchen Plans hernehmen? Einen Monat später schlug Katrina zu.

Danach, in dieser Zeit voller Angst und neuen Möglichkeiten, legte Louisiana die Abteilungen für Küstenrestaurierung und Hochwasserschutz zusammen und schuf eine zentrale Institution, die man Küstenschutz- und Restaurierungsbehörde (CPRA) nannte. Die CPRA – «Sip-rah» –

entwickelte einen großartigen Plan zum Schutz der Küste. Lopez' Strategie der vielfachen Verteidigungslinien war ihr Organisationsprinzip. Der erste «Umfassende Masterplan für eine zukunftsfähige Küste» wurde 2007 ratifiziert. Dieser Plan wird alle fünf Jahre überarbeitet und neu genehmigt. Er umfasst 124 Projekte, die Zehntausende Hektar Land erschaffen, das Verbliebene erhalten und einen Schutz gegen Orkane und den Anstieg des Meeresspiegels errichten sollen. Der Staat spricht zwar nicht vom weltweit teuersten Plan zur Anpassung an den Klimawandel, doch man könnte ihn durchaus so bezeichnen.

In dem Masterplan war die Rede von «Küstenrestaurierung», von der «Wiederherstellung» und «Rettung» der Feuchtgebiete. Nichts als Euphemismen. Was verloren ist, kann nicht wiederhergestellt werden, und die Zeit lässt sich nicht zurückdrehen. Das Beste, was man erreichen konnte, war das kunstvolle Abbild eines Deltas, das dem gleichen ökologischen Zweck diente. Der Masterplan diente als Vorlage. In einem der republikanischsten Staaten des Landes genoss der Plan eine gewaltige Unterstützung aus beiden politischen Lagern sowie aus der Wissenschaft, dem Tourismus, der Energieindustrie, aus allen Umweltschutzorganisationen in der Region und auch von Bobby Jindal und John Barry.

Unter Barrys Federführung trieb die SLFPA-E die größten Landgewinnungsprojekte voran, die auf das Marschland südlich von New Orleans abzielten. Nach staatlichen Schätzungen würde der Masterplan fünfzig Milliarden Dollar kosten. Doch man wusste noch nicht, wer das alles bezahlen sollte.

John Barry sagte: die Öl- und Erdgasindustrie.

•

Seine Argumentation war ganz einfach: Die Industrie sollte ihren gerechten Anteil bezahlen. Achtzehn Milliarden – 36 Prozent der Kosten, der prozentuale Anteil der Schäden, für die die Industrie sich verantwortlich sah – waren ein guter Anfang. Er erwartete nicht, dass ExxonMobil, Shell und Koch Industries für die Küstenrestaurierung großzügig Milliarden von Dollar anbieten würden. Doch er glaubte, dass sie gesetzlich dazu verpflichtet waren.

Barrys Forderung stützte sich auf den Wortlaut der Lizenzen, die den Öl- und Erdgasunternehmen seit den 1920er-Jahren erteilt worden waren. Sie erhielten die Erlaubnis, das Marschland zu zerteilen, sofern sie den angerichteten Schaden wieder behoben. 1980 begann Louisiana auf ein Bundesgesetz zu beharren, das den Unternehmen auferlegte, alle ausgebaggerten Kanäle «so gut wie möglich in ihren ursprünglichen Zustand» zurückzuversetzen, und die Bestimmungen konkretisierten sich. (Als Barry diese Klausel vortrug, legte er eine starke Betonung auf das Wort «möglich».) Aber die meisten Unternehmen kümmerten sich nicht darum, ihre Kanäle wieder aufzufüllen, und der Staat setzte die Bestimmungen nicht durch. Das war nicht weiter überraschend: Bevor die Wissenschaft die Bedeutung der Feuchtgebiete für die Ökologie Südlouisianas – und das Schicksal von New Orleans – verstand, interessierte sich, abgesehen von ein paar armen Fischern, niemand für den Zustand des Marschlands. «Sümpfe wurden mit Ödland gleichgesetzt», sagte John Lopez. «Die beiden Begriffe waren nahezu austauschbar.» Viele der Projekte im Masterplan sahen die Zuschüttung von Kanälen vor, die die Unternehmen ihren Lizenzen zufolge schon vor Jahrzehnten hätten auffüllen müssen.

Barry glaubte, seine Forderung sei unwiderlegbar. «Wenn man sich Fotos von den Schäden ansieht, sagt man sich: Wie bitte? Seid ihr noch bei Verstand? Die haben gegen ihre Verträge verstoßen. Die haben das Gesetz gebrochen!»

Der Deichausschuss besaß nicht die Macht, die Bestimmungen durchzusetzen – trotz seiner großartigen Mission war er, wie der Vorsitzende Stephen Estopinal gern sagte, «eine Behörde ohne jegliche Vollmacht». Er konnte nur andere Institutionen beraten, zum Beispiel das Ingenieurkorps der Army – das im Allgemeinen wenig Hilfe von außen annahm (ein tragisches Leitmotiv in *Rising Tide*). Doch Barry fragte sich, ob der Deichausschuss die Unternehmen, die das Marschland verschandelt hatten, nicht verklagen konnte. Die Komplexität eines solchen Falls wäre abschreckend, überwältigend. Die Anwälte müssten ermitteln, wer wie viele Kanalmeter gegraben und welche Pipelines verlegt hatte und in welchem Maße das den Hochwasserschutz von New Orleans geschädigt hatte, und all das in Geldbeträge umrechnen.

Außer Barry hatte niemand Lust auf diesen Kampf. Wissenschaftszentren und Umweltverbände verloren das Interesse, sobald sie erkannten, wie viele Millionen Dollar für Gutachter und Küstenvermessungen ausgegeben werden müssten. Barry brauchte nicht nur das Fachwissen, sondern auch das Geld, um es mit Exxon, Shell, Chevron und circa neunzig anderen der weltweit reichsten Unternehmen gleichzeitig aufnehmen zu können.

Er stellte eine Liste von Anwälten zusammen, die in Louisiana erfolgreich gegen Umweltschäden geklagt hatten. Die Liste war nicht besonders lang. Der erste Name war Gladstone N. Jones III., ein Anwalt, der seine Zeit zwischen New Orleans und der Park Avenue in Manhattan aufteilte. 2006 hatte er den größten Prozess gegen die Ölindustrie in der Geschichte Louisianas gewonnen: 57 Millionen Dollar Schadenersatz von ExxonMobil wegen Verschmutzung und

Zerstörung des Marschlands. In Louisiana gegen Exxon zu gewinnen, war genauso bemerkenswert, wie Goliath im Tal von Elah zu besiegen, da konnte kein anderer Kandidat mithalten. Jones – ein Mann mittleren Alters mit tiefer, sanfter Stimme – dachte nicht lange nach, ob er den Fall übernehmen sollte. Er glaubte, es würde «eine ziemlich einfache Angelegenheit werden, weil der Schaden so klar auf der Hand liegt. Ich hatte noch nie einen Fall, bei dem die Industrie in ihren eigenen Papieren alles eingesteht. Die wissenschaftlichen Fakten sind unbestreitbar. Die Ursache ist unbestreitbar. Die Ölfirmen haben die Kanäle nicht aufgefüllt. Warum? Weil es Geld kostet.»

Jones' Gutachter kamen zu dem Schluss, dass sich 98 Unternehmen nicht an die Vorschriften gehalten hatten. Barry hoffte, dass der Deichausschuss von New Orleans als «Hitzeschild» fungieren könnte, um die Wut der Industrie abzulenken und weiteren Landkreisen die Gelegenheit zu bieten, ihre eigenen Klagen einzureichen. Dieser Schutz war nötig, denn es gab in der amerikanischen Geschichte keinen Präzedenzfall für einen Umweltprozess dieser Größenordnung. «Der Großraum New Orleans dürfte in den nächsten fünfzig Jahren von der Landkarte verschwinden, wenn nichts unternommen wird», sagte Jones damals. «Das ist kein Anwaltsoder Politikergeschwätz. Das ist die Realität.»

Am Morgen des 24. Juli 2013 kündigte Barry die Klage auf einer Pressekonferenz im orkansicheren Haus des Orleans Levee District an, einem Bau im Innern eines Lagerhauses, der sich in sieben Meter Höhe befindet und einer Windgeschwindigkeit von dreihundert Stundenkilometern standhalten kann. Barry ging die Zeremonie auf die Nerven. Er hatte viel Erfahrung mit Lesereisen und Interviews, aber diese Veranstaltung kam ihm eher wie das Wiegen vor einem Weltmeisterschaftskampf vor. Er verhaspelte sich sogleich und kündigte an, dass der Ausschuss Klage gegen «97 Öl- und Erdgasanwälte» eingereicht hatte, meinte aber «Öl- und Erdgasfirmen». Er fluchte laut ins Mikrofon und fing nochmal von vorn an.

«Von jetzt an», sagte einer seiner Anwälte später, «lasse ich meinen Wagen vorsichtshalber von meinen Praktikanten starten.»

Alle lachten, nur Gladstone Jones nicht. «Das wird eine schmutzige Angelegenheit», sagte er.

«Was sollen sie schon machen?», fragte Barry. «Mein nächstes Buch nicht kaufen?»

Barry dachte, dass eine Zeit lang Ruhe herrschen würde, während sich die Firmen absprachen. Doch schon nach wenigen Stunden gab Jindal, der in Aspen an einem Treffen der Vereinigung republikanischer Gouverneure teilnahm, eine Presseerklärung heraus. Die Klage, schrieb er, bedrohe «unsere Küste und Tausende hart arbeitender Louisianer, die Amerika durch ihre Arbeit in der Energieindustrie am Laufen halten».

Der Streit über den Prozess trat in eine neue Phase ein. Barry war nicht überrascht, dass Jindal die Klage ablehnte, doch es überraschte ihn, was als Nächstes passierte.

•

«Louisianer, die ihr Geld mit Öl verdienen, kaufen Politiker oder Anteile an Politikern, so wie Leute aus Kentucky in derselben glücklichen Lage Rennpferde kaufen. Das Ölgeschäft sickert in die Politik, und Politiker, die im Amt zu Geld kommen, gehen ins Ölgeschäft. Der Staat schlittert im Öl herum.» Diese Zeilen, 1960 von A. J. Liebling zu Beginn der Offshore-Bohrungen geschrieben, klingen heute ziemlich urig. Louisiana schlittert nicht mehr im Öl, es ertrinkt darin. Dank des Fracking-Booms hat Louisiana auch jede Menge Erdgas. Im letzten Jahrhundert hat die Industrie auf dem Staatsgebiet Rohstoffe im Wert von mehr als einer halben Billion Dollar gefördert. Mit einer halben Billion kann man viel kaufen, vor allem Dinge, die man nicht sehen kann. Huey Long nannte die Einflusssphäre der Industrie 1929 «das unsichtbare Reich», doch das war das letzte Mal, dass jemand das Amt des Gouverneurs erringen konnte, indem er die Erdöllobby bekämpfte. Schon bald überließ der Staat, dem das Öl und das Erdgas gehörten, die politische Kontrolle der Industrie, die das Öl und das Erdgas brauchte. Umweltaktivisten bezeichneten Louisiana als «Erdölkolonie», und das Ölimperium war vor Ort ein ganzes Jahrhundert lang als gütiger Patriarch begrüßt worden. In den Zeitungen erschienen regelmäßig Lobeshymnen, geschrieben von Industrielobbyisten und als redaktionelle Beiträge getarnt, wie der in einem hohen, geradezu liturgischen Ton verfasste Text «EURE STADT IST AUS ÖL UND GAS ERRICHTET» vom stellvertretenden Vorsitzenden der Öl- und Gasvereinigung Louisianas: «Als Bewohnern des Öl- und Gasstaats Louisiana obliegt uns die Verpflichtung, der Industrie, die so viel für unseren Staat tut, Respekt zu bekunden.»

Die Öl- und Erdgasindustrie beurteilte ihre eigene Großzügigkeit auf lächerlich übertriebene Weise. Man berücksichtigte auch «indirekte» Auswirkungen und behauptete, 300 000 Jobs geschaffen zu haben. Die reale Zahl lag eher bei 65 000, was durchaus bedeutsam war – zwar nur sieben Prozent der Arbeitsplätze in Louisiana, doch stellte man damit jede andere Industrie in den Schatten. «Wenn Sie wissen wollen, wie die Wirtschaft Louisianas ohne Öl aussehen würde», sagte Andy Horowitz, ein Historiker der Tulane University und Spezialist für Katastrophen, «dann schauen Sie sich Mississippi an.» Mississippi lag nur knapp hinter Louisiana.

In Louisiana gab es die zweitmeisten Krebserkrankungen, die zweithöchste Kindersterblichkeit, die dritthöchste Armutsquote. Bei der Lebenserwartung lag der Staat genau wie beim mittleren Einkommen auf dem 47. Platz. Was hatte die Industrie dann mit ihrem Reichtum gemacht? Dasselbe wie zu Lieblings Zeit: Sie hatte Politiker gekauft.

Bobby Jindal hatte von der Öl- und Erdgasindustrie mehr als eine Million Dollar an Wahlkampfspenden erhalten. Barry hatte erwartet, dass Jindal mit «böswilliger Vernachlässigung» reagieren würde – dass er die Klage missbilligen, aber widerwillig akzeptieren würde, dass er sie nicht vereiteln konnte. Zumal Jindal unter Druck stand, finanzielle Mittel für den Masterplan aufzubringen. Doch seine schnelle und heftige Reaktion war, wie ein politischer Berater aus New Orleans es ausdrückte, «für viele Leute im Staat ein Warnsignal».

Es gab Anzeichen, dass einige der Beschuldigten für einen Vergleich offen waren. Eine einmalige Spende für den Masterplan würde dem Image der Industrie zugutekommen und die Unsicherheit der Aktionäre bezüglich einer künftigen Haftung für Küstenlandverluste beseitigen. «Sie wollen diese ganze Sache vom Hals haben», sagte der Justizminister von Louisiana einem örtlichen Radiomoderator und prophezeite «große Veränderungen». Doch Jindal, der bereits herausposaunte, dass er 2016 die republikanische Präsidentschaftskandidatur anstrebte – worüber nirgends mehr gespottet wurde als in seinem Heimatstaat –, machte klar, dass er seine Amtszeit als Gouverneur dem Ziel widmen würde, der Ölindustrie die Schmach eines Prozesses zu ersparen. Die Rettung Südlouisianas schien nicht zu seiner geplanten Präsidentschaftskandidatur zu passen.

Jindals erster Schachzug bestand darin, Barry zu erledigen. Der Gouverneur erklärte, er werde niemanden in den Deichausschuss berufen, der die Klage unterstützte. Zufällig stand Barry gerade zur Wiederernennung an. Die Funktionsweise des Ausschusses diente explizit dazu, die Mitglieder gegen politische Einflussnahme zu schützen: Die Kandidaten des Gouverneurs mussten von einem unabhängigen Gremium bestätigt werden. Doch Jay Lapeyre, der Vorsitzende dieses Gremiums, war nicht unabhängig: Er war Vorstandsvorsitzender eines großen Öl- und Gas-Dienstleistungsunternehmens.

Lapeyre eröffnete das nächste Treffen mit den Worten, dass er, auch wenn Jindals Büro keinen Druck auf ihn ausgeübt habe, Barrys Ernennung noch einmal prüfen wolle, weil ihn die Klage «in die politische Welt» katapultiert habe. Das Gremium lehnte Barry ab. An seiner Stelle und für die anderen freien Plätze wählte Jindal Kandidaten aus, die der Klage kritisch gegenüberstanden und keine Sachkenntnis im Bereich Hochwasserschutz besaßen. Unter anderem den Anwalt einer Ölfirma. Nach der Bestätigung von Jindals Ernennungen war ein Drittel des Deichausschusses gegen die eigene Klage.

Barry hätte daraus die Schlussfolgerung ziehen können, dass es nach acht Jahren im öffentlichen Dienst an der Zeit sei, sich wieder dem Schreiben zu widmen. Stattdessen begann er schon wenige Tage nach seinem Rauswurf, Geld für Benzin und eine Teilzeitassistentin zu beschaffen, und brach zu einer Art Lesereise durch Louisiana auf, nur dass er nicht für ein Buch, sondern für seine Klage warb. Bei Rotary Clubs und Nachrichtenredaktionen, in Großstädten und kleinen Ortschaften erläuterte er die Gründe für die Klage und zeigte Vorher-nachher-Fotos des Marschlands. Er glaubte, auf diese Weise etwas bewirken zu können.

•

Als die Sitzungsperiode des Parlaments von Louisiana begann, kündigte Jindal eine neue Strategie an: die Verabschiedung eines Gesetzes, das die Klage verhindern sollte, bevor es zu einem Prozess kam. Das neue Gesetz würde rückwirkend gelten müssen, um dem Deichausschuss zu verbieten, dass er vor Gericht klagte.

Das «Parlament war ein Sumpf, ‹ängstlich und drittklassig›, mit unbedeutenden Männern, die nach Nichtigkeiten gierten», hatte Barry in *Rising Tide* geschrieben. Es ging an dieser Stelle um das Mississippi von 1910, doch es beschrieb auch treffend die Lage in Louisiana mehr als ein Jahrhundert später. Während der Sitzungsperiode strömten siebzig Öl- und Erdgas-Lobbyisten zum Staatskapitol, also kam etwa einer auf zwei Abgeordnete. «Wenn sich die Industrie bedroht fühlt», sagte Darrell Hunt, einer der wenigen Lobbyisten, die den Deichausschuss repräsentierten, «gleicht das Kapitol einer angegriffenen Militärbasis.»

Dennoch war Barry optimistisch. Die Abgeordneten brauchten sich nicht für seine Klage einzusetzen, sie mussten den Gerichten nur erlauben, den Fall zu verhandeln. Er hatte bereits eine Hetzkampagne überstanden: Man hatte ihn als «Umweltextremisten» («Die schlimmste Verunglimpfung, die man sich in Louisiana vorstellen kann») und «aufstrebenden Autor» bezeichnet. Fast alle Redaktionen im Staat verurteilten den Versuch, die Klage zu verhindern, auch die in den Industriehochburgen Lake Charles und Houma. Drei frühere Gouverneure unterstützten die Klage, genauso wie drei von vier Bewohnern Südlouisianas.

Der aggressive Versuch, Einfluss auf die Sache zu nehmen, weckte den Argwohn mancher Abgeordneter. «Wenn die Industrie nicht glaubt, dass der Deichausschuss befugt ist, eine Klage einzureichen, sollte sie vor Gericht gehen und einen Antrag stellen», sagte John Bel Edwards, ein demokratischer

Abgeordneter aus Roseland, der überlegte, nach Jindal als Gouverneur anzutreten. «Statt vor Gericht zu gehen, sind sie zum Parlament gestürmt. Das war das erste Anzeichen dafür, dass die Forderungen des Deichausschusses keineswegs unbegründet waren.» Daniel Martiny, ein republikanischer Senator aus dem Speckgürtel von New Orleans, drückte es eindeutiger aus: «Unterm Strich unterstützt die Ölindustrie viele Leute, auch mich selbst. Gelegentlich gehörte ich sogar zu ihren Helden. Und Leute, die in der Hierarchie der Ölindustrie weit oben stehen, haben zu mir gesagt: ‹Wir wissen ja, dass Sie recht haben, aber anders können wir das nicht aufhalten.›»

Die Gesetze, die die Klage verhindern sollten – insgesamt mehr als ein Dutzend –, scheiterten eins nach dem anderen. Eine Woche vor der Auflösung des Parlaments sagte einer der Lobbyisten des Deichausschusses zu Barry: «Wenn heute abgestimmt würde, würden wir gewinnen.»

In Louisiana hat der Gouverneur mehr Macht als in den meisten anderen Staaten des Landes. In den letzten Tagen der Sitzungsperiode musste Barry hilflos mit ansehen, wie die Abgeordneten auf rätselhafte Weise ihre Meinung änderten. «Man spürte, wie der Druck zunahm», sagte er. «Man sah, wie sie herausgelöst wurden, einer nach dem anderen.» Er hörte, dass man dem Abgeordneten Gene Reynolds, einem Demokraten aus Minden, gesagt hatte, in seinem Wahlbezirk würden die Geldmittel für das neue Dach einer Kriegsveteranenhalle gestrichen, falls er ein Gesetz gegen die Klage nicht unterstütze. (Reynolds leugnete das und sagte, seine Entscheidung «gründete sich auf Informationen aus dem Wahlbezirk, der von Öl und Gas und den damit verbundenen Leistungen äußerst abhängig ist».) Der Senator David Heitmeier, ein Demokrat aus Algiers, von Beruf Optiker, hatte die Klage unterstützt, nur um sich im letzten

Augenblick umzuentscheiden. Eine Woche später unterzeichnete Jindal ein Gesetz, das Optikern erlaubte, kleinere Augenoperationen durchzuführen – eines von Heitmeiers größten Anliegen. (Nach seinem Ausscheiden aus dem Amt kehrte Heitmeier 2015 in sein Optikergeschäft zurück und warb mit Augenoperationen.)

Viele Abgeordnete mussten nicht überredet werden. Robert Adley, ein Republikaner aus Benton und einer der führenden Strippenzieher im Senat, fand «die Behauptung, dass die Öl- und Gasindustrie die Küste geschädigt hat, völlig absurd. Sie haben alles getan, was man von ihnen verlangte.» Das war eine Behauptung, die sich die meisten Vertreter der Industrie nicht zu äußern erdreistet hatten. Andererseits gehörte auch Adley zu den Vertretern der Industrie, in den vergangenen dreißig Jahren war er Eigentümer der Pelican Gas Management Company und davor zwanzig Jahre lang Vorsitzender von ABCO Petroleum gewesen.

Parlamentarier ist ein Teilzeitjob und für viele Abgeordnete Louisianas eine Nebenbeschäftigung. Gordon Dove, ein republikanischer Abgeordneter aus Houma und Vorsitzender des Ausschusses für Rohstoffe und Umwelt, war Eigentümer des Unternehmens Vacco Marine, das Saugfahrzeuge für die Reinigung von Öltanks bereitstellte (wenn es nicht gerade Klagen von Umweltregulatoren anfocht). Der Abgeordnete Neil Abramson, ein Demokrat aus New Orleans, arbeitete als Anwalt und verteidigte Öl- und Erdgasfirmen in Umweltprozessen. Der Abgeordnete Jerome «Dee» Richard, ein Parteiloser aus Thibodaux, leitete den Vertrieb bei einem Lieferanten der Firma Chevron. James Morris, Abgeordneter der Republikaner, war ein unabhängiger Erdölförderer aus Oil City.

Viele dieser Abgeordneten hatten jedoch jahrelang mit angesehen, wie ihre Wahlbezirke im Golf von Mexiko versanken. Wer die Klage unterstützte, hatte emotionale Gründe dafür. «Ich jage und angele seit mehr als fünfzig Jahren im Marschland», sagte der Senator Conrad Appel, ein weiterer Republikaner aus dem Speckgürtel von New Orleans. «Ich habe mit eigenen Augen gesehen, wie sich der äußere Rand des Marschlands Jahr für Jahr weiter zurückzog. Große Flächen, die vor zwölf Monaten noch da waren, sind inzwischen verschwunden. Und es geht immer schneller. Wenn es erst einmal angefangen hat, lässt es sich nicht mehr aufhalten.»

Zu Dee Richards Wahlbezirk gehörte auch Lafourche Parish, das einen der größten Landverluste im ganzen Staat erlitten hatte, zu großen Teilen bedingt durch die Öl- und Gaskanäle. Richard missfiel der Gedanke, dass ein Gesetz eine bereits eingereichte Klage verhindern sollte, und so versprach er Barry seine Unterstützung. Doch alle anderen in seiner Delegation waren gegen die Klage, deshalb knickte er schließlich ein. «Ich wollte nicht der Einzige sein, der dagegen stimmt», gestand er.

Als feststand, dass das Gesetz durchgehen würde, kam es zu einigen seltsamen oder gar nicht vorgenommenen Stimmabgaben. Abramson, der Öl- und Gasanwalt aus New Orleans, lehnte es ab, sich an der Abstimmung zu beteiligen. Der Senator J. P. Morrell, auch er ein demokratischer Anwalt aus New Orleans, stimmte für das Gesetz und behauptete später, er sei nicht da gewesen oder seine Abstimmungsmaschine habe nicht funktioniert. Der Senator Gregory Tarver, ein Demokrat aus Shreveport, behauptete, versehentlich für das Gesetz gestimmt zu haben. Von denen, die gegen das Gesetz stimmten, behauptete niemand, es sei aus Versehen passiert. «Das Ganze war katastrophale Politik», sagte der Abgeordnete John Bel Edwards, «und das lag daran, dass die Öl- und Gasindustrie und ihre bezahlten Lobbyisten so viel Druck ausgeübt haben und der Gouverneur unbedingt bei den Koch-Brüdern und den Republikanern im ganzen Land punkten wollte.»

Barry nahm die Niederlage mit seiner üblichen Mischung aus angriffslustiger Wut und trotzigem Optimismus hin. Ihm blieb nichts anderes übrig, als über die Klage zu schreiben, was er aber nicht wollte – vor allem, weil ihn seine Gegner beschuldigten, er habe bei seinem Beitritt zum Deichausschuss Hintergedanken gehabt. Er hatte sich über seine Erfahrungen absichtlich keine Notizen gemacht, um der Versuchung zu widerstehen. Doch dann überlegte er es sich anders. Das Buch würde eine Art Fortsetzung von *Rising Tide* werden, über «das Zusammenspiel von Fluss, Meer, Politik und Öl im Lauf des letzten Jahrhunderts». Sein Höhepunkt wäre der Kampf darum, dass die Industrie ihren Anteil am Masterplan bezahlte. Und am Ende würde eine Figur namens John Barry auf der Bildfläche erscheinen. Aber John Barry, darauf beharrte John Barry, würde bloß eine Nebenfigur sein.

Doch genau wie das Verschwinden der Küste war auch diese Geschichte noch nicht zu Ende. «Der Gedanke, dass die Industrie ihrer gesetzlichen Verpflichtung nachkommen muss, wird nicht sterben», hatte Barry gesagt, und er sollte recht behalten. Nach einer Reihe von negativen Entscheiden zur gerichtlichen Zuständigkeit scheiterte die Klage des Deichausschusses. Aber als Jindal aus dem Amt schied, wurde John Bel Edwards, der undurchsichtige demokratische Abgeordnete aus Roseland, zu seinem Nachfolger gewählt. Die Besonderheiten des allgemeinen Wahlgesetzes von Louisiana und eine interne Fehde in der republikanischen Partei hatten ihm zum Sieg verholfen. Als Gouverneur forderte Edwards die zehn Küstenbezirke des Staates auf, die Öl- und Gasindustrie zu verklagen. Wenn sie sich weigerten, würde der Staat es tun. Diese zehn Bezirke und zwei weiter landeinwärts gelegene reichten 42 Klagen ein. Gladstone Jones repräsentierte Orleans Parish. 2019 erklärte sich der erste von 99 Beklagten, eine Bergbaufirma namens Freeport-McMoRan, bereit, eine Entschädigung von hundert Millionen Dollar zu zahlen. Die für einen weitaus größeren Anteil der Schäden verantwortlichen Konzerne – Chevron, ExxonMobil, Shell, ConocoPhillips und BP, die im Rahmen eines Vergleichs wegen der «Deepwater-Horizon»-Ölpest inzwischen vier Milliarden Dollar zum Masterplan beigesteuert hatten – waren nicht bereit nachzugeben. Als das Parlament im Sommer 2020 aus einer durch COVID-19 erzwungenen Pause zurückkehrte, wurde die Verhinderung der Prozesse zum vorrangigen Ziel erklärt. Der Verfasser des Gesetzes, das im Senat verabschiedet wurde, war Michael «Big Mike» Fesi senior, ein Republikaner aus Houma. Vor seiner Kandidatur – sein Wahlkampfslogan lautete: «Big Mike kümmert sich» – hatte Fesi dreißig Jahre lang in der Öl- und Gasindustrie gearbeitet, als Gründer und Vorsitzender einer Pipelinebaufirma.

Die Sitzungsperiode endete, bevor das Gesetz verabschiedet werden konnte, doch Fesi schwor, dass sie es immer wieder versuchen würden.

«Ich bin hier, um unsere Küste zu retten», sagte Big Mike.

Barataria

Weil sich die Bewohner der Claiborne Avenue in New Orleans vor einigen Jahren über verstopfte Rohre beschwert hatten, öffneten städtische Arbeiter die Hauptabwasserleitung und fanden dort eine menschliche Nase. Als sie der Leitung die Straße entlang folgten, Gullys öffneten und ins Innere blickten, entdeckten sie Ohren, Finger, Fingernägel, verschrumpelte Hautfetzen, Eingeweide. Woher stammte das alles? Hatte sich ein Serienmörder in der Claiborne Avenue niedergelassen?

Um das Rätsel zu lösen, wandte sich der Trink- und Abwasserverband an Warren Lawrence, einen ehemaligen Klempner, der als Kontrolleur des Versorgungsbetriebs fungierte. Lawrence führte seine Arbeit mit dem Scharfsinn eines Gerichtsmediziners aus. Es genügte ihm nicht, ein Abflussproblem zu beseitigen, er legte Wert darauf, jede Störung bis zu ihrer Ursache zu verfolgen und den Täter haftbar zu machen. Als Lawrence einmal auf eine korrodierte Leitung stieß, verfolgte er den Schaden bis zu einer Batteriefabrik in der Nähe des Superdome, die über die Leitung illegal Säure entsorgt hatte. Nachdem er in einer Abwasserleitung einen schwarz-weißen Overall entdeckt hatte, fand er heraus, dass die Insassen des Orleans Parish Prison ihre Kleidung in die Toiletten gestopft hatten, um das Rohrleitungssystem des Gefängnisses zu blockieren. Zur Steigerung der Erfolgsaussichten spülten alle Häftlinge gleichzeitig. Sie nannten das «Royal Flush».

Lawrence folgte der Spur der Leichenteile zum Charity Hospital. Die Abwasserleitung des Krankenhauses war mit Fleisch verstopft. Lawrence fragte die Verwaltung, warum sie Leichen über die Kanalisation entsorgten. Dort erklärte man ihm, man habe Leichen, auf die niemand Anspruch erhob, bis vor Kurzem verbrannt. Doch der Gestank sei unerträglich gewesen, deshalb habe man für eine Million Dollar eine fünfzehn PS starke Schneidwerkspumpe installiert. Die Maschine zermahle die Körper zu Brei, jedoch schlüpften kleine Leichenteile durch die Klingen. Lawrence ordnete an, dass man das Schneidwerk entfernen sollte. Weil das Rathaus hinter ihm stand, blieb dem Krankenhaus nichts anderes übrig, als sich zu fügen.

Drei Jahrzehnte später fühlte sich Lawrence an all die abgetrennten Nasen, Ohren und Finger erinnert, als er bemerkte, dass das Haus, das er sich eine halbe Stunde südlich von New Orleans für seinen Ruhestand gebaut hatte, regelmäßig mit feinem schwarzen Staub bedeckt war. In Anbetracht der riesigen Ausmaße des Hauses – drei Etagen, drei Veranden, ein Swimmingpool und im ersten Stock eine Terrasse von der Größe eines Hubschrauberlandeplatzes – war das mehr als nur eine kleine Unannehmlichkeit. Alle Flächen – der Zaun, das Dach, ja sogar der Boden des Schwimmbeckens – waren weiß. In der Einfahrt stand sein weißer Toyota. Am Ende seines Stegs lag ein acht Meter langes Partyboot, ebenfalls weiß, mit weißen Lederbänken.

Lawrence war 74 Jahre alt. Das Haus, das Auto und das Boot stellten die Summe seines Arbeitslebens dar. Obwohl Lawrence zu guter Letzt beim Trink- und Abwasserverband in eine Führungsposition aufgestiegen war, hatten er und seine Frau Gayle 43 Jahre lang in einer engen Dreizimmerwohnung gelebt. Lawrence sagte: «Wenn Leute vorbeikamen, fragten sie immer: ‹Hier wohnst du?›» Doch er sparte für seinen Ruhestand.

Nachdem Lawrence monatelang Grundstücke am Golf besichtigt hatte, rief einer seiner Söhne an und gab ihm einen Hinweis. Im Plaquemines Parish, der den meisten New Orleansern vorkommt wie ein unabhängiger Inselstaat, obwohl er nur fünfzehn Kilometer südlich von New Orleans liegt, wurde eine Luxussiedlung gebaut. Eine Firma hatte rings um Hunderte Hektar Marschland Deiche errichtet und in einem Zeitraum von zehn Jahren das Land trockengelegt. Sie nannten das neue Städtchen Myrtle Grove. Die Hausbesitzer hätten reiche Fischgründe, Orte für Wassersport und die schöne Natur direkt vor der Tür, all das, was Plaquemines den Spitznamen Sportsman's Paradise gab.

Lawrence fuhr jeden Tag hin, um den Bauarbeitern beim Asphaltieren der Straßen zuzusehen. An dem Morgen, an dem die Grundstücke verkauft wurden, stand er fast ganz vorn in der Schlange. Er kaufte eines der größten, am Schnittpunkt zweier Kanäle.

Lawrence bat seine Frau, das Haus zu entwerfen. Sie zeichnete eine 370 Quadratmeter große Bastion mit ausladenden Balkonen, die auf den angrenzenden Sumpf hinausgingen. «Ich habe es so groß gezeichnet», sagte Gayle, «weil ich nicht glaubte, dass er es bauen würde.» Doch er baute es tatsächlich.

«Wenn Mama glücklich ist», sagte Lawrence, «dann sind alle glücklich.»

Gayle wollte ein weißes Haus. Also strich Lawrence es weiß.

Über Nacht wurde es schwarz. Die Lawrences brauchten anderthalb Tage, um alles mit feuchten Lappen abzuwischen. Das Haus blieb einen Tag oder eine Woche lang weiß, doch der Staub kam unweigerlich zurück. Lawrence begann, ein Wettertagebuch zu führen. Er stellte fest, dass sich sein Haus bei Ostwind schwarz verfärbte. Er stieg auf die Dachterrasse und blickte nach Osten. Dort zeichnete sich einen Kilometer entfernt eine Kette schwarzer Hügel ab. Sie zogen sich durch ein sechzig Hektar großes Kohlenlager am Westufer des Mississippi. Die schwarzen Hügel bestanden aus Kohle und Petrolkoks, einem besonders grässlichen Abfallprodukt der Ölraffinerie.

Lawrence fuhr zu dem Lager. Der Betriebsleiter war nicht so empfänglich für seine Beschwerde wie damals der Verwaltungschef des Charity Hospitals. Er sagte, es gebe am anderen Flussufer noch einen Kohleumschlagplatz. Wie Lawrence wissen könne, woher der Staub stamme? Lawrence antwortete, wenn er an windigen Tagen auf seiner Terrasse stehe, könne er die schwarzen Staubschleier sehen, die wie Sturmwolken vom Lager zu seinem Haus herüberwehten. Der Betriebsleiter verlangte Beweise.

Lawrence schrieb Briefe an Lokalpolitiker, an Louisianas Umweltbehörde und an die EPA. Die Staatsbeamten meinten, da er beim Kauf des Grundstücks von dem Kohlenlager gewusst habe, hätte er keine Klagebefugnis. Lawrence erwiderte, er habe nicht gewusst, dass der Ruß regelmäßig sein Haus verschmutzen würde. Die Beamten nahmen an seinem weißen Zaun Proben, führten Tests durch und versicherten ihm, dass der Kohlenstaub nicht gesundheitsschädlich sei. «Das kann ich nicht glauben», entgegnete Lawrence. «Wenn ich ihn mit bloßem Auge sehe, wie kann er dann für meine Lunge unschädlich sein?» Er musste an seinen Vater denken, der Rohrleger gewesen war und Säcke voll Asbest nach Hause mitgebracht hatte, als wären es Mehlsäcke. Lawrence und seine Geschwister vermischten den Asbest mit Zement, um Estrich für ihr Haus herzustellen. Sein Vater war mit 71 an Asbestose gestorben. Und die Väter seiner Freunde, die in derselben Firma gearbeitet hatten, waren Lawrence' Vater im Verlauf von zwei Jahren gefolgt.

Warren Lawrence begann eine zweite Karriere. Er besuchte jede Ratssitzung in Plaquemines Parish, organisierte Treffen in Kirchen oder Wohnzimmern und recherchierte die Grundeigentümer, Anwälte, Geschäftsleute und Politiker, die den Bezirk kontrollierten. Mit anderen Worten, er inspizierte die Kanalisation des Bezirks. Er grub die Leichen aus. Und er stellte fest, dass der giftige Kohlestaub, der über sein Grundstück wehte, nur der Anfang seiner Probleme war.

•

Louisianas «Umfassender Masterplan für eine zukunftsfähige Küste» war im Grunde ein Akt des Widerstands gegen das Prinzip, das das Leben im Mississippi-Delta jahrhundertelang bestimmt hatte. Seit die europäischen Siedler anfingen, Städte und Farmen am Ufer zu errichten, hatten sie versucht, den Fluss zu regulieren und seine Überschwemmungen zu begrenzen. Damit waren sie weitgehend erfolgreich gewesen, bis das Hochwasser von 1927 die Verabschiedung eines Gesetzes erzwang, John Barry zufolge «das umfassendste und teuerste Gesetz, das der Kongress je in Erwägung gezogen hatte». Es gab dem Ingenieurkorps der Army die Kontrolle über das System von Dämmen, Deichen und Schleusentoren, das den Mississippi im Zaum hielt und verhinderte, dass er wie eine gigantische Welle über Südlouisiana schwappte. Seit damals hatte das Korps sich ständig bemüht, eine der größten technischen Meisterleistungen zu vollbringen: die Schaffung eines gefügigen, berechenbaren Flusses. Hätte es das Korps nicht gegeben, wäre Südlouisiana für die moderne Zivilisation ungeeignet. Doch es war ebendiese Unbezähmbarkeit des Flusses, die Südlouisiana aufgebaut und erhalten hatte. Der Mississippi ist der Hauptabwasserkanal des Landes, das Auffangbecken für den Red River, den Missouri, den Kaskaskia, den Des Moines, den White River, den Rock River und Hunderte von anderen Nebenflüssen, die Boden-, Stein- und Sandpartikel aus so fernen Gegenden wie dem Potter County in Pennsylvania, dem Blackfeet-Reservat im Nordwesten Montanas oder den Smoky Hills in Nordkansas mit sich führen – mehr als fünfhundert Millionen Tonnen Sedimente pro Jahr. Seit Jahrtausenden strömte schlammiges Wasser durch jede Bresche im Flussufer und lagerte Alluvium ab, das sich zu Land verfestigte. Wenn ein Riss vom Schlamm verstopft wurde, schlug der Fluss woanders eine Bresche. Seit der Mississippi eingehegt worden war, strömten die Sedimente größtenteils in den Golf von Mexiko und verschwanden vom Festlandsockel, statt die Feuchtgebiete aufzufüllen.

Die größten Landgewinnungsprojekte des Masterplans beabsichtigten, diesen Prozess umzukehren. Sie waren für Plaquemines Parish konzipiert, das im letzten Jahrhundert auf die Hälfte seiner ursprünglichen Größe geschrumpft war und dessen schwindende Bevölkerung sich in den höheren Lagen an beiden Ufern des Flusses drängte. Sollte nichts unternommen werden, würde Plaquemines in den nächsten fünfzig Jahren mehr als die Hälfte seines verbliebenen Landes und eines der weltweit fruchtbarsten Ökosysteme verlieren.

Der Masterplan sah vor, den Deich in Lower Plaquemines an zwei Stellen aufzubrechen und so starke neue Nebenarme des Mississippi zu schaffen. Wenn diese Seitenarme vollliefen, würden sie selbst zu den größten Flüssen des Landes gehören und mehr als doppelt so viel Wasser führen wie der Colorado. Im Lauf der Zeit, so die Hoffnung, würden die riesigen Sedimentmengen, die diese von Menschenhand geschaffenen Flüsse mit sich führten, die Löcher im mottenzerfressenen Stoff des Marschlands flicken.

Man musste kein Wissenschaftler sein, um auf einer Karte von Südlouisiana den Ort zu erkennen, an dem ein Nebenarm dringend benötigt wurde. Es handelte sich um eine Stelle fünfzig Flusskilometer südlich von New Orleans, wo sich der Fluss in östlicher Richtung um ein Stück Marschland schlängelte, das aussah wie ein Stück durchweichtes Toilettenpapier in einer Kloschüssel. Unterhalb dieses Feuchtgebiets liegt die Barataria Bay, benannt nach einem Dorf in *Don Quijote*, regiert von Sancho Panza, dem man eingeredet hat, es wäre eine Insel. Jenes Barataria war aber keine Insel, und dieses Barataria wird bald keine Bucht mehr sein, wenn man es sich selbst überlässt, der Golf von Mexiko wird es verschlingen.

Der Name des Ortes, der für die Mid-Barataria Sediment Diversion vorgesehen war, lautete St. Rosalie Bend. Ein Nebenarm in dieser Flussbiegung, wo die Sedimentschicht besonders hoch war, könnte in fünfzig Jahren mehr als hundert Quadratkilometer Land wiederherstellen – solange ihm nichts in die Quere kam.

•

Der von Menschenhand geschaffene riesige Fluss, der durch die Mid-Barataria Sediment Diversion entstehen sollte, würde durch ein Terrain strömen, das einmal der Standort der St.-Rosalie-Zuckerplantage gewesen war. St. Rosalie wurde 1828 von einem freien Schwarzen namens Andrew Durnford angelegt, einem strengen Sklavenhalter, dem es trotz der Zwangsarbeit von 75 Männern und Frauen nicht gelang, Gewinne zu erwirtschaften. Bei seinem Tod war er bei dem weißen Sklavenbesitzer verschuldet, der ihm das Geld für den Kauf des Landes geliehen hatte, und seine Erben mussten das Terrain nach dem Sezessionskrieg mit Verlust verkaufen. Zwischen der St.-Rosalie-Plantage und Myrtle Grove – früher die Myrtle-Grove-Plantage – liegt der kleine Ort Ironton, auf dem Gelände, das früher zur Ironton-Plantage gehörte. Nach ihrer Befreiung erwarben die Sklaven von Ironton das Land, und ihre Nachfahren leben noch heute dort, fünf Generationen später. Doch jede Generation musste darum kämpfen, bleiben zu können.

Ironton war allseits bekannt für die Missstände, die es unter Leander Perez erdulden musste, einem Antisemiten und fanatischen Anhänger der Rassentrennung, der von 1919 bis zu seinem Tod 1969 diktatorisch über den Bezirk Plaquemines herrschte. Perez waltete über einen der mächtigsten politischen Apparate in der Geschichte der Südstaaten und schöpfte währenddessen achtzig Millionen an Förderzinsen für sein persönliches Bankkonto ab. Von seiner Kirche als «führender Rassist des Südens» gefeiert, verzichtete er darauf, Deiche für die überwiegend Schwarzen Gebiete seines Bezirks zu genehmigen, verfasste Gesetze, die Schwarze am Wählen hinderten, baute ein Straflager für Freedom Riders und blockierte die Aufhebung der Rassentrennung in den Schulen von Plaquemines, wobei er einmal sogar persönlich den Katechismusunterricht in einer örtlichen Kirche unterbrach, um einen Schwarzen Schüler mit vorgehaltener Pistole hinauszuwerfen. Schwarze Bewohner von Plaquemines konnten sich noch erinnern, dass ihre Großeltern sich geweigert hatten, Perez' Namen zu Hause lauter als im Flüsterton auszusprechen. Nach seinem Tod ging die Macht an seine Söhne über, die seinen Hang zu einfallsreicher rassistischer Grausamkeit geerbt hatten. Noch 1980 gab es in Plaquemines getrennte Krankenhauswartezimmer, getrennte Parks und getrennte Evakuierungspläne im Fall eines Hurrikans: Die Weißen fanden in einer örtlichen Schule Zuflucht, während die Schwarzen sich zu einem 25 Kilometer entfernten Navy-Stützpunkt begeben mussten. Schwarze wurden von Stellen im öffentlichen Dienst ausgeschlossen, und der Bezirksrat weigerte sich, staatliche Fördermittel zur Armutsbekämpfung zu beantragen. Doch in Ironton war es am allerschlimmsten. Weil der Rat sich weigerte, fließendes Wasser oder ein Kanalisationssystem bereitzustellen, waren die Einwohner gezwungen, Wasser in Zisternen zu sammeln wie die Siedler von New Orleans vor zweihundert Jahren. Erst 1981, nachdem Walter Isaacson im *Time Magazine* und Dan Rathers in *60 Minutes* darüber berichtet hatten – und nach einem aufreibenden Machtkampf zwischen Perez' Söhnen –, bewilligte der Bezirk den Bewohnern von Ironton Wasser.

Die Beziehung zwischen der Schwarzen Bevölkerung des Distrikts und der weißen Führungsriege hat sich seither nicht sonderlich verbessert. Burghart Turner, der Ratsvertreter des Orts, bezichtigte den Bezirk, Irontons Anträge zu verschleppen und grundlegende Wartungsarbeiten und Reparaturen nicht auszuführen. Obwohl die Energiebetriebe sich rühmten, örtliche Arbeitskräfte einzustellen, meinten sie damit meist einen Umkreis von achthundert Kilometern, und das hieß, dass etliche dieser Mitarbeiter in Memphis oder Tallahassee lebten. Turner stellte die Motive für die Umlenkung des Flusses infrage, die eine Barriere zwischen den reicheren, vorwiegend weißen Gebieten im Norden von Plaquemines und seinem Bezirk errichten würde, in dem ein Großteil der Schwarzen Bevölkerung wohnte. «Sie wollen den Bezirk in zwei Hälften teilen», sagte Turner. «Wenn Sie das tun, geht die gesamte Landmasse noch leichter verloren.» Die Familie Perez und ihre Wähler wollten Plaquemines schon seit Generationen in zwei Hälften teilen. Doch jetzt würde die Teilung auf der Karte sichtbar werden.

Auch das Traumhaus von Warren Lawrence stand auf der Südseite des geplanten Nebenarms. Ironton und Myrtle Grove hatten etwa die gleiche Einwohnerzahl, aber eine umgekehrte Bevölkerungsstruktur: In Ironton lebten nur arme Schwarze, Myrtle Grove war gänzlich weiß und bestand größtenteils aus Ferienhäusern. Vor der Ankündigung der Mid-Barataria Sediment Diversion, so Audrey Trufant-Salvant, Turners Verwaltungsassistentin, «sprachen die Leute aus Myrtle Grove nie mit jemandem aus Ironton». Das änderte sich, als Lawrence Fragen über den geplanten Nebenarm zu stellen begann. Was er herausfand, überraschte ihn. Die Mid-Barataria Diversion, das Kronjuwel von Louisianas

Masterplan, war gefährdet – durch den Staat Louisiana. Der Staat hatte einer Kohlenfirma namens RAM Terminals, einer Tochtergesellschaft von Armstrong Coal aus Kentucky, die Genehmigung erteilt, genau an der Stelle, wo der Fluss umgeleitet werden sollte, ein großes Lager zu bauen.

«Ich habe Bedenken wegen der Umlenkung», sagte Lawrence. «Aber das Kohlelager würde uns endgültig zugrunde richten.»

•

Als sich Lawrence mit Bewohnern von Ironton traf, stellte er überrascht fest, dass auch sie unter dem Kohlenstaub litten. Der Staub lag dort ständig in der Luft und verursachte eine Reihe chronischer Erkrankungen. Doch noch schlimmer war der Getreidestaub. Aus einem nahe gelegenen Silo drangen Partikel, die bei Westwind jedes Mal wie gelber Schnee auf die Ortschaft fielen. Der Ostwind brachte Kohle, der Westwind Getreide – die Einwohner erkannten an der Farbe ihrer Veranda, aus welcher Richtung der Wind kam.

«Jedes in Ironton geborene Kind hat Atemprobleme», sagte Trufant-Salvant, deren Ururgroßvater, ein Mitglied der Familie, der die Ironton-Plantage gehört hatte, auf dem örtlichen Friedhof begraben liegt. Sie hatte ihr Haus spärlich und akkurat eingerichtet, denn sie musste viermal wöchentlich sauber machen. An manchen Tagen wirbelte der Staub auf ihrer Veranda herum wie ein Mückenschwarm. «Wir sind hier auf dem Land. Wir sind es gewohnt, die Türen und Fenster offen zu lassen. Doch inzwischen machen wir alles zu.»

Trufant-Salvant trug Perlenohrringe und einen dunkelblauen Blazer und zeigte die Haltung einer Staatsfrau. Ihr gelassener Ton stand in schrillem Widerspruch zu den

Missständen, von denen sie erzählte. Den Begriff «Industrie-korridor» hatte sie ein Jahr vorher erstmals gehört, doch in Artikeln über Ironton wurde er jetzt fast immer verwendet. Billy Nungesser, Bezirksrat in Plaquemines Parish, machte ausgiebig Gebrauch von diesem Wort und benutzte es auch rückwirkend, als wäre es seit Langem eine offizielle Bezeichnung für diesen Abschnitt des Westufers. «Alle, die hier wohnen», sagte er, «wussten, dass diese Gegend am Fluss irgendwann ein Industriekorridor sein würde.» Trufant-Salvant hatte nichts dergleichen geahnt.

In Nungessers Amtszeit wurden viele der Zitrusplantagen, die den unteren Mississippi säumten, an die Schwerindustrie verkauft – nicht nur für die drei Kohlelager, das Getreidesilo und das Öllager, sondern auch für die Conoco-Phillips-Alliance-Raffinerie und den Plaquemines-Hafenkomplex, der Öl- und Kohletanker versorgte. All diese Anlagen befanden sich in einem zehn Kilometer langen Streifen, der auch Myrtle Grove und Ironton umfasste. Trufant-Salvant konnte sich noch erinnern, wie Kinder aus Ironton im Mississippi schwammen und angelten. Doch inzwischen begab sich niemand mehr in die Nähe des Stroms. Der zweitschmutzigste Fluss der Vereinigten Staaten (nach dem Ohio, seinem größten Nebenfluss) war nirgends so schmutzig wie in Ironton.

RAM hatte nichts dagegen, dass der neue Nebenarm durch das Firmengelände führen und an den 25 Meter hohen Kohlehaufen entlangströmen sollte. Eine unabhängige Studie schätzte, dass das Lager die ins Marschland geschwemmte Sedimentmenge im Lauf von zehn Jahren um eine halbe Million Tonnen verringern würde, während die Abfallprodukte – Gifte wie Arsen, polyzyklische aromatische Kohlenwasserstoffe und Sulfide – in die Feuchtgebiete gepumpt und damit genau die Pflanzenwelt vergiften würden, die durch die Umlenkung des Flusses gerettet werden sollte.

Obwohl Jerome Zeringue, der Leiter der Küstenbehörde von Louisiana, «große Bedenken» äußerte, entschied der Staat, dass eine Verringerung der Sedimentmenge um eine halbe Million Tonnen mit den Zielen des Masterplans nicht «unvereinbar» sei, und erteilte RAM die Betriebsgenehmigung. «Ich verstehe, dass das nicht die richtige Botschaft vermittelt», sagte Zeringue. «Wir hätten die Kohle lieber nicht dort. Die Frage ist, ob wir es verhindern können.» Zeringue, der Vertreter Louisianas, glaubte, dass der Staat es nicht könne. «Es wäre großartig, wenn wir zum Zweck der Küstenrestaurierung den ganzen Fluss absperren könnten. Aber das geht offensichtlich nicht.»

Das Wort «offensichtlich» bekamen die Bewohner von Ironton schon seit fünf Generationen zu hören. «Jemand, der dem RAM-Lager eine Betriebsgenehmigung erteilt, obwohl er weiß, dass sich die Kohle negativ auf das Flussprojekt auswirkt, ist nicht an der Restaurierung der Küste interessiert», sagte Burghart Turner. «Wenn wir es ernst meinen, warum lassen wir dann zu, dass noch mehr Kohle das Marschland verseucht? Mit Krebs spielt man nicht. Man bekämpft ihn. Wie heißt es so schön: ‹Deine Taten sprechen so laut, dass ich nicht hören kann, was du sagst.› Diesen Bären können sie einem anderen aufbinden. Ich setze die Narrenkappe ab und lasse mich nicht mehr wie einen Idioten behandeln.»

•

Alle Straßen in Plaquemines Parish führten zu Billy Nungesser – die meisten davon hatte er selbst erneuern lassen; seine Wähler redeten ihn mit «Präsident Nungesser» an. Leander Perez war als «King» bekannt gewesen. Wer nicht aus Louisiana stammt, kann sich Nungesser als eine Art Chris Christie des Sumpflands vorstellen. Wie der ehemalige Gouverneur von New Jersey war er unbekümmert, kräftig gebaut und erfrischend frei von Selbstzensur, einer Kunst, die Politiker normalerweise schon bei ihrem ersten Pfannkuchenfrühstück beherrschten. Zwei Jahre bevor Christie wegen seiner empörten Reaktion auf den Hurrikan Sandy die Herzen der Amerikaner gewann, trat Nungesser infolge der BP-Ölpest als unnachgiebiger, schmerzerfüllter Wortführer Louisianas auf und verkörperte – zumindest in den Kabelnachrichtensendern – das Gegenteil von Bobby Jindals Pose eines verzogenen Schuljungen. Sonnenverbrannt und verschwitzt von der Bootsfahrt durch schlammige Feuchtgebiete, in gebauschtem blauen Oxford-Hemd (die Krawatte längst abgelegt), zog Nungesser weiße Krabbenstiefel an, seine «Cajun Reeboks», und sagte, man sollte die Bürokraten in Washington für ihre Inkompetenz aufhängen. Nachdem der Vorstandschef von BP sich in Plaquemines gezeigt und abgestritten hatte, dass im Golf große Öllachen trieben, sagte Nungesser zu ihm, er könne «sich glücklich schätzen, dass er hier wieder lebend rausgekommen war». Er schien die BP-Katastrophe persönlich zu nehmen. Als Präsident Obama die Küste besichtigte, fuhr Nungesser nach Grand Isle, um ihn zur Rede zu stellen: «Auf allen Ebenen fehlt es an Führungskraft. Wer zum Teufel hat denn das Sagen?» Wer in Plaquemines das Sagen hatte, war jedenfalls klar.

Die vier Milliarden Dollar aus dem gerichtlichen Vergleich mit BP waren eine willkommene Anzahlung für den Masterplan, und sie reichten aus, um die Arbeit an der Mid-Barataria Sediment Diversion und der zweiten großen Umlenkung des Flusses, der Mid-Breton Sediment Diversion, zu beginnen. Nungesser konnte es sich als Verdienst anrechnen, dass er geholfen hatte, den Masterplan umzusetzen – was er auch des Öfteren tat. Später behauptete er, dass er dank seines Einsatzes für die Entwicklung des Masterplans mit mehr als siebzig Prozent der Stimmen wieder zum Bezirksrat gewählt worden sei.

Nungessers Thron befand sich in einem Eckbüro der verglasten Bezirkszentrale in Belle Chasse, die auf drei Meter hohen Stelzen stand. Ronald Reagan, rittlings auf einem weißen Pferd, blickte von der Wand herab, und auf einem zweiten Foto schüttelte er dem jungen Nungesser die Hand. (Nungessers Vater war der republikanische Königsmacher von Louisiana gewesen.) Hinter dem Schreibtisch standen drei Fahnen: die amerikanische, die von Louisiana und die von Plaquemines, ein weiß gerahmtes grünes Dreieck mit Streifen in Rot, Gelb und Blau. Das grüne Dreieck stellte das wachsende Delta dar. Die weiße Einfassung stand für Reinheit.

«Ich glaube, dass es bei allem einen goldenen Mittelweg gibt», sagte Nungesser. «Ich glaube an Wirtschaft und Industrie. Ich liebe Tiere. Ich liebe Pelikane. Ich liebe die Barriereinseln.» Doch bei der Frage, warum er Turners Wahlbezirk vernachlässigt habe, änderte sich sein Ton. «Nach Katrina habe ich für Zehntausende Dollar Waschmaschinen und Trockner gekauft und sie überall in unserem Distrikt verteilt. Ich habe dreißig Menschen aus dieser Gemeinde gerettet und sie einen Monat lang bei mir wohnen lassen. Ich habe vielen den Strom bezahlt, obwohl ich es mir nicht leisten konnte, denn ich helfe den Leuten gern.» Er sprach von den Barschecks über tausend Dollar, die er allen Kirchen ausgestellt hatte, von dem von ihm gegründeten Reitlager für behinderte Kinder, von der Spende an die Organisation «Mütter gegen Alkohol am Steuer», die er gemacht hatte, nachdem er als junger Mann betrunken am Steuer erwischt worden war. «Hören Sie, ich bin ein konservativer Republikaner. Ich wurde in der Luft zerrissen, als ich Leuten, deren politische Ansichten ich nicht teile, jede Menge Geld gab. Damit wollte ich mir bei ihnen Gehör verschaffen – wollte sie auffordern, das Richtige zu tun. Ich fuhr Woche für Woche nach Washington. Klingt das so, als würde ich mich nicht um die Leute in Ironton kümmern?»

Nungesser wohnte auf einem Grundstück, das südlich von Myrtle Grove und dem Kohlelager auf einem von Menschenhand geschaffenen Hügel vor einem menschengemachten See lag. Ob er Probleme mit Kohlenstaub habe?

«Da ist so ein Film auf meinem Wagen», sagte er. «Ist das Kohlenstaub? Ich hab's nicht als Kohlenstaub erkannt. Keine Ahnung, ob das Luftverschmutzung, Staub oder was auch immer ist.»

Danach kam er wieder eine Stunde lang auf das Thema seiner «Feinde» zurück.

«Sie sollten sich schämen», sagte er. «Irgendwann müssen sie sich vor Gott verantworten. Mr. Turner hält sich für einen Heiligen? Für mich ist er der Teufel.»

•

Nungesser und seine Gegner waren nicht so weit voneinander entfernt, wie es zunächst schien. Plaquemines Parish war einen ruchlosen Handel mit der Energieindustrie eingegangen. Doch so einen Handel geht man nicht grundlos ein, sondern nur, wenn man sich alleingelassen fühlt. Und nach Katrina war der Distrikt alleingelassen worden. Der Plan des Weißen Hauses, das Deichsystem wiederaufzubauen, schloss den unteren Teil von Plaquemines nicht mit ein. Ein Vertreter der Bush-Regierung bezweifelte, dass das «wirtschaftlich zu rechtfertigen» gewesen wäre. Diese Aussage und andere ihrer Art deuteten ziemlich unverblümt darauf hin, dass Washington Südlouisiana bedenkenlos dem ansteigenden Meer opferte und es amputieren wollte wie einen von Wundbrand befallenen Finger.

Ein paar örtliche Aktivisten hatten eine ungewöhnliche Theorie: Nungesser locke die Schwerindustrie nach Plaquemines, um von der Bundesregierung das Geld für den Hochwasserschutz zu erzwingen. Die Bitte um Geld für den Schutz der armen Bevölkerung in einem Hochwassergebiet würde im Kongress keine Zustimmung finden. Der Distrikt brauchte Geiseln. Je mehr Industrie man anlocken konnte, umso wirkungsvoller wäre die Erpressung.

Nungesser bestätigte diese Interpretation. «Wenn ich eine Wahl hätte, würde ich mich dann für diese Industrie entscheiden?», fragte er. «Keine Ahnung. Aber ich weiß, dass wieder ein Hurrikan kommen wird. Und wenn Industrie da ist, haben wir eine gute Chance, diese Gemeinden zu retten.»

Nungessers Strategie war erfolgreich. Nachdem man in seiner Amtszeit am unteren Mississippi rasch Industrieanlagen errichtet hatte, vollzog die Bundesregierung einen Sinneswandel. 2012 kündigte das Ingenieurkorps der Army eine 1,4 Milliarden Dollar teure Verstärkung der Deiche zwischen New Orleans und der Südspitze von Plaquemines an: Die Deiche sollten verlängert und viermal so hoch werden.

Diese Deiche werden nutzlos sein, wenn das Marschland weiter erodiert und die Nebenarme nicht gebaut werden. Doch wenn genug Energieanlagen gefährdet waren und die Strategie aufging, würde die Bundesregierung vielleicht die Kosten für den gesamten Masterplan übernehmen. Dann würde Nungesser nach seinem Aufstieg zum Vizegouverneur und John Bel Edwards' Ausscheiden aus dem Amt als Gouverneur kandidieren, und ein Porträt von Nungesser auf einem weißen Pferd würde das Regierungsgebäude von Plaquemines zieren.

•

Nachdem Lawrence zwei Jahre lang Unterschriften gesammelt, wissenschaftliche Studien in Auftrag gegeben und sich mit Anwälten beraten hatte, gewann er mit den Bewohnern von Myrtle Grove eine Sammelklage gegen das Kohlelager, das sein Haus verrußte. Der Richter gab der Firma, die jetzt International Marine Terminals hieß, vier Jahre für die Installation einer Sprinkleranlage namens Rain Birds, Wasserkanonen, die die Kohle befeuchteten und verhinderten, dass sie verweht wurde. (In anderen Bundesstaaten waren Rain Birds für Kohlelager gesetzlich vorgeschrieben.) Nach vier Jahren installierte IMT endlich die Rain Birds, doch Lawrence wusste nicht, ob sie etwas nutzten. Inzwischen hatte IMT einen Ausbau für fast zweihundert Millionen Dollar vollendet und seine Kapazität von zehn auf zwanzig Millionen Tonnen Kohle verdoppelt.

Gegen RAM Terminals hatte Lawrence mehr Erfolg. Nach einem sechsjährigen Kampf um Umweltgenehmigungen und damit verbundene finanzielle Verluste verkaufte die Firma das Gelände. Es wurde von einem Konsortium, dem auch die Hafenbehörde von Plaquemines angehörte, einer halbautonomen Public-Private-Partnership, übernommen. Die anonymen Käufer wollten das Land ebenfalls als Verschiffungsterminal nutzen – diesmal für den Export von Rohöl. Öl stellte für die Flussumleitung eine ähnliche Bedrohung wie Kohle dar, nur waren im Ölgeschäft die politischen Interessen, die Ertragsströme und die Mechanismen der gesetzlichen Haftung durch ein Geflecht von Strohfirmen besser getarnt. Die Verzögerung der Genehmigungen setzte sich fort. Dennoch war Warren Lawrence überzeugt, dass sich Plaquemines Parish eines Tages zwischen Land und Öl entscheiden müsste – sonst würde der Distrikt im Wasser versinken.

Die Waldmaschine

Während die Distrikte mit der Öl- und Gasindustrie darum stritten, wer die Küstenrestaurierung bezahlen sollte, und der Staat mit sich selbst über Umweltgenehmigungen stritt, wurde im Krieg um Louisianas Zukunft eine überraschende neue Front eröffnet. Eine Gruppe von Bewohnern aus Plaquemines stürzte sich in den Kampf – *gegen* die Umlenkung des Flusses, die den Distrikt retten sollte. Sie machten darauf aufmerksam, dass der Masterplan nicht allen helfen würde. Die Regierung müsste Privatland konfiszieren und die Küste völlig entstellen oder, genauer gesagt, sie auf andere, neuartige Weise entstellen, denn sie sah schon jetzt nicht mehr aus wie früher. Der Plan würde nicht nur die Grenzen unserer Fähigkeit zur Gestaltung unserer Umwelt austesten, sondern auch die Fähigkeit der Regierung, eine kleine, relativ machtlose Gruppe von Menschen zu zwingen, im Namen der Klimapolitik zurückzustecken. Der Masterplan würde der Mehrheit nutzen, aber einer Minderheit schaden.

Kindra Arnesen sprach für diese Minderheit. Sie war in Buras, in der Nähe der Mississippi-Mündung, aufgewachsen. Ihre Middleschool stand auf einem Stück Marschland, hundert Meter von der Küste entfernt. Mit zwölf begann Arnesen, nachdem ihre Mutter ihren Job verloren hatte, die Schule zu schwänzen und sich im Hafen herumzutreiben. Ein Schwimmbagger nahm sie nach Bay Adams mit, wo sie mit einem Trupp Austernsammler Bekanntschaft schloss.

Sie gaben ihr ein Flachboot, Gummistiefel, Leinensäcke und ein Beil. Sie stapfte zwischen Sandbänken und Riedgrasbüscheln durchs Marschland und zog das Boot an einem um ihre Taille gebundenen Seil hinter sich her. Drei Jahrzehnte später beschrieb sie diese Szene mit dem Wort «Gelassenheit».

Damals war es nicht schwer, Austern zu finden, denn sie waren überall. Arnesen beugte sich ins Wasser hinab, tauchte, wenn nötig, unter, zog ein Büschel heraus, schüttelte den Schlamm ab und warf es ins Boot. Wenn das Boot voll war, stieg sie drauf. Sie reinigte die Austern, hackte Bruchstücke und tote Schalen ab und steckte ihre Ausbeute in Säcke. Am Ende des Tages hatte sie zehn Säcke voll, was ihr hundert Dollar einbrachte, das Geld bekam sie in einem Umschlag, der auf der Motorhaube des Pick-ups ihres Vorarbeiters lag. Sie ernährte ihre gesamte Familie und hatte noch genug übrig für Girbaud-Jeans, hochtaillierte Hosen von Z. Cavaricci und weiße K-Swiss-Turnschuhe.

Nach Ende der Austernsaison angelte sie nach Meeräschen, schaufelte Eis bei Wet Willie's oder arbeitete auf Krabbenkuttern, die nach Einbruch der Dunkelheit ausliefen und im Morgengrauen zurückkehrten. In dem Sommer, in dem sie vierzehn wurde, entlud sie mit einer Freundin für alte vietnamesische Austernsammler Fünfzig-Kilo-Säcke. Die Mädchen schleppten achthundert Säcke am Tag und erhielten pro Sack einen Dollar. «Ich war ein junges Mädchen und lebte in einer Hafenstadt», sagte sie später, «mir hätte etwas Schlimmes zustoßen können. Aber statt in Schwierigkeiten zu geraten, habe ich auf einem Austernboot gearbeitet. Die Männer und Frauen, mit denen ich zusammenarbeitete, brachten mir bei, mich zu behaupten. Sie haben mich vor der großen bösen Welt bewahrt.»

Seitdem widmete sich Arnesen der Aufgabe, ebendiese

Fischer vor der großen bösen Welt zu schützen. Sie hatte einen eigenen Fischereibetrieb und versorgte Restaurants in New Orleans und Händler, die die Ostküste belieferten, mit Gelbschwanzmakrelen, Stachelmakrelen, Trommelfischen und Krabben. Wenn sie nicht gerade auf dem Meer war, fuhr sie meistens von Venice, dem letzten Ort vor der Mündung des Mississippi, nach New Orleans, etwa anderthalb Stunden nördlich, kaufte Bootsteile, unterschrieb Papiere und lud Tausende Kilo Fisch von ihrem Chevrolet-Silverado-3500-Pick-up. Dabei hatte sie trotzdem die Zeit gefunden, eine landesweit bekannte Fürsprecherin der Fischer im Golf von Mexiko zu werden. Seit der BP-Ölpest hatte sie an fast allen öffentlichen Versammlungen und Parlamentssitzungen teilgenommen, bei denen es um die Zukunft der Fischerei-Industrie Louisianas ging, die ein Drittel aller in den Vereinigten Staaten gefangenen Meerestiere lieferte. Genau wie John Barry, John Lopez, Audrey Trufant-Salvant und Billy Nungesser sprach sie von einer Verpflichtung: «Wenn wir nicht für diese Fischerfamilien kämpfen, wenn wir etliche Glieder der Generationenkette verlieren, dann verlieren wir eine ganze Lebensform in diesem Land.» Es war ein Kampf um Leben und Tod.

•

Und so fand sich Arnesen an einem schwülen Nachmittag im Belle Chasse Auditorium wieder, 25 Flusskilometer südlich von New Orleans, wo sie den Architekten des Masterplans die Stirn bieten wollte. Erst nachdem man gemerkt hatte, dass die Unterstützung aus der Bevölkerung in dem Teil des Staates am geringsten war, in dem die größten Projekte geplant waren, hatte die Küstenbehörde eine monatliche Veranstaltungsreihe namens Coastal Connections eingeführt. Die CPRA hatte keine Mitarbeiter für Öffentlichkeitsarbeit, deshalb entsandte man leitende Ingenieure, die diesen Teil ihres Jobs offenbar nicht besonders mochten. Brad Barth («Ich hatte kein Kommunikationstraining»), Rudy Simoneaux («Als Ingenieure sprechen wir von Natur aus lieber über geotechnisches Design») und Dain Gillen («Ich bin introvertiert; ehrlich gesagt, säße ich jetzt lieber an meinem Schreibtisch») kannten sich besser mit integrierten Prozessmodellen und hydrologischer Kalibrierung aus als mit Menschen. Nachdem sie Plakate an Tafeln befestigt und ihre Stapel mit Broschüren geradegerückt hatten, setzten sie eine freundlich-nachsichtige Miene auf wie Schüler, die sich bei einem Wettbewerb auf die Fragen der Preisrichter gefasst machten. Die drei Ingenieure waren gebürtige Louisianer mit breitem Südstaatenakzent und zurückhaltendem Auftreten, informell und unauffällig gekleidet wie Bürokraten (Oxford-Hemd, Stoffhose, braune Halbschuhe). Doch während sie auf dem hellen Parkettboden von einem Fuß auf den anderen traten, sahen sie so verletzlich aus wie Eindringlinge in einem fremden Land, in dem man ihnen nicht traute und wo sie nicht willkommen waren.

Sie begrüßten Arnesen mit vorsichtiger Korrektheit. «Wir müssen da sein, damit sie nicht behaupten können, es gäbe keinen Widerstand», sagte sie. «Ich betrachte das als den Jüngsten Tag. Es wird unser Ende sein.»

Ihre Worte bezogen sich auf den Plan, reißende, menschengemachte Flüsse durch Plaquemines Parish zu leiten. Die Nebenarme des Flusses würden nicht nur bewirken, dass der Distrikt in künftigen Jahrzehnten noch bewohnbar war, sondern auch, dass verlorene Spezies zurückkehrten und die biologische Vielfalt der Feuchtgebiete zunahm. Doch kurzfristig würden sie die empfindlichen Ökosysteme des Flussdeltas verändern. Plaquemines besaß die größte kommerzielle Fischereiflotte der kontinentalen Vereinigten Staaten. Arnesen war überzeugt, dass die Umlenkung des Flusses sie vernichten würde.

Arnesen betonte, dass sie den Verlust des Marschlands genauso besorgniserregend fand wie alle anderen: «Niemand ist von dem Landverlust so sehr betroffen wie wir.» Doch die geplanten Nebenarme fand sie noch viel besorgniserregender. Sie würden das Brackwasser in Frischwasser umwandeln, die Salzwasservegetation zerstören und die lokalen Fischfanggebiete verheeren. Sie würden riesige Populationen von Austern, Strandgarnelen, Blaukrabben und Dutzende Fischarten ausradieren. Der Bachsaibling, um ein gutes Beispiel zu nehmen, laicht nur bei Sommervollmond, wenn das Wasser wärmer als achtzehn Grad und der Salzgehalt höher als fünfzehn Promille ist. Eine Überschwemmung der Feuchtgebiete im späten Frühjahr, wenn die Nebenarme am meisten Wasser führen, würde jedes Jahr eine ganze Generation vernichten.

Die Antworten der Ingenieure auf Arnesens Bedenken waren fade, technokratisch. Sie betonten, dass Brackwasser direkt neben dem Fluss eine historische Anomalie war. Einige der ergiebigsten Fischereigebiete seien vor nicht allzu langer Zeit noch Festland gewesen. Sie sagten, wenn es ihnen nicht gelänge, Land zu gewinnen, würden nicht nur die Fischgründe, sondern auch der ganze Bezirk in den kommenden Jahrzehnten völlig verschwinden. Und sie behaupteten, dass die Nebenarme neue Spezies mit sich bringen und eines Tages die Fischgründe vielleicht sogar noch ergiebiger machen würden.

Die selbstherrliche Arroganz der Ingenieure ging Arnesen auf die Nerven. Um eine andere Spezies zu fangen, genügte es nicht, den Köder zu wechseln. Boote waren nicht billig. Eine kleine Barke konnte an die 30 000 Dollar kosten, ein größerer Krabbenkutter mehr als 750 000 Dollar, Ausrüstung und Fanglizenz nicht eingerechnet. Die meisten Fischer konnten es sich nicht leisten, sich umzustellen, oder wussten nicht, wie. Ein Krabbenfischer würde sein Haus verlieren, wenn er auf Seewölfe umsteigen müsste, und die Touristen, die aus der ganzen Welt anreisten, um von einem Charterboot aus nach Bachsaiblingen zu angeln, würden nicht wegen Blaubarschen kommen. Die Lage der Austernsammler war am prekärsten. Austernpachten, die der Staat hektarweise vergab, hatten eine fünfzehnjährige Laufzeit. Einem Austernzüchter würde es in etwa so schwerfallen, auf den Fang von Forellenbarschen umzusteigen, wie einem Alfalfa-Farmer, plötzlich Schweine zu züchten. Es war nicht unmöglich, aber schwierig, riskant und in der Regel kostenintensiv.

Der Masterplan sollte «ausgewogen» eine Reihe von verschiedenen Zielen umsetzen: «Hochwasserschutz bieten, Naturprozesse nutzen, einen Ort für kommerzielle und Freizeitaktivitäten schaffen, unser einzigartiges kulturelles Erbe erhalten und unsere Küstenindustrie unterstützen.» In der Theorie war das unanfechtbar, denn es bot jedem etwas. Doch der Plan sagte nicht, was zu tun sei, wenn diese Ziele miteinander in Konflikt gerieten. Was passierte, wenn der Hochwasserschutz das einzigartige kulturelle Erbe bedrohte? Oder wenn die Naturprozesse der Küstenindustrie in die Quere kamen? Die Leugnung der Tatsache, dass nicht alle Ziele gleichwertig behandelt wurden, machte Arnesen wahnsinnig. Es war offensichtlich, dass der Staat die Öl- und Gasindustrie wichtiger nahm als die Fischerei und es ihm bei Weitem nicht so viel bedeutete, Buras trockenzuhalten wie New Orleans. Am unerträglichsten fand sie, dass die Ingenieure ständig betonten, die Zukunft sei wichtiger als die Gegenwart.

«Sie sprechen immer von Resilienz», sagte sie. «Wir können das Wort nicht mehr hören. Ja, wir können einiges aushalten, aber wir sind nicht kugelfest. Wir können nicht alle Katastrophen überstehen. Superman ist eine fiktive Figur.»

Diese Kritik störte die Ingenieure. Dain Gillen, der am wenigsten Erfahrung im Sprechen vor Publikum hatte, nahm sie persönlich. «Das ist wirklich ärgerlich», sagte er bei der Veranstaltung. «Wir versuchen, Gutes zu tun. Aber diese beleidigten oder wütenden Leute, die einen provozieren ...»

Arnesen erzählte im Gegenzug Geschichten über die vielen Fischer aus ihrem Bekanntenkreis, die befürchteten, dass sie bald nicht mehr genug zum Leben hätten. «Was taugt ein Mann, der seine Familie nicht ernähren kann?», habe ein Freund sie vor Kurzem gefragt und sich dann zwei Tage später erhängt.

«Ich tue das nicht nur als Broterwerb», sagte Arnesen, als sie mit einem Gefolge von Sympathisanten die Aula verließ. «Sie haben uns das Gefühl gegeben, wir wären irrelevant und könnten geopfert werden. Für den Staat ist es einfach zu sagen, dass er einen Anpassungsplan entwickelt. Aber was bringt ein Anpassungsplan, wenn das Endziel nicht das Überleben der Menschen ist, die man retten will?»

•

Das Überleben der Menschen. Wie kann man die Lebensweise charakterisieren, die durch die Nebenarme des Flusses bedroht war? Sie umfasste nicht nur das Recht, dieselben Fischarten zu fangen wie der eigene Großvater, am selben Ort zu wohnen oder von den Erträgen von Meer und Land zu leben, obwohl all das dazugehörte. Auch wenn es oft so erschien, wäre es völlig unzutreffend zu sagen, dass der untere Abschnitt des Mississippi entlegener war als alle anderen ländlichen Gebiete Amerikas. Für jemanden aus New Orleans sah der untere Mississippi aus wie das Ende der Welt, wie eine vom Menschen unberührte Wildnis – obwohl das Land seine Existenz den Eingriffen des Menschen verdankte. Man könnte zumindest sagen, dass man dort noch wild und frei leben konnte. Das galt besonders für die Leute auf der falschen Seite der «Mauer».

Eigentlich war es keine Mauer, doch so nannte man das Ganze in Plaquemines. Offiziell hieß es Hurricane and Storm Damage Risk Reduction System oder HSDRRS («his dress»). Das Ingenieurkorps der Army errichtete das 14,5 Milliarden Dollar teure Geflecht aus ineinandergreifenden Toren, Deichen und Hochwassermauern als Reaktion auf die Deichbrüche nach dem Hurrikan Katrina. Es wurde mit dem ausdrücklichen Ziel entwickelt, den Großraum New Orleans vor verhängnisvollen Orkanen zu schützen. Um das zu erreichen, musste das Korps eine Linie ziehen, die die Abgesicherten von denjenigen trennte, die dem Wüten des Orkans ausgesetzt wären. Das gesamte Ostufer von Plaquemines Parish wurde der Opferzone zugeordnet. Die versprengten Bewohner außerhalb der Mauer wurden von denen auf der Innenseite mit einer unangenehmen Mischung aus Verwunderung und Mitleid betrachtet, falls man sich überhaupt Gedanken über sie machte.

In Plaquemines glaubte man oder sah es sogar als wissenschaftlich erwiesen an, dass die Mauer für die Verwüstungen durch den Hurrikan Isaac im Jahr 2012 verantwortlich war. Während in New Orleans nicht viele Straßen überflutet wurden, lagen die außerhalb der Mauer gelegenen Teile von Plaquemines fünf Meter unter Wasser. Das Korps gab dem Weg, den der Sturm eingeschlagen hatte, die Schuld an dem großen Unterschied und befand die Mauer für unschuldig.

Die Bewohner von Plaquemines hingegen glaubten, dass die Mauer die Sturmflut in ihrem Distrikt eingeschlossen hatte, so wie sich ein Tal in einen See verwandelt, wenn man einen Fluss staut.

«Vor dem Bau der Mauer gab es hier noch nie Überflutungen», sagte Kermit Williams junior, der in Wills Point auf dem Grundstück seiner Familie stand; in dem Ort, wo die Mid-Breton Sediment Diversion verlaufen sollte, am anderen Flussufer, fünfzehn Kilometer südlich von Warren Lawrence' Traumhaus. So weit flussabwärts war das Land am Ostufer nur ein Grundstück breit. Die Gärten hinter den Häusern endeten am Deich des Distrikts, der die Bewohner vor den vordringenden Marschgebieten des Breton Sound Basin schützte, und die Vorgärten stießen an den Highway, der an den bundesstaatlichen Deich grenzte. Hier war der Mississippi zugleich unsichtbar und beklemmend, ein Tiger in einem verhüllten Käfig. Vom Boden aus war er nicht zu sehen, obwohl er an diesem Nachmittag fünf Meter darüber lag. Die Decks der Öltanker, die wie Raumschiffe vorbeiglitten, ragten über den Rand des Deichs. Aus den durchnässten Dämmen sickerte Wasser, das sich in gefährlichen Pfützen auf dem Highway sammelte.

Die verschiedenen Bauten auf Williams' Grundstück waren ein Tableau vivant des vergangenen Jahrhunderts. Mehrere hundert Meter von der Straße entfernt stand die Ruine eines Vierzimmerhauses, bedeckt von einem Gewirr aus ausgedörrten Kletterpflanzen und Zypressen mit einem summenden Bienennest darin. Es hatte Williams' Großvater gehört, und Williams' Vater war dort 1910 im Wohnzimmer zur Welt gekommen. Davor stand ein grünes stuckverziertes Haus, das 1949 auf einem niedrigen Fundament aus Betonblöcken gebaut worden war – Williams' Wohnort bis zum Hurrikan Isaac. Williams lebte heute mit seiner Tochter im dritten Haus, das am dichtesten am Highway stand. Wie die meisten Gebäude in diesem *Lorax*-artigen Gebiet stand es auf mehr als sechs Meter hohen Stelzen.

Williams beklagte mit seinen Nachbarn, den Brüdern Danny und John Hunter, die brutale Geschichte der unbarmherzigen Eingriffe in ihrem Distrikt. Die Männer waren sich einig, dass der Bezirk die Naturgewalten, aber nicht den Staat Louisiana überstehen konnte. Die Beschwerdelitanei begann mit der Sprengung des Deichs bei Caernarvon, ein paar Kilometer flussaufwärts, einem kurzsichtigen Schachzug, der verhindern sollte, dass New Orleans überflutet wurde. Das Ereignis rief bei den Bewohnern von Plaquemines eine so frische Empörung hervor, dass man hätte meinen können, es habe nach Katrina oder gar nach Isaac stattgefunden, doch tatsächlich geschah diese Ursünde bereits am 29. April 1927. In den Sechzigerjahren kam der Bau des Mississippi River Gulf Outlet, ein Dolchstoß ins Herz des Marschlands, der zu der vier Meter hohen Flut beitrug, die 1965 das Elternhaus der Hunters nach dem Ansturm von Hurrikan Betsy überspülte («Ein ziemlich traumatisches Erlebnis», sagte John mehr als fünfzig Jahre später). In den folgenden Jahrzehnten verzichtete man auf eine Reihe kleinerer Umlenkungen am Ostufer des Flusses, womit der Staat jedes Mal sein Versprechen brach. Angesichts dieses geschichtlichen Hintergrunds war der Bau der Mauer in den Augen der Menschen nicht nur ein erneuter Vertrauensbruch, sondern auch die physische Manifestation einer unsichtbaren Grenze zwischen den Geretteten und den im Stich Gelassenen, die seit fast einem Jahrhundert existierte.

Die Hunters sprachen über den Masterplan im Tonfall unentschlossener Wähler. Wegen des vorausgesagten Anstiegs des Meeresspiegels sahen sie die Notwendigkeit, das Marschland zu befestigen. «Wenn dadurch neues Land entsteht, bin ich dafür», sagte John. «Das wollen alle», pflichtete Danny ihm bei. Sie erinnerten sich noch an eine Zeit, als sie in New Orleans East vor dem Auftauchen des Bachsaiblings in den Schiffskanälen Mangrovenbarsche fangen konnten und es am Ostufer noch massenhaft Austern gab.

Dennoch hatten sie die Argumente der Save Louisiana Coalition verinnerlicht, der einzigen gemeinnützigen Organisation, die sich dem Masterplan widersetzte und die Fischer aus Louisiana vertrat; jene Fischer, die unbedingt verhindern wollten, dass die Regierung sie zu retten versuchte. Nachdem die Fischer jahrelang Argumente gegen die Nebenarme vorgebracht hatten, lieferte der Winter 2019 – der feuchteste, den das Mississippi-Tal seit 124 Jahren erlebte – stichhaltige Beweise für ihre apokalyptischen Prophezeiungen. Nur ein paar Kilometer flussaufwärts hatten sich all ihre Befürchtungen bewahrheitet.

Da der Mississippi erschreckend stark angeschwollen war, hatte das Korps eine andere Art von Wasserumleitung eingerichtet: den Bonnet Carré Spillway, der als Entlastungsventil dient, wenn der untere Mississippi die Deiche zu überfluten droht. Die Hochwasserentlastungsanlage wurde nach der Flut von 1927 fünfzig Flusskilometer oberhalb von New Orleans erbaut und besteht aus einem zwei Kilometer langen Wehr, das sich aus 7000 Nadeln zusammensetzt. Die Nadeln sind mit Kreosot behandelte Sumpfkiefernstämme. Wenn sie angehoben werden – von Hand, eine nach der anderen –, strömt das Wasser in den Lake Pontchartrain. Seit 1927 hatte das Korps den Überlauf ein Dutzend Mal geöffnet, aber nie in zwei aufeinanderfolgenden Jahren. 2019 wurde er zweimal geöffnet, insgesamt 123 Tage lang, ein eindeutiger Rekord. Das Flusswasser toste an New Orleans vorbei zur Golfküste, wobei es ganze Austernpopulationen zerstörte und Hunderte von Delfinen stranden ließ. Das Handelsministerium sprach von einer Katastrophe für die Bundes-fischerei. Der Staat Mississippi, mehrere Städte an der Küste von Mississippi und einige Umweltverbände, die im Interesse der Lederschildkröte, des Weißen Schaufelstörs und der Karibik-Manati handelten, reichten gegen das Korps Klagen ein. «Sechs Jahre lang habe ich allen, die es hören wollten, erzählt, dass unsere Industrie, unser Gemeinwesen, unsere Lebensweise bedroht sind», sagte George Ricks, der Vorsitzende der Save Louisiana Coalition, «aber niemand hat zugehört, bis es Flipper erwischte.» Der Giftgehalt des Mississippi River machte den Hunter-Brüdern Angst. Sie waren bereit, die gesamte Fischerei für die Rettung des Lands zu opfern, doch den Gedanken, dass der Fluss die Marsch vergiftete, fanden sie unerträglich.

Vor allem verwirrte es sie, dass der Staat den langfristigen Nutzen so stark betonte. «Die Wissenschaftler könnten recht haben», sagte John, «aber der Plan blickt fünfzig Jahre in die Zukunft. Uns bleiben keine fünfzig Jahre. Es muss jetzt passieren.» Selbst das Fünfzig-Jahre-Fenster war irreführend, denn die Uhr wurde alle fünf Jahre auf Anfang gestellt. Der Masterplan war ständig und unerbittlich zukunftsbezogen. Er war ein mustergültiges Modell für eine Reaktion von Regierungsseite, wie sie für den Umgang mit dem rasant voranschreitenden Klimawandel erforderlich ist: eine Agenda, die Abschwächung und Anpassung kombinierte und dabei flexibel genug blieb, auf unvorhergesehene Entwicklungen, egal ob positiv oder katastrophal, zu reagieren. Er war das seltene Beispiel für eine Gesetzgebung, durch die sofort Kosten entstanden, während ihr größter Nutzen erst nach dem Tod der gewählten Amtspersonen entstehen würde, die sie veranlasst hatten. Das Korps hatte sich fast ein Jahrhundert lang um den Mississippi gekümmert. Der Masterplan wollte die Küste noch länger regulieren.

Für die Mid-Breton Sediment Diversion musste man Danny Hunters Grundstück aufreißen. Der Nebenarm sollte an seiner Grundstücksgrenze ausgeschachtet und der Highway durch den Garten hinter seinem Haus geführt werden. Die Brüder benutzten das Wort «Entschädigung». Doch der Wert des Landes überstieg den Betrag in der Immobilienbewertung. Dem fruchtbaren Schwemmboden hatte Hunter einen der wohl ertragreichsten Gärten Amerikas zu verdanken: Es gab kreolische Tomaten, Auberginen, Brechbohnen, Gurken und Kürbisse in Hülle und Fülle. Jedes Frühjahr trugen seine Mandarinen- und Navelorangenbäume so viele Früchte, dass die Zweige unter dem Gewicht brachen. An der Rückseite des Grundstücks hatte Danny einen langen Teich gegraben und Krebse hineingesetzt, an denen die Waschbären sich gütlich taten. In den Immergrünen Virginischen Eichen nisteten Eulen, Rotkardinäle und Blauhäher. Die Landschaft hatte zwar keine Ähnlichkeit mehr mit der von vor dreißig Jahren, doch sie ging überzeugend als üppige, ursprüngliche Wildnis durch.

Wenn Danny seine Ruhe haben wollte, schlenderte er am hinteren Deich entlang, der von gelben Wildblumen gesäumt war, und blickte ins Marschland. Mit weißen Knospen gesprenkelte Kleefelder gingen in Schilfrohr, Palmen und skelettartige Zypressen über, die vom eindringenden Salzwasser geschädigt waren. Der Boden sah fest aus, doch an den meisten Stellen sank er unter dem Druck eines Stiefels ein. «Gelassenheit», hatte Kindra Arnesen gesagt.

«Das ist mein friedvoller Ort», sagte Danny. «Wenn ich in der richtigen Stimmung bin, gehe ich auf die Knie.»

•

Das Paradies der Hunters stand geografisch und ideologisch zwischen Kindra Arnesen und Albertine Kimble, die vor ihrem Ruhestand als Leiterin des Küstenprogramms in Plaquemines gearbeitet hatte. Kimble war die einzige Bewohnerin des Ostufers, die nicht vom Deich des Distrikts geschützt wurde, da dieser südlich von Danny Hunters Grundstück endete. Der staatliche Deich schirmte sie vom Mississippi ab, aber selbst das war ihr zu viel. «Es wird eine Überschwemmung geben», sagte sie im abgedunkelten Wohnzimmer ihres Hochbunkers, während im Fernseher unheilvolle Szenen des Flusses bei Hochwasser liefen. «Mich schützt weder der Deich noch die Mauer. Und auch nicht das falsche Sicherheitsgefühl, das alle anderen haben. Mich schützt gar nichts.»

In dem Kübler-Ross'schen Flutzyklus hatte Kimble nach Leugnung, Zorn, Verhandeln, Depression und Akzeptanz eine neue Stufe erreicht: Flutlust. Sie glaubte, dass die beiden Nebenarme nicht mal annähernd ausreichen würden. «Mit nur zwei Konstruktionen kann man das, was der Fluss macht, nicht nachahmen. Das geht nicht. Wenn wir den Fluss imitieren wollen, müssen wir den Deich völlig beseitigen.» Sie sprach voller Wehmut von der Zeit vor dem Bau des staatlichen Deichs – einer Zeit, die Jahrzehnte vor ihrer Geburt lag. Sie malte sich aus, dass sie in Fort de la Boulaye lebte, der ersten europäischen Siedlung in der Gegend, 1699 von französischen Entdeckern gegründet. (Die Festung, ein paar Kilometer flussabwärts, war ständig überschwemmt und nach sieben Jahren aufgegeben worden.) Sie wünschte, dass man den Deich, statt ihn immer höher zu bauen, auf 1,20 Meter zurückbaute und den Fluss einfach «wallen ließ».

«Wäre das nicht schön? Alles würde ganz natürlich umherströmen.» Ja, der Fluss würde ihr Grundstück sechs Meter hoch unter Wasser setzen. «Aber ich opfere mich für die

Rettung Louisianas. Der Mensch ist der größte Feind. Wir haben versucht, etwas zu kontrollieren, das Mutter Natur schon seit Jahrtausenden vollzieht, wir haben Deiche gebaut, damit der Mensch hier leben kann. Doch das Army Korps hat nicht die Kontrolle. Die hat Gott.»

Kimbles Haus, das sie vier Meter hoch über dem Boden errichtet hatte, war im Lauf der Zeit gewachsen. Nach Katrina erhöhte sie es auf fünf und nach Isaac auf sieben Meter, wodurch es den staatlichen Deich überragte. Es reichte jedoch nicht an den einzigen Nachbarn heran, eine mehr als fünfhundert Jahre alte Immergrüne Virginische Eiche namens Ray Givens, die ihre alten Äste über Kimble streckte wie eine schützende Hand. Sie starb allmählich vom eindringenden Salzwasser. Vier Generationen von Kimbles Familie hatten im Umkreis von ein paar Kilometern gewohnt, und keiner war gegen Überschwemmung versichert. Kimble hatte einmal eine Versicherung abgeschlossen, nur um sie sechs Monate vor Katrina auf den Rat ihres Versicherungsmaklers wieder zu kündigen. Er hatte gesagt: «Wenn es eine Überschwemmung gibt, wird der ganze Distrikt überflutet.» Damit hatte er recht behalten. «Die Stürme gewinnen», sagte sie.

Weil sie die Nebenarme befürwortete, hatte Kimble Morddrohungen erhalten, doch sie stiftete weiter Unruhe. Bei einer Party in einem örtlichen Jachthafen, wo die Eröffnung der Austernsaison gefeiert wurde, stellte sie den Vorsitzenden des Gewerbeverbands zur Rede. Sofort sah sie sich von «kräftigen, angsteinflößenden» Austernsammlern umringt. Sie achtete diese Leute – sie arbeiteten hart und investierten in sich selbst –, doch sie mussten begreifen, dass sie gegen ihre eigenen Interessen kämpften. «Will hier irgendjemand behaupten, dass ihr kein Süßwasser für eure Austern braucht?», fragte sie die Männer. Doch sie drang nicht zu ihnen durch. «Man kann diese Leute nicht überzeugen. Also müssen sie sich anpassen. Das Hauptproblem hier ist Veränderung. Niemand will, dass sich etwas verändert.»

Die dramatischste Veränderung in der jüngeren Geschichte begann am Mardi Gras 2012, als der Mississippi knapp hinter dem Endpunkt des staatlichen Deichs das Ostufer durchbrach. Anfangs entstand nur ein schmaler Spalt, doch nach ein paar Jahren weitete sich die Bresche auf fünfzehn Meter, leitete ein Prozent des Flusswassers ab, und schließlich erkannte die Küstenwache den Mardi Gras Pass offiziell als Nebenarm des Mississippi an. Trotz der Proteste lokaler Fischer weigerte sich der Staat, den Durchbruch zu stopfen. Schließlich hatte er die Landgewinnungsziele des Masterplans vorangetrieben. Allein durch den Mardi Gras Pass würde der Staat 1,4 Milliarden Dollar sparen. Danny Hunter bekam den Landgewinn am eigenen Leibe zu spüren. Sieben Jahre nachdem sich der Spalt geöffnet hatte, fuhr er mit einem Innenborder-Amphibienboot durch ein benachbartes Gewässer, das er schon Dutzende Male besucht hatte und das sonst auch von fünfzehn Meter langen Krabbenkuttern ungehindert durchquert wurde, als er plötzlich auf eine neu entstandene, unsichtbar unter der Wasseroberfläche liegende Sandbank auflief. Er wurde gegen den Bug geschleudert und brach sich eine Rippe.

Der Mardi Gras Pass hatte bereits mehr als 750 000 Kubikmeter Sediment ins Marschland geschwemmt und in einer symbolträchtigen Geste eine Straße weggespült, die von einem in Dallas ansässigen Öl-und-Gas-Unternehmen genutzt wurde, das bei der Klage der Küstendistrikte zu den Beschuldigten zählte. Der Durchbruch hatte auch das am Ostufer liegende Austerngebiet unwiederbringlich zerstört.

Albertine Kimble ging schon seit ihrem zwölften Lebensjahr auf Entenjagd. Nachdem der Mardi Gras Pass das Ufer durchstoßen hatte, überzog sich das Marschland hinter ihrem Haus mit Wasserhyazinthen, einer invasiven, lila blühenden Sumpfpflanze, die die Oberfläche von Süßwasserkanälen bedeckt und Enten abschreckt. Sie fand sich mit dem Austausch ab.

«Ich freue mich über all diese Pflanzen», sagte sie. «Über die wachsenden Ufer und die neuen Weidenbäume. Es freut mich zu sehen, wie die Boote auf Grund laufen. Das ist großartig.»

•

Ein paar Kilometer flussaufwärts, auf der Südseite der Mauer, brausten John Lopez, der die Strategie des Masterplans entwickelt hatte, und ein Küstenökologe namens Theryn Henkel auf einem Propellerboot einen menschengemachten Kanal entlang, um einen menschengemachten Sumpf zu besuchen, der sich in einen menschengemachten Wald verwandelte. Die Fahrt mit einem Propellerboot fühlt sich nicht wie eine Bootsfahrt, sondern eher wie Fliegen an: Man gleitet über eine wechselhafte Wasserfläche, über Sumpf, Gras, Inseln, ohne auch nur ein Holpern oder einen Stoß zu spüren. Man hat das Gefühl, der Herrscher von allem zu sein, was man sieht. Lopez trug schwere Ohrenschützer wie ein Hubschrauberpilot, um den Lärm des Doppelpropellerantriebs zu dämpfen. Als das Boot sich einer Gruppe von Alligatoren näherte, wurden sie aus ihren Grübeleien aufgeschreckt und glitten ins Wasser wie die Kunstspringerinnen in Musikfilmen von Busby Berkeley.

Lopez war fast der einzige Mensch, der völlig unvoreingenommen über die Zukunft Südlouisianas sprechen konnte. Er arbeitete nicht mehr für das Korps und nahm keine Rücksicht auf politische Empfindlichkeiten. Anders als die Ingenieure der CPRA konnte er zugeben, dass die verbliebenen Küstenfeuchtgebiete Louisianas nicht mehr zu retten waren. Er stimmte den Schlussfolgerungen des Geologen Torbjörn Törnqvist von der Tulane University zu, der 2020 in einer Studie zu dem Ergebnis kam, dass der gegenwärtige Anstieg des Meeresspiegels bereits den Kipppunkt überschritten hat, ab dem sich die Überflutung des Marschlands nicht mehr verhindern lässt. (Auf die Bitte der New Orleanser *Times-Picayune*, seinen Befund für die Allgemeinheit in Worte zu fassen, sagte Törnqvist: «Wir sind erledigt.») Törnqvist erwartete, dass der Golf von Mexiko das untere Drittel des Staates letzten Endes verschlingen, Baton Rouge in einen Küstenhafen und New Orleans, falls es dann noch existierte, in eine Inselstadt verwandeln würde. Dennoch glaubte er, genau wie Lopez, dass der Masterplan den Aufwand wert war, und sei es nur, um Zeit zu gewinnen. «Wenn uns noch ein paar Jahrzehnte bleiben», sagte Törnqvist, «könnte das der Unterschied zwischen einem geregelten Rückzug und völligem Chaos sein.»

Anders als viele Unterstützer der Flussverzweigung in den Umweltverbänden Louisianas gestand Lopez ein, dass die Fischer darunter leiden würden. Auch in den rosigsten Prognosen zu den Nebenarmen würde von der Küste in Zukunft verglichen mit ihrer derzeitigen Gestalt nur «ein Skelett» bleiben, aber sie wäre, zumindest in wirtschaftlicher und ökologischer Hinsicht, «funktionsfähig». Er rechnete damit, dass das Straßennetz, die Bahnlinien und die Hafen- und Energieanlagen, ja sogar die Fischgründe erhalten werden könnten, wenn auch unter veränderten Bedingungen. «Wir gehen davon aus, dass es Krebse, Krabben und Austern geben wird», sagte Lopez. «Wir können bloß nicht sagen, wo und in welcher Menge.» Trotz seiner nostalgischen Erinnerungen an die Angelausflüge seiner Familie in Plaquemines Parish, bei denen sie in der Nähe von Buras, wo Kindra Arnesen nach Austern gesucht hatte, Bachsaiblinge fingen, hegte er keine große Sympathie für die Fischer. «Ich behaupte nicht, dass der Übergang einfach oder billig wird. Aber ich sage auch nicht, dass der Staat oder jemand anders dafür zuständig ist zu helfen.» Bloß weil dein Vater und dessen Vater Elektriker waren, sagte Lopez, heißt das nicht, dass auch du Elektriker sein musst oder die Regierung dich dafür belohnen sollte, wenn du auch einer wirst. Die Fischer in Louisiana waren vielleicht eine der ersten Gruppen, die von der Klimapolitik übergangen wurden, doch sie würden nicht die einzige bleiben. Schon bald würde es auch Bergarbeiter, Arbeiter auf den Bohrinseln, Fernfahrer, Farmer in der Sonora-Wüste und Wohnungseigentümer in Miami Beach treffen. Lopez bedauerte sie wirklich. Doch alle anderen bedauerte er noch mehr.

Der Kanal, dem Lopez' Propellerboot folgte, verlief senkrecht zum Mississippi. Das Korps hatte den Deich hier 1991 durchbrochen. Offiziell hieß er Caernarvon Freshwater Diversion Structure, tatsächlich handelte es sich um drei Abwasserrohre, die den staatlichen Deich durchbohrten, unter dem Highway entlangliefen und in den Sumpf mündeten. Caernarvon hatte in der Erde und im Geist der Menschen eine Wunde aufgerissen: Genau an diesem Ort hatten die Machthaber Louisianas den Deich gesprengt, um New Orleans vor der großen Flut zu bewahren – die Ursünde, die bei der Bevölkerung ein jahrzehntelanges Trauma und anhaltendes Misstrauen gegen die Regierung ausgelöst hatte. «Woher nehmen sie sich das Recht, uns unter Wasser zu setzen, uns unsere Häuser und unseren Besitz zu rauben?», protestiert ein Bewohner in *Rising Tide*. «Wir lassen uns das nicht bieten. Wir sollten bis auf den Tod für unsere Rechte kämpfen.» Auch jene Generation von Plaqueminern forderte Entschädigungen, erhielt sie aber trotz aller Versprechen nicht, eine Kränkung, die noch ihren Erben zu schaffen machte, egal, wie sie zum Masterplan standen – Kindra Arnesen, die Familien Williams und Hunter, George Ricks und Albertine Kimble.

Die Sprengungen von 1927 dauerten zehn Tage und erforderten 39 Tonnen Dynamit. Sie ließen achttausend Kubikmeter Wasser pro Sekunde durch den Distrikt strömen – das heißt alle acht Minuten und zwanzig Sekunden so viel Wasser, wie in das Superdome-Stadion passt. Die Bresche wurde ein Jahr lang nicht geschlossen. Trotz der quälenden Erinnerung an 1927 wurde die Flussverzweigung von 1991 von den lokalen Austernsammlern, deren Ausbeute wegen des eindringenden Salzwassers seit Jahrzehnten geringer geworden war, leidenschaftlich befürwortet. Als Caernarvon geöffnet wurde, zerstörte die Flut das Austerngeschäft des benachbarten Marschgebiets. Doch im Breton Sound Basin stieg die Population an, da der Salzgehalt auf die historischen Durchschnittswerte zurückging. Obwohl Caernarvon für die lokalen Fischer ein wunder Punkt blieb, betrachtete Lopez es als Beweis: Ein lebendiges Beispiel dafür, dass die menschliche Erfindungsgabe eine Umgebung erschaffen konnte, die, allem Anschein nach, natürlich war.

Man erwartete damals, dass Caernarvon den Salzgehalt in der Marsch senken würde. Aber zum großen Schock aller baute es auch Land auf. Im Gegensatz zu den Nebenarmen des Masterplans sollte Caernarvon keine Sedimente ablagern, denn für die Landgewinnung hätte es nicht schlechter konzipiert sein können. Es lag in einer Biegung des Flusses, wo das Wasser schnell floss und die Sedimentation beschränkte, es war nur zeitweise in Betrieb und saugte das Wasser von der Oberfläche des Flusses ab, wo die geringste

Sedimentkonzentration herrschte. Dennoch hatte Caernarvon alle mit einem verblüffenden Zaubertrick überrascht.

Das Propellerboot schwenkte scharf auf einen schmalen Wasserweg, der durch dichten Wald führte. Lopez und Henkel nannten diesen Abschnitt Bayou Bonjour. Zu den Namen, die von den Karten der US-Klimabehörde gelöscht worden waren, zählten die Gewässer Bayou Long, Bayou Caiman und Bayou Tony. Lopez und Henkel hofften, dass Bayou Bonjour der erste von vielen Namen sein würde, die durch die Flussverzweigung hinzukämen. Bonjour war eigentlich kein Nebenarm oder Bach, sondern der letzte Überrest eines Sees, der zwischen zwei Landstreifen lag, die sich wie zwei Küssende aufeinander zubewegt hatten.

Bayou Bonjour mündete in ein dampfendes Marschgebiet, das von Tausenden anderen in Südlouisiana nicht zu unterscheiden war. Das riesige Terrain, etwa doppelt so groß wie der Central Park, wurde Big Mar genannt. Anfang des neunzehnten Jahrhunderts wurde es als Zuckerplantage genutzt. In sechs Hütten waren hundert Sklaven untergebracht. Seit den Sprengungen von 1927 lag es ständig unter Wasser, sein größter Teil bestand aus einem brackigen See, der jedes Jahr salziger wurde. Aber eigentlich war es schon kein See mehr. Es gab noch Pfützen und längliche Tümpel, doch sie waren nirgends tiefer als einen Meter. Im seichten Wasser trieben Gräser, riesiger, samtener Dill, der an Mardi-Gras-Perücken erinnerte. Die Wurzeln hielten wie Wehre die Sedimente fest. Der Schlamm verklumpte, bis er kleine Inseln bildete, auf denen wie Ausrufezeichen Büschel riesigen Schneidegrases wuchsen, das seinen Namen wegen der rasiermesserscharfen Halme trägt, die tiefe Wunden verursachen können. Schösslinge besiedelten das wachsende Land, angeführt von Schwarzweiden, die in ein paar Jahren zehn Meter hoch werden können. «Ich glaube, es hat sich niemand in seinen wildesten Träumen ausgemalt, dass hier mal ein Wald entstehen würde», sagte Lopez. Doch vor ihm erhob sich tatsächlich ein Wald.

Die ersten Bäume standen am Rand der Marsch auf einer Landfläche, die vor fünfzehn Jahren noch offenes Wasser gewesen war. Die Caernarvon Diversion hatte allein im Big Mar mehr als dreihundert Hektar Festland geschaffen. «Das ganze Big Mar ist wiederhergestellt», sagte Lopez und betrachtete die Szenerie voller Stolz. Die unmittelbare Nähe so vieler Lebensräume hatte eine bunte Palette von Tieren angelockt. An jenem Nachmittag entdeckten Henkel und Lopez einen Graureiher, einen Schneesichler, mehrere Rosalöffler, Rotflügelstärlinge, Silberreiher und eine in den Klauen eines Fischadlers zuckende Meeräsche. Die Alligatoren waren drall und träge, da sie sich am üppigen Büfett der im Feuchtgebiet verfügbaren Beute vollgefressen hatten. In der Luft wimmelte es von Mücken, die Monarchfalter kosteten das Pfeilkraut, und schillernd blaue Libellen stöberten in den Hyazinthen.

«Wenn ich hier draußen bin», sagte Dr. Henkel, «komme ich mir vor wie in *Jurassic Park.*»

Um die Landgewinne zu sichern und die Entwicklung des Waldes zu beschleunigen, hatte John Lopez' Pontchartrain Conservancy 36 000 Bäume gepflanzt, vor allem Sumpfzypressen, Tupelobäume, Roten Ahorn und Rot-Eschen. Die meisten wurden von Wanderarbeitern gesetzt. Ein Dutzend Arbeiter hatte in einer Woche fünftausend Bäume gepflanzt. Auch lokale Freiwillige setzten Bäume, doch ihre Arbeit war eher lehrreich als effizient. In den Marschgebieten, die nicht mit dem Boot zu erreichen waren, zogen Flugzeuge am Himmel Kreise, als wollten sie Felder mit Pestiziden besprühen, warfen aber stattdessen Sämlinge ab. Die Zypressenschösslinge steckten zum Schutz vor den

Nutrias, die die Bäume zu Tode nagten, in einer Plastikhülle. Nachdem sie aus der Hülle geplatzt waren, wurden die Bäume von einem Dickicht aus Elefantenohren, Pfeilkraut und Tupelobäumen umringt. Tiefer im Wald gab es Bisamratten, Waschbären, Kojoten, Hirsche und Wildschweine. Henkel ahmte Dr. Frankenstein nach: «Es lebt!»

Das durch die Nebenarme gewonnene Land war ein ökologisches Monster – ein Produkt menschlicher Technik, Kompromissfähigkeit und brachialer Gewalt. Wie die meisten von Menschenhand geschaffenen Dinge war es widerspenstig und wirkte geradezu ungeschlacht. Seine Reize und seine Gefahren waren zufällig und unvorhersehbar. Es ließ sich nach keiner herkömmlichen Definition als *natürlich* bezeichnen. Aber es lebte.

9

DIE UNSTERBLICHE QUALLE - VON DER
SUCHE NACH DEM EWIGEN LEBEN

Viertausend Jahre nachdem Utnapischtim Gilgamesch erzählt hatte, das Geheimnis der Unsterblichkeit liege in einer Pflanze auf dem Meeresboden, entdeckte der Mensch 1988 endlich das ewige Leben. Er fand es auf dem Meeresgrund. Der ahnungslose Entdecker war Christian Sommer, ein deutscher Student der Meeresbiologie, der damals Anfang zwanzig war. Er verbrachte den Sommer in Rapallo, einer Kleinstadt an der italienischen Riviera, wo genau ein Jahrhundert vorher Friedrich Nietzsche *Also sprach Zarathustra* ersonnen hatte: «Alles geht, alles kommt zurück; ewig rollt das Rad des Seins. Alles stirbt, alles blüht wieder auf.»

Sommer forschte an Hydrozoen, kleinen wirbellosen Tieren, die, je nach Stadium in ihrem Lebenszyklus, einer Qualle oder einer Weichkoralle ähneln. Er ging jeden Morgen in dem türkisblauen Wasser vor den Klippen von Portofino schnorcheln. Er suchte den Meeresboden nach Hydrozoen ab und klaubte sie mit Planktonnetzen auf. Unter den Hunderten von Organismen, die er einsammelte, befand sich auch die winzige, relativ unbekannte Spezies *Turritopsis dohrnii*. Heute ist sie gemeinhin als «die unsterbliche Qualle» bekannt.

Sommer wohnte bei einem Kommilitonen namens Giorgio Bavestrello, der sein Interesse am Meer auf die Beziehung zu seinem Onkel Benito, einem Fischer, zurückführte. Als Kind hatte Bavestrello immer die seltsamen Wesen bestaunt, die im Netz seines Onkels hingen: glänzende Muscheln, Bohrschwämme, Gorgonien und Quallen.

Die Studenten verwahrten ihre Hydrozoen in Petrischalen auf einem Tisch im Gästezimmer. Nach einigen Tagen fiel ihnen auf, dass die *Turritopsis* ein seltsames Verhalten zeigte, für das sie keine stichhaltige Erklärung fanden. Mit einfachen Worten, sie weigerte sich zu sterben. Sie schien ihren Alterungsprozess umzukehren und immer jünger zu werden, bis sie ihr frühestes Entwicklungsstadium erreichte und ihren Lebenszyklus von Neuem begann.

Bavestrello und Sommer waren verblüfft über diese Entwicklung, verstanden aber ihre Bedeutung nicht unmittelbar. (Es dauerte fast zehn Jahre, bis das Wort «unsterblich» erstmals bei der Beschreibung der Spezies verwendet wurde.) Mehrere Biologen an der Universität von Genua, darunter auch Bavestrellos Tutor Ferdinando Boero, erforschten die Spezies weiter und veröffentlichten 1996 eine Arbeit mit dem Titel «Die Umkehrung des Lebenszyklus». Die Wissenschaftler schilderten, dass die *Turritopsis* sich jederzeit in einen Polypen, das früheste Lebensstadium dieses Organismus, verwandeln und «auf diese Weise dem Tod entrinnen und potenzielle Unsterblichkeit erlangen» konnte. Diese Erkenntnis schien das wesentlichste Naturgesetz zu widerlegen: Man wird geboren, und irgendwann stirbt man.

Boero verglich die *Turritopsis* mit einem Schmetterling, der sich, statt zu sterben, in eine Raupe zurückverwandelt. Eine weitere Metapher ist ein Huhn, das sich in ein Ei verwandelt, aus dem ein weiteres Huhn entsteht. Die anthropomorphe Analogie ist die eines alten Mannes, der immer jünger wird, bis er wieder ein Fötus ist. *Turritopsis dohrnii* wird auch als Benjamin-Button-Qualle bezeichnet.

Außerhalb der akademischen Welt wurde die Veröffentlichung von «Die Umkehrung des Lebenszyklus» kaum wahrgenommen. Man sollte meinen, dass die Menschheit angesichts der Erkenntnis, dass es Unsterblichkeit gab, alles daransetzen würde zu erfahren, wie die Qualle das machte. Man sollte auch meinen, dass Biotech-Firmen darum wetteifern würden, das Genom von *Turritopsis dohrnii* urheberrechtlich zu schützen, dass eine weltweite Vereinigung von Forschern danach streben würde, die Mechanismen zu ermitteln, durch die sich die Zellen der Qualle verjüngten, dass Pharmakonzerne versuchen würden, Lehren für die Entwicklung der Humanmedizin daraus zu ziehen, und die Staaten internationale Vereinbarungen zur Regelung des künftigen Gebrauchs von Verjüngungstechnologie treffen würden. Aber nichts davon geschah.

Dennoch wurden in dem Vierteljahrhundert, das auf Christian Sommers Entdeckung folgte, Fortschritte erzielt. Wir fanden beispielsweise heraus, dass die Verjüngung von *Turritopsis dohrnii* durch Umweltbelastungen oder körperliche Angriffe ausgelöst wird. Wir wissen, dass das Hydrozoon bei der Verjüngung eine zelluläre Transdifferenzierung durchläuft, einen Prozess, bei dem ein Zelltyp in einen anderen umgewandelt wird – zum Beispiel eine Hautzelle in eine Nervenzelle. (Der gleiche Prozess läuft in menschlichen Stammzellen ab.) Wir haben entdeckt, dass sich die unsterbliche Qualle innerhalb kürzester Zeit so stark in den Weltmeeren ausgebreitet hat, dass Maria Pia Miglietta, eine Professorin für Meeresbiologie an der Texas A&M University, von «einer stillen Invasion» spricht. Die Qualle nutzte Frachtschiffe, die Meerwasser als Ballast verwendeten, als «Mitfahrgelegenheit». Die *Turritopsis* wurde nicht nur im Mittelmeer, sondern auch an den Küsten von Panama, Spanien, Florida, Brasilien und Japan beobachtet. Die Qualle kann in allen Meeren der Welt überleben und sich vermehren. Die Perspektive ihres weltweiten Siegeszugs beschwor Bilder einer fernen Zukunft herauf, in der die meisten anderen Lebensformen ausgestorben waren und das Meer überwiegend aus unsterblichen Quallen, einem riesigen unvergänglichen glibbrigen Bewusstsein, bestand.

Noch haben wir nicht herausgefunden, wie sich die unsterbliche Qualle verjüngt. Die Gründe für unser Unwissen sind äußerst unbefriedigend. Zunächst einmal gibt es auf der Welt nicht genug Spezialisten, die es sich zur Aufgabe machen, die notwendigen Experimente durchzuführen. «Es ist schwer, wirklich gute Hydrozoen-Experten zu finden», sagte James Carlton, ein emeritierter Professor für Meereswissenschaften am Williams College. «Man kann sich glücklich schätzen, wenn man über ein, zwei Leute in einem Land verfügt.» Das war ein Beispiel für ein Phänomen, das er die «Regel der Kleinen» nannte: Kleine Organismen sind im Vergleich zu größeren Organismen schlecht erforscht. So gab es wesentlich mehr Krebs-Experten als Hydrozoen-Experten. Und mehr Delfin-Experten als Krebs-Experten. Wie auch beim Naturschutz, in der Literatur oder in Pixar-Filmen erhielten die charismatischen Arten die größte Aufmerksamkeit.

Die frustrierendste Erklärung für unser mangelndes Wissen über die unsterbliche Qualle war jedoch eher technischer Natur. Die Spezies ließ sich, genau wie die Wandertaube, nur schwer im Labor züchten. (Bavestrello und Sommer hatten in ihrem improvisierten *Turritopsis*-Labor im Gästezimmer einfach unglaubliches Glück gehabt.) Es bedurfte besonderer Aufmerksamkeit und stundenlanger monotoner Arbeit, und selbst dann vermehrte sich eine *Tur-*

ritopsis nur unter bestimmten günstigen Bedingungen, die für die Biologen größtenteils undurchsichtig blieben. Nur einem einzigen Wissenschaftler war es langfristig gelungen, *Turritopsis*-Polypen zu züchten. Er arbeitete allein, ohne Mitarbeiter oder größere Finanzierung, in einem engen Büro in Shirahama, einem verschlafenen Strandort in der Präfektur Wakayama, vier Stunden südlich von Kyoto.

Meeresbiologen stellen in der Regel nur ungern große Behauptungen über die Aussichten auf, die die *Turritopsis* der Menschheit bietet. «Das ist ein Thema für Journalisten», sagte Boero (zu einem Journalisten). «Ich konzentriere mich lieber auf eine etwas rationalere Form von Wissenschaft.»

Doch Dr. Shin Kubota hatte keine derartigen Bedenken. «Die Nutzung der *Turritopsis* für den Menschen ist der herrlichste Traum der Menschheit», verkündete er. «Sobald wir wissen, wie sich die Qualle verjüngt, dürften wir große Dinge erreichen. Ich glaube, dass wir uns dann weiterentwickeln und selbst unsterblich werden.»

Das erschien untersuchenswert.

•

Shirahama bedeutet «weißer Strand», ein passender Name, denn eine der größten Attraktionen der Stadt ist ihr halbmondförmiger weißer Sandstrand. Die Stadt betrieb einen großen Aufwand für den Erhalt des weißen Sandes. Jeden Nachmittag gingen städtische Arbeiter in blauen Anzügen und Mützen den ganzen Strand mit Müllgreifern und Plastiktüten ab und klaubten Abfall und Seegras auf. Die Wachsamkeit der Stadt rührte von der beängstigenden Tatsache her, dass der Strand seit Jahrzehnten allmählich dahinschwand. Als Shirahama in den Sechzigerjahren eine Eisenbahnverbindung nach Osaka bekam, wurde die Stadt ein beliebtes Touristenziel, und an der Küstenstraße entstanden klotzige weiße Hoteltürme. Die zunehmende Erschließung beschleunigte die Erosion, und der berühmte Sand wurde allmählich ins Meer gespült. Aus Sorge, dass die Stadt «Weißer Strand» ihren weißen Strand verlieren könnte, begann die Präfektur Wakayama 1989, Sand aus dem 7500 Kilometer entfernten Perth in Australien zu importieren. Seitdem hat Shirahama 750 000 Kubikmeter australischen Sand auf seinen Strand gekippt und sein unvergängliches Weiß bewahrt – zumindest vorerst.

Shirahama verfügt über viele zeitlos schöne Naturwunder, die dem Lauf der Zeit nicht standhalten. Von der Küste aus kann man Engetsu-to, die «Vollmondinsel», sehen, ein grandioser Sandsteinbogen aus dem Känozoikum, der wie ein zur Hälfte in ein Glas Milch getunkter Donut aussieht. In der Abenddämmerung versammeln sich die Touristen an einem Punkt der Küstenstraße, wo der Bogen an klaren Tagen die untergehende Sonne einrahmt. Sandsteinbögen sind vergängliche geologische Phänomene, sie entstehen durch Erosion, die sie letzten Endes auch zum Einsturz bringt. Da die Regierung der Präfektur das Ende von Engetsu befürchtet, versuchte man, dem Bogen Unsterblichkeit zu verleihen, indem man ihn mit einem Harnisch aus Mörtel verstärkte. Hinter dem Bogen wurde ein großes Gerüst errichtet, und vom Strand aus waren die Bauarbeiter, die den Felsen betonierten, als kleine Pünktchen vorm schäumenden Meer zu sehen.

Ähnlich imposant wie Engetsu ist auch Sandanbeki, eine Reihe zerfurchter Klippen ein Stück weiter die Küste entlang, die ungefähr so hoch sind wie der Schiefe Turm von Pisa und steil in die heftige Brandung abfallen. Heutzutage sind die Klippen einer der weltweit beliebtesten Selbstmordorte. Am Steilhang warnt ein Schild alle, die über ihre eigene Sterblichkeit nachdenken: «Halten Sie inne. Eine tote Blume wird niemals blühen.»

Am bekanntesten ist Shirahama jedoch wegen seiner Onsen, der heißen Salzwasserquellen, die angeblich die menschliche Lebensdauer verlängern. An der Küste gibt es zahlreiche Onsen – große, gut ausgestattete Bäder in Ferienhotels, kleinere Becken, die für die Allgemeinheit frei zugänglich sind, und uralte Badehäuser in engen Hütten am Straßenrand. Man kann schon aus einiger Entfernung erkennen, dass man sich einem Onsen nähert, denn man riecht den Schwefel. Shin Kubota, der schon fast siebzig war, suchte allmorgendlich ein schlichtes, bei den ältesten Bürgern der Stadt beliebtes Onsen auf, dessen Geschichte sich 1400 Jahre zurückverfolgen ließ. Es gab dort zwei Bäder, eines für Männer und eines für Frauen, die durch eine Felswand getrennt waren. Das Wasser, das die Becken speiste, wurde schon in Gedichten erwähnt, die in der *Sammlung der zehntausend Blätter,* Japans ältester, im Jahr 759 zusammengestellter Gedichtanthologie, erschienen waren. «Das Onsen aktiviert den Stoffwechsel und beseitigt abgestorbene Haut», sagte Kubota. «Es trägt wesentlich zu einer längeren Lebenszeit bei.»

Um 8:30 Uhr brach Kubota auf, fuhr fünfzehn Minuten die an den weißen Strand grenzende Küstenstraße entlang, wo sich das Land zu einem Kap verengte, das wie ein ausgestreckter, arthritischer Finger aussah und die Kanayama-Bucht von der größeren Tanabe-Bucht trennte. Am Ende des Kaps stand das Seto Marine Biological Laboratory der Universität Kyoto, ein feuchter zweistöckiger Betonklotz. Obwohl es dort mehrere Unterrichtsräume, Dutzende Büros und lange Flure gab, sah das Gebäude gewöhnlich so aus, als wäre es verlassen. Die wenigen dort beschäftigten Wissenschaftler verbrachten viel Zeit damit, in der Bucht zu tauchen und Proben zu sammeln. Doch Kubota suchte sein Büro tagtäglich auf. Täte er das nicht, würden seine unsterblichen Quallen verhungern.

Die weltweit einzige Population unsterblicher Quallen in menschlicher Obhut lebte in Petrischalen, die in den Fächern eines kleinen Kühlschranks in Kubotas Büro willkürlich aufgereiht waren. Der Kühlschrank war auf 25 Grad eingestellt, aber manchmal vergaß Kubota, die Tür zu schließen, und dann stieg die Temperatur in gefährlichem Ausmaß. In dem Gebäude gab es keine zentrale Klimaanlage, und in der Woche meines Besuchs bei Kubota mitten im Juli herrschte in den Fluren die Atmosphäre eines Gewächshauses. Kubotas Menagerie enthielt mehr als hundert Exemplare, jeweils drei pro Petrischale. «Sie sind ganz winzig», sagte Kubota, ganz der stolze Papa. «Sehr niedlich.»

Die unsterbliche Qualle ist wirklich niedlich. Eine ausgewachsene Meduse ist etwa so groß wie der geschnittene Nagel eines kleinen Fingers. Sie hat viele fadenförmige Tentakel. Medusen, die aus kühlerem Wasser stammen, haben einen leuchtend roten Schirm, doch meist sind sie durchscheinend weiß, ihre Konturen so zart, dass das Tier unter dem Mikroskop wie eine Federzeichnung aussieht. Die meiste Zeit treibt die Qualle träge im Wasser. Sie ist nicht in Eile. Sie hat alle Zeit der Welt.

Turritopsis dohrnii durchläuft wie die meisten Hydrozoen zwei Lebensstadien: Polyp und Meduse. Ein Polyp ähnelt einem Fenchelzweig mit dünnen Stängeln, die sich gabeln und verzweigen und in Knospen enden. Wenn diese Knospen wachsen, werden daraus keine Blüten, sondern Medusen. Eine Meduse hat einen glockenförmigen Schirm und herabhängende Tentakel. Jeder Laie würde sie als Qualle bezeichnen, doch es ist nicht die Art, die man am Strand sieht. Die gehören zu einer anderen taxonomischen Gruppe, den Scyphozoen, und verbringen den größten Teil ihres Lebens als Quallen. Hydrozoen haben ein kürzeres Medusenstadium. Eine ausgewachsene Meduse produziert Eier oder Spermien, die zu Larven verschmelzen, aus denen neue Polypen entstehen. Bei anderen Hydrozoenarten stirbt die Meduse nach dem Legen der Eier. Eine *Turritopsis*-Meduse hingegen sinkt auf den Grund des Meeresbodens, wo sie sich zusammenkringelt und die Embryonalstellung einer Qualle einnimmt. Der Schirm zieht die Tentakel wieder ein und degeneriert weiter, bis er nur noch ein schwabbeliger Klumpen ist. Im Verlauf mehrerer Tage bildet dieser Klumpen, der eigentlich eine Zyste ist, eine Außenhülle. Dann sprießen Stolonen, die wie Wurzeln aussehen. Die Stolonen wachsen und werden zu einem Polypen. Der neue Polyp produziert neue Medusen, und der Prozess beginnt wieder von vorn.

Seit einem Vierteljahrhundert kümmerte sich Kubota mindestens drei Stunden täglich um seine Brut: eine anstrengende, langweilige Arbeit. Wenn er in seinem Büro eintraf, nahm er die Petrischalen, eine nach der anderen, vorsichtig aus dem Kühlschrank und wechselte das Wasser. Dann betrachtete er seine Tiere unter dem Mikroskop. Er wollte sich überzeugen, dass die Medusen gesund waren: dass sie anmutig schwammen, dass ihre Schirme ungetrübt waren und dass sie ihre Nahrung verdauten. Er fütterte sie mit Artemiazysten – getrockneten Salzkrebseiern aus dem Great Salt Lake in Utah. Obwohl die Zysten winzig und mit bloßem Auge kaum zu sehen sind, sind sie oft zu groß, um von einer Meduse verdaut zu werden. Kubota schaute durch das Mikroskop, während er das Ei mit zwei feinen Nadeln klein schnitt, wie ein Vater, der den Hamburger seines kleinen Kindes in mundgerechte Happen zerteilt. Bei dieser Arbeit brummelte Kubota vor sich hin und schnalzte mit der Zunge.

«Iss allein!», brüllte er eine Meduse an. «Du bist doch kein

Baby!» Er lachte schallend. Es war ein ansteckendes, immer stärker werdendes Lachen – ha, ha, ha, HA! –, bei dem sein rundes Gesicht noch runder aussah und die Falten um seine Augen und seinen Mund Kreise bildeten.

Einmal im Monat, wenn Kubota an Verwaltungssitzungen an der Universität in Kyoto teilnehmen musste, kehrte er noch am selben Abend zurück, nahm eine achtstündige Hin- und Rückfahrt auf sich, um die Fütterung nicht zu versäumen. Wenn er zu einer wissenschaftlichen Tagung im Ausland reiste, musste er die Medusen in einem tragbaren Kühlgerät mitnehmen. (Er hatte in Kapstadt, in Xiamen, China, in Lawrence, Kansas, und in Plymouth, England, Vorträge über die *Turritopsis* gehalten.) Es war ein Vollzeitjob, sich um die unsterblichen Quallen zu kümmern, doch er forschte auch zu anderen Themen. Er war ein produktiver Autor und veröffentlichte etwa einen wissenschaftlichen Artikel pro Woche, von denen viele auf Beobachtungen beruhten, die er an dem Privatstrand am Seto Lab machte. Jeden Nachmittag ging Kubota, nachdem er sich um seine Quallen gekümmert hatte, den Strand mit einem Notizbuch ab und notierte alle Organismen, die angespült worden waren. Es war ein unvergesslicher Anblick, wie er ganz allein, in Flip-Flops und mit nach innen gedrehten Füßen, den vierhundert Meter langen Strandbogen entlangstapfte, vornübergebeugt, das lockere Haar im Wind, während er den Quarz und Feldspat auf dem Boden untersuchte. Kubota veröffentlichte seine Daten in Artikeln mit Titeln wie «Rekordzahl von gestrandeten Fischen am Kitahama-Strand» oder «Erstes Vorkommen einer Bythotiara-Spezies in der Tanabe-Bucht». Für die Lokalzeitung schrieb er eine wöchentliche Kolumne, die «Qualle der Woche».

Um so viel Zeit für die Quallen aufzubringen, musste Kubota wohl oder übel andere Bereiche seines Lebens vernachlässigen. Er kochte nie und nahm Fast Food zur Arbeit mit. Im Labor trug er T-Shirts – mit Bildern von Quallen – und Jogginghosen. Er brauchte dringend einen Haarschnitt. Und in seinem Büro herrschte das reinste Chaos. Es schien nicht mehr aufgeräumt worden zu sein, seit er begonnen hatte, Hydrozoen zu züchten. Die Tür ließ sich nur gerade so weit öffnen, dass jemand von Kubotas Statur das Büro betreten konnte, da der Weg von einem schulterhohen Regal versperrt wurde, auf dem Hunderte von Objekten lagen, die Kubota am Strand aufgesammelt hatte – Muscheln, Vogelfedern, Krebsscheren, vertrocknete Korallen. Der Schreibtisch war unter einem Stapel aufgeschlagener Bücher verborgen. Auf dem verrosteten Aluminiumwaschbecken steckten fünfzig Zahnbürsten in einer Zinntasse. Die meisten gerahmten Bilder an der Wand zeigten Quallen, darunter auch eine Buntstiftzeichnung. Auf die Frage, ob eines seiner Kinder das Bild gemalt habe, lachte Kubota, der zwei erwachsene Söhne hat, und schüttelte den Kopf.

«Ich bin kein großer Künstler», sagte er und blickte auf seinen Schreibtisch, wo eine Schachtel Buntstifte lag.

Die Bücherregale an den Wänden quollen über von Lehrbüchern, Zeitschriften, naturwissenschaftlichen Büchern, darunter auch einige auf Englisch: Frank Herberts *Dune*, Aristoteles' Gesammelte Werke, *The Life and Death of Charles Darwin. Über die Entstehung der Arten* hatte Kubota zum ersten Mal in der Schule gelesen. Eine der prägenden Erfahrungen seines Lebens, denn vorher wollte er Archäologe werden. Schon damals faszinierte ihn das «Rätsel des menschlichen Lebens». (Woher kamen wir und warum?) Und er hoffte, die Antwort bei den antiken Zivilisationen zu finden. Doch nachdem er Darwin gelesen hatte, begriff er, dass er weiter in die Vergangenheit zurückgehen musste, noch vor den Beginn der menschlichen Existenz.

Kubota wuchs in Matsuyama auf der Insel Shikoku auf. Obwohl sein Vater Lehrer war, bekam er an seiner Schule, die eine Generation vorher auch Kenzaburo Oe besucht hatte, keine herausragenden Noten. Kubota lernte nicht, er las nur Science-Fiction. Doch als er zur Universität ging, kaufte ihm sein Großvater ein Biologie-Lexikon. Es stand auf einem der Regale in seinem Büro neben einem sepiafarbenen Porträt seines Großvaters. Kubota las das ganze Lexikon durch. Besonders beeindruckend fand er den Stammbaum, das taxonomische Diagramm, das Darwin den «Baum des Lebens» nannte. Darwin nahm eine der frühesten Darstellungen dieses Lebensbaums als einzige Illustration in *Über die Entstehung der Arten* auf. «Das Geheimnis des Lebens liegt nicht bei den höherentwickelten Tieren verborgen», sagte Kubota, «sondern in der Wurzel. Und an der Wurzel des Lebensbaums befindet sich die Qualle.»

Während Kubotas Studentenzeit galt die Vorstellung, dass Menschen von einer Qualle etwas Wertvolles lernen könnten, noch als absurd. Ein durchschnittliches Nesseltier scheint nun einmal mit einem Menschen nicht viel gemeinsam zu haben. Es besitzt weder Gehirn noch Herz. Es hat nur eine einzige Körperöffnung, durch die es seine Nahrung aufnimmt und die Abfallstoffe ausscheidet, mit anderen Worten: Es frisst mit seinem eigenen After. Noch Mitte der Neunzigerjahre glaubte man, das menschliche Genom sei viel größer als das Genom einfach aufgebauter Tiere – dass es mehr als 100 000 proteinkodierende Gene enthalten könnte. Als das 2003 abgeschlossene Humangenomprojekt die Anzahl der proteinkodierenden Gene eher bei 21 000 einordnete, eine ähnliche Anzahl wie bei Hühnern, Rundwürmern und Fruchtfliegen, fiel unsere biologische Arroganz in sich zusammen. Auch wenn die Größe eines Genoms nicht seiner Komplexität entspricht, fand eine spätere Studie heraus, dass Nesseltiere ein wesentlich komplexeres Genom besitzen, als man gedacht hatte. «Zwischen Quallen und Menschen besteht eine unglaublich große genetische Ähnlichkeit», sagte Kevin J. Peterson, ein Molekular-Paläobiologe, der an dieser Studie beteiligt war. Abgesehen von der Tatsache, dass wir zwei Genomduplikationen haben, sehen wir aus genetischer Perspektive aus «wie eine verdammte Qualle».

Peterson vermutete, das könne Auswirkungen auf die Medizin haben, besonders im Hinblick auf die Krebsforschung und die menschliche Lebensdauer. Er untersuchte MikroRNAs (gewöhnlich als miRNAs bezeichnet), winzige Stränge genetischen Materials, die die Genausprägung regulieren. MiRNAs fungieren als An-und-aus-Schalter für Gene. Wenn der Schalter aus ist, bleibt die Zelle in ihrem primitiven, undifferenzierten Zustand. Wird der Schalter umgelegt, nimmt die Zelle ihre reife Form an: Dann kann sie sich beispielsweise in eine Haut- oder eine Tentakelzelle verwandeln. MiRNAs sind der Mechanismus, durch den sich Stammzellen differenzieren. Die meisten Krebsarten sind, wie wir seit Kurzem wissen, durch Veränderungen in der miRNA gekennzeichnet. Die Forscher vermuten sogar, dass Veränderungen in der miRNA die *Ursache* für Krebs sein könnten. Wenn man die miRNA einer Zelle «ausschaltet», verliert die Zelle ihre Identität und verhält sich chaotisch, mit anderen Worten: Sie wird karzinös.

«Unsterblichkeit kommt vielleicht viel häufiger vor, als wir glauben», sagte Peterson. «Da draußen gibt es Schwämme, die schon jahrzehntelang existieren. Seeigellarven können sich regenerieren und immer wieder ausgewachsene Exemplare hervorbringen. Das könnte ein allgemeines Merkmal dieser Tiere sein. Sie sterben eigentlich nicht.»

Peterson nannte die Arbeit von Daniel Martínez, einem

Biologen am Pomona College, der zu den weltweit führenden Hydrozoenforschern zählt. Er untersuchte die Hydra, eine Spezies, die einem Polypen ähnelt, aber keine Medusen erzeugt. Ihr Körper ist fast ausschließlich aus Stammzellen aufgebaut, die ihr ermöglichen, sich ständig zu regenerieren. Als Doktorand wollte Martínez beweisen, dass Hydren sterblich sind. Doch seine Forschung in den folgenden Jahrzehnten überzeugte ihn, dass sie ewig leben können und «tatsächlich unsterblich» sind. «Wir dürfen nicht vergessen, dass wir es mit einem Organismus zu tun haben, der sich nicht gänzlich von uns unterscheidet», sagte Martínez. «Genetisch gesehen gleichen Hydren dem Menschen. Wir sind Variationen desselben Themas.»

Genau diese Gemeinsamkeit reizte Peterson. «Wenn ich Krebsforscher wäre», sagte er, «dann wäre Krebs das Letzte, was ich untersuchen würde. Ich würde keine Schilddrüsentumore bei Mäusen untersuchen, sondern an Hydren forschen.» Die Hydrozoen haben vielleicht einen Teufelspakt geschlossen, meinte er. Als Gegenleistung für einen einfachen Aufbau – kein Kopf oder Schwanz, kein Sehvermögen, Fressen mit dem eigenen After – erhielten sie die Unsterblichkeit.

Dennoch war es für die meisten Hydrozoen-Experten nahezu unmöglich, ausreichend finanzielle Mittel zur Erforschung dieser seltsamen, einfach gestrickten Spezies aufzutreiben, um herauszufinden, ob sie uns etwas über die Bekämpfung von Krankheit, Alter und Tod lehren könnte. «Wer lässt sich schon auf einen Wissenschaftler ein, der sich nicht mit Säugetieren, sondern mit Quallen befasst?», sagte Peterson. Die Behörden, die Forschungsgelder vergeben, sagen immer, man muss erfinderisch sein, aber der Kuchen ist nicht groß genug für alle.»

Kubotas Fachkollegen sprachen vorsichtig über potenzielle medizinische Anwendungen in der *Turritopsis*-Forschung. «Es lässt sich nur schwer vorhersehen, wie wirkungsvoll und wie schnell *Turritopsis dohrnii* bei der Bekämpfung von Krankheiten helfen kann», sagte Stefano Piraino, ein Kollege Ferdinando Boeros. «Die Verlängerung der menschlichen Lebensdauer hat keine Bedeutung. Aus ökologischer Sicht ist das Unsinn. Aber wir sollten daran arbeiten, die Lebensqualität in unserem letzten Stadium zu verbessern.»

Kubota widersprach: «Die unsterbliche Meduse ist die erstaunlichste Spezies im gesamten Tierreich. Es dürfte leicht sein, das Geheimnis der Unsterblichkeit zu lüften und dem Menschen eine unendliche Lebensdauer zu bescheren.»

Kubota sah sich in seiner Meinung durch den Umstand bestärkt, dass viele der größten Fortschritte in der Humanmedizin auf Beobachtungen bei Lebewesen beruhten, die bis dahin keine oder fast keine Verbindung zum Menschen zu haben schienen. Im achtzehnten Jahrhundert lieferten in England Melkerinnen, die den Kuhpocken ausgesetzt waren, den Beleg dafür, dass diese Krankheit sie gegen Pocken immunisierte, der Bakteriologe Alexander Fleming entdeckte durch Zufall Penicillin, als in einer seiner Petrischalen Schimmelpilze wuchsen, und die Bakterien, die 1986 von Tauchern der Woods Hole Oceanographic Institution in Hydrothermalquellen in der Adria entdeckt wurden, sollten später in den Tests zum Nachweis von AIDS, SARS und COVID-19 verwendet werden.

Deshalb sammelte Kubota tagtäglich weiter Daten über seinen Lieblingsorganismus.

•

Auf dem Regal in Shin Kubotas Büro stand neben dem Porträt seines Großvaters noch ein gerahmtes Bild: ein Klassenfoto von Studenten der Ehime University in Matsuyama. Obwohl es vor vierzig Jahren gemacht worden war, erkannte man den zwanzigjährigen Kubota sofort – das runde Gesicht, die lächelnden Augen, das ins Gesicht hängende schwarze Haar. Auf die Frage nach dem Foto seufzte er.

«Damals so jung», sagte er, «und jetzt so alt.»

Erstaunlicherweise gab es nur leichte Unterschiede. Kubota hatte in der Zwischenzeit vielleicht ein paar Kilo zugenommen, und auch wenn seine Gesichtszüge nicht mehr ganz so jungenhaft waren, hatte er sich die überschwängliche Energie eines Schülers bewahrt. Sein Haar war noch voll und von Natur aus pechschwarz.

Ja, sagte er, doch sein Haar sei nicht immer schwarz gewesen. Um seinen 55. Geburtstag herum hatte er einen «Schreck» bekommen.

Es war eine stressreiche Zeit für Kubota gewesen. Er hatte sich von seiner Frau getrennt, seine Kinder waren ausgezogen, seine Sehkraft ließ nach, und er begann seine Haare zu verlieren. An seinen Schläfen fiel es besonders auf. Er gab seiner Brille die Schuld, die er an einem Band um den Kopf trug. Er brauchte sie zum Schreiben, aber nicht am Mikroskop, und jedes Mal, wenn er die Brille hob oder senkte, scheuerte das Band an seinem Schläfenhaar. Als die Haare nachwuchsen, waren sie weiß. Er hatte das Gefühl, als wäre er in einem einzigen Jahr um Jahrzehnte gealtert. «Ich fand das sehr erstaunlich», sagte er. «Ich merkte, dass ich alt geworden war.»

Aber jetzt gehe es ihm doch besser, oder?

«Zu alt», sagte er mit finsterem Gesicht. «Ich will wieder jung sein. Ich will der sensationelle Unsterbliche werden.»

Wie um auf andere Gedanken zu kommen, öffnete er seinen Kühlschrank und nahm eine Petrischale heraus. Er hielt sie ins Licht, um die gespenstische *Turritopsis* darin schweben zu sehen. Sie bewegte sich nicht, schien zu warten.

«Passen Sie auf», sagte er. «Ich bringe die Meduse dazu, dass sie sich verjüngt.»

Der zuverlässigste Weg, das zu erreichen, bestand darin, das Tier zu verstümmeln. Mit zwei feinen Schneidegeräten begann er, die Mesogloea, das Gallertgewebe, aus dem der Schirm der Meduse besteht, zu durchlöchern. Nachdem Kubota sie sechsmal durchbohrt hatte, verhielt sich die Meduse wie jedes Opfer einer Messerstecherei: Sie lag auf der Seite und zuckte. Ihre Tentakel bewegten sich nicht mehr, der Schirm kräuselte sich. Doch Kubota konnte nicht aufhören mit seinem scheinbar grauenhaften Sadismus. Insgesamt stach er fünfzigmal zu. Die Meduse regte sich längst nicht mehr. Sie lag schlaff und verkrüppelt da, die Mesogloea zerfetzt, der Schirm in sich zusammengefallen. Kubota wirkte zufrieden.

«Verjüng dich!», schrie er die Qualle an. Dann brach er in Gelächter aus.

Jeden Morgen sah er nach seinem Opfer. Am folgenden Tag heftete sich das zusammengefallene Gallerthäufchen an den Boden der Petrischale, die Tentakeln nach innen gekrümmt. «Sie transdifferenziert», sagte Kubota. «Es finden schnelle Veränderungen statt.» Am vierten Tag waren die Tentakel verschwunden. Der Organismus sah nicht mehr aus wie eine Meduse, sondern wie eine Amöbe. Kubota bezeichnete sie als «Fleischkloß». Am Ende der Woche sprossen Stolonen aus dem Fleischkloß.

Körperliche Qualen auszulösen, um die Verjüngung herbeizuführen, war in gewissem Sinne geschummelt, denn der Prozess läuft natürlich ab, wenn die Meduse alt oder krank wird. Bei seiner Forschung hatte Kubota herausgefunden, dass sich eine Kultur, wenn man sie sich selbst überlässt, schon nach einem Monat regeneriert. Er hatte auch entdeckt, dass gewisse Umstände die Verjüngung verhindern: Unterernährung, ein zu großer Schirm und Wasser, das kälter als achtzehn Grad ist. 2019 verwendete Maria Pia Migliettas Team an der Texas A&M University in Kooperation mit Stefano Piraino in Lecce eine RNA-Sequenzierungsmethode, um die biologischen Prozesse zu bestimmen, die für die Verjüngung verantwortlich sind. Das war der erste Versuch, die Umkehrung des Lebenszyklus der *Turritopsis* auf genetischer Ebene zu begreifen. Die Autoren rühmten sich, dass ihre Resultate «mögliche Richtungen künftiger Forschung zu Entwicklungsstrategien, Zellentransdifferenzierung und zum Altern» aufzeigten. Kubotas Traum war der Verwirklichung einen Schritt näher gekommen.

«Menschen sind sehr intelligent», sagte Kubota. Doch er hatte einen Vorbehalt. «Bevor wir die Unsterblichkeit erlangen, müssen wir uns erst weiterentwickeln. Das Herz ist nicht gut.»

Es hatte zunächst den Anschein, als würde er biologisch argumentieren: dass wir für ein künstlich verlängertes Leben ein bionisches Herz entwickeln müssten. Doch er meinte es nicht wörtlich. Unter Herz verstand er den menschlichen Geist: «Bevor die Menschen sich weiterentwickeln können, müssen sie erst lernen, die Natur zu lieben. Als Kind war ich von Natur umgeben. Jetzt nicht mehr. Wir leben in einer mechanischen, technischen Welt. Alles, was die Leute über die Natur wissen, stammt aus ihrem Computer. Heute ist der ländliche Raum nicht mehr in Gebrauch. In Japan ist er verschwunden. Wenn das so weitergeht, stirbt die Natur. Es gibt schon Anzeichen, dass es zu spät ist: die Erderwärmung, die Überbevölkerung, radioaktive Isotope in der Tiefsee. Überall sind unsichtbare Chemikalien. Wir leben im Müll.»

Er wollte sagen, dass Menschen intelligent genug sind,

um biologische Unsterblichkeit zu erlangen, es aber nicht verdient haben.

«Selbstbeherrschung fällt dem Menschen sehr schwer», sagte er. «Zur Lösung dieses Problems ist ein geistiger Wandel nötig.»

•

Das ist der Grund, warum Kubota nach seinem Schreck eine zweite Karriere begann. Neben seiner Tätigkeit als Forscher, Professor und Gastredner wurde er Songwriter. Kubotas Lieder wurden landesweit im Fernsehen gebracht, in ganz Japan von Karaokemaschinen gespielt; er wurde zu einer kleinen Berühmtheit – dem japanischen Gegenstück zu Bill Nye the Science Guy.

Dabei half es, dass in Japan, dem Land mit der weltweit ältesten Bevölkerung, die unsterbliche Qualle in der Populärkultur einen besonderen Status hatte. Durch das Fernsehdrama 14 *Months* aus dem Jahr 2003, das auf einem Bestseller von Takuji Ichikawa beruht, erlangte sie große Beliebtheit. Der Film handelt von Yuko, einer fünfunddreißigjährigen Nachrichtensprecherin, mit deren Karriere es allmählich bergab geht. Da begegnet sie einer Zehnjährigen, die behauptet, die Tochter von Yukos bester Kindheitsfreundin zu sein. Das Mädchen bietet Yuko einen Trank an, der aus der unsterblichen Qualle gewonnen wurde. Nachdem Yuko ihn getrunken hat, beginnt sie sich zu verjüngen. Ihre Karriere nimmt wieder Fahrt auf, und ihr Liebesleben verbessert sich. Dann die überraschende Wendung: Sie begreift, dass die Zehnjährige in Wirklichkeit ihre verjüngte frühere Freundin ist und der Prozess der Verjüngung mit Yukos Rückkehr in ihre Kindheit enden wird. Einige Filmszenen wurden im Seto Laboratory gedreht.

Seit *14 Months* trat Kubota regelmäßig in Fernseh- und Radiosendungen auf. Zu den Highlights gehört eine Folge von *Morning No. 1*, einem japanischen Morgenmagazin, in der es um Shirahama geht. Nach einem Beitrag über die Onsen wird Kubota im Seto Aquarium gefilmt, wo er über die *Turritopsis* erzählt. «Ich will auch wieder jung werden!», ruft einer der Moderatoren. In *Love Laboratory*, einer Wissenschaftssendung, spricht Kubota über seine Experimente, während er am Kai von Shirahama Proben sammelt. «Ich beneide die unsterbliche Meduse!», schwärmt die Moderatorin. In *Feeding Our Bodies* schaut Kubota durch sein Mikroskop auf eine Meduse. «Von allen Tieren», sagt er und wendet sich abrupt der Kamera zu, «ist die unsterbliche Qualle das großartigste.» Darauf folgt ein Interview mit hundertjährigen Zwillingen.

Bei keinem seiner Fernsehauftritte darf ein Lied fehlen. Zu diesem Zweck verwandelt er sich von Dr. Shin Kubota, dem gelehrten Meeresbiologen in Jackett und Krawatte, in Mr. Immortal Jellyfish Man. Sein Superhelden-Alter-Ego hat ein eigenes Kostüm: weißer Laborkittel, rote Handschuhe, rote Sonnenbrille, rote Gummimütze mit baumelnden Gummitentakeln, um auszusehen wie die Meduse. Mithilfe eines seiner Söhne, eines aufstrebenden Musikers, hat Kubota sechs Alben veröffentlicht. Viele seiner Lieder sind Oden an die *Turritopsis*, zum Beispiel *Ich bin die rote Meduse*, *Ewiges Leben*, *Die rote Meduse – ewige Zeugin*, *Zähe Meduse* und sein eingängigstes Stück *Chorus der roten Meduse*.

Ich heiße rote Meduse
und bin eine winzige Qualle.
Aber ich hab ein Geheimnis,
das kein anderer wissen darf:
Ich kann – ja, ich kann! – mich verjüngen.

Wenn das Ende zu nahen scheint,
werde ich – 1, 2, 3 – wieder ein junger Polyp
und fange mein Leben von vorn an.
Ihr alle lebt nur einmal,
drum haltet das Leben in Ehren.
Oh, hi-ho, scharlachrot, scharlachrot.

In anderen Liedern werden verschiedene Meereslebewesen gepriesen: *Wir sind Schwämme – das Lied der Porifera, Viva! Die Vielfalt der Nesseltiere* und der *Saitenwurm-Mambo*. Es gibt auch ein Lied mit dem Titel *Ich bin Shin Kubota.*

Ich heiße Shin Kubota
Dozent an der Uni in Kyoto.
In Shirahama, Präfektur Wakayama,
ich wohne neben einem Aquarium,
liebe Meeresbiologie.
Jeden Tag geh ich den Strand entlang
fische mit einem Planktonnetz,
suche nach wundersamen Geschöpfen,
suche nach unbekannten Quallen,
widme mein Leben den kleinen Tieren,
laufe täglich die Strände ab,
trage stets robuste Sandalen –
damit ich ins Meer gehen kann.
Die rote Meduse verjüngt sich.
Die rote Meduse stirbt nicht.

Wegen seiner Lieder wird er oft von Grund- und Oberschulen gebeten, Vorträge zu halten. Lehrer machen im Naturwissenschaftsunterricht regelmäßig Exkursionen mit ihren Schülern zum Seto Lab, um Mr. Immortal Jellyfish Man zu treffen. An diesem Wochenende kam eine Gruppe von hundert Elfjährigen zu Besuch, die Reden über die *Turritopsis* vorbereitet hatten. Die Gruppe, zu groß, um in das Seto Laboratory zu passen, saß im Ballsaal eines lokalen Hotels auf dem Fußboden. Nachdem die Kinder ihre Präsentationen beendet hatten («Ich bin verrückt nach Quallen!», rief ein Mädchen), stieg Kubota auf die Bühne. Er war der geborene Lehrer. Er sprach laut, erzählte lebhaft und stellte den Kindern viele Fragen. Wie viele Tierarten gibt es auf der Erde? Wie viele Stämme? Das Karaoke-Video vom *Chorus der roten Meduse* wurde auf eine große Leinwand projiziert, und die kichernden Kinder sangen mit.

Kubota gab sich nicht nur zu seinem eigenen Vergnügen solche Mühe, obwohl ihm diese Auftritte offenbar großen Spaß machten. Und er fand seine Öffentlichkeitsarbeit nicht weniger wichtig als seine Forschung. Sie war der Kernpunkt seines Lebenswerks: «Wir müssen Pflanzen lieben – ohne Pflanzen können wir nicht leben. Wir müssen Bakterien lieben – ohne die Zersetzung unseres Körpers können wir nicht zur Erde zurückkehren. Wenn alle lernen, lebende Organismen zu lieben, wird es keine Verbrechen mehr geben. Keinen Mord. Keinen Selbstmord. Ein geistiger Wandel ist nötig. Und am einfachsten erreicht man den durch Gesang. Die Biologie ist zu spezialisiert.» Er führte die Handflächen dicht aneinander. «Lieder hingegen …»

Dann breitete er die Hände weit auseinander, als wollte er die ganze Welt mit einschließen.

●

Nach der Arbeit ging Kubota in eine Karaokebar. Er sang jeden Abend mindestens zwei Stunden lang Karaoke. Er besaß ein 1611 Seiten starkes Buch, das größer und enger beschriftet war als ein Telefonbuch und alle Songs auflistete, die in japanischen Karaokebars zur Verfügung standen. Er hatte sich das Ziel gesetzt, von jeder Seite ein Lied vorzutragen. Wenn er einen Song auswählte, unterstrich er ihn im Buch. Beim Durchblättern sah man, dass er sein Ziel bereits übertroffen hatte.

«Beim Karaokesingen nutze ich eine andere Hirnregion», sagte er. «Es tut gut, sich zu entspannen, aus vollem Herzen ein Lied zu singen. Es tut gut, laut zu sein.»

Seine Lieblingskaraokebar hieß Kibarashi, was sich mit «Erholung» übersetzen lässt, aber wörtlich «frische Luft» bedeutet. Die Bar befand sich am Ende einer ruhigen, dunklen Straße in einem Wohngebiet abseits der Küstenstraße und der anderen Einkaufsmeilen in Shirahama und war nur an einem schuhkartongroßen Schild mit einem leuchtenden Mikrofon zu erkennen. Wenn man die Tür öffnete, betrat man einen wohnzimmerähnlichen Raum – Sofas, Couchtische, Poster von japanischen Sängern, Topfpflanzen aus Plastik, Goldfische in kleinen Aquarien. An der einen Wand zog sich eine niedrige, schmale Theke entlang. Auf zwei Fernsehern, die an der Decke hingen, lief das Karaokevideo einer romantischen japanischen Ballade. Das Mikrofon in der Hand, stand Kubota vor dem einen Bildschirm, wiegte sich hin und her und sang aus voller Kehle in seinem wohlklingenden Bariton. Die Barkeeperin, eine Frau in den Siebzigern, saß hinter der Theke und tippte auf ihrem iPhone. Sonst war niemand da.

Kubota sang zwei Stunden lang – Elvis Presley, die Beatles und zahllose japanische Balladen und Kinderlieder. Auf meinen Wunsch sang Kubota auch seine eigenen Lieder, von denen sieben in seinem Karaokebuch aufgeführt waren. Die Karaokemaschine im Kibarashi gehörte zu einem internationalen Netz solcher Maschinen. Der Computer zeigte Statistiken zu jedem Song, zum Beispiel wie viele Leute in

Japan ihn im vergangenen Monat ausgewählt hatten. Kubotas Lieder hatte niemand ausgewählt.

«Leider werden sie nicht von vielen Leuten gesungen», sagte er. «Sie sind nicht beliebt, denn es fällt den Menschen sehr schwer, die Natur zu lieben.»

•

Ein paar Tage später zog sich Kubota eine bakterielle Infektion im Auge zu. Er konnte nicht mehr klar genug sehen, um durch sein Mikroskop zu schauen. Als er anrief, um die geplanten Treffen abzusagen, entschuldigte er sich mehrmals.

«Menschen sind sehr schwach», sagte er. «Bakterien sehr stark. Ich will unsterblich sein!» Er ließ sein herzliches Lachen ertönen.

Auch die *Turritopsis* ist sehr schwach. Obwohl sie unsterblich ist, wird sie leicht getötet. *Turritopsis*-Polypen sind gegen ihre Fressfeinde, vor allem Seeschnecken, fast völlig wehrlos. Sie werden leicht durch organisches Material erstickt. «Die *Turritopsis* ist ein Wunder der Natur, doch sie ist nicht vollkommen», sagte Kubota. «Es handelt sich trotzdem um einen Organismus. Sie ist weder heilig noch göttlich.»

Und ihre Unsterblichkeit ist eine Frage der Semantik. «Das Wort ‹unsterblich› ist irreführend», sagte James Carlton, der emeritierte Professor für Meereswissenschaften am Williams College. «Wenn man mit ‹unsterblich› die Weitergabe der Gene meint, ja, dann ist *Turritopsis dohrnii* unsterblich. Doch es sind nicht mehr dieselben Zellen. Die Zellen sind unsterblich, aber nicht unbedingt der Organismus selbst.» Um die Benjamin-Button-Analogie zu vervollständigen, stelle man sich den Mann vor, der nach seiner Rückentwicklung zum Fötus wiedergeboren wird. Die Zellen wären regeneriert, doch der alte Benjamin wäre verschwunden. An seine Stelle träte ein anderer Mensch mit einem neuen Gehirn, einem neuen Herzen, einem neuen Körper. Er wäre ein Klon.

Dennoch machte Kubota weiter, in der Überzeugung, dass ihm die unsterbliche Qualle eines Tages seine Jugend zurückgeben würde. Nicht die Niederlage fürchtete er, sondern einen zu leichten Sieg: dass man aus dem Wissen über die Qualle zu früh Kapital schlagen würde, bevor die Menschheit imstande wäre, sich die Wissenschaft von der Unsterblichkeit auf ethisch vertretbare Weise zunutze zu machen. «Wir sind seltsame Tiere», sagte er. «Wir sind so klug und zivilisiert, aber unsere Herzen sind unterentwickelt. Wenn das nicht so wäre, gäbe es keine Kriege. Ich befürchte, dass wir unser Wissen zu früh anwenden wie bei der Atombombe.»

Diese Aussage erinnerte mich an etwas, das er in der Woche gesagt hatte, als er sich ein Musikvideo seines Liedes «Lebender Planet – Zusammenhänge zwischen Wald, Meer und ländlichem Raum» anschaute. Sein achtundachtzigjähriger Nachbar, ein pensionierter Angestellter der Osaka Gas Company, hatte es in Shirahama aufgenommen. Kubotas Liedtext war im Stil eines typischen Karaokevideos über eine Reihe von Szenen der Umgebung kopiert. Da war Engetsu, aus dessen bemoostem Sandstein Eichen und Kiefern ragten, da waren Kirschblüten auf dem Heisogen-Plateau, die gefurchten Klippen von Sandanbeki, der Privatstrand am Seto Laboratory, ein Wasserfall, ein Bach, ein Teich und die an die Stadt grenzenden Klippenwälder, so dicht und schwarz, dass es schien, als würden die Bäume die Dunkelheit absondern.

«Die Natur ist wunderschön», sagte Kubota mit gequältem Lächeln. «Wie friedlich alles wäre, wenn die Menschen verschwänden.»

10

DAS GRÜNE KANINCHEN - ÜBER DIE KUNST
DES UNHEIMLICHEN

In den letzten Stunden des Jahrtausends wurde auf dem Gelände eines französischen Agrarforschungsinstituts in dem Städtchen Jouy-en-Josas bei Versailles ein Albinokaninchen geboren. Im Gegensatz zu ihren Artgenossen, die in Marie Antoinettes Dörfchen am Petit Trianon herumtollten, waren die Kaninchen im Institut National de la Recherche Agronomique dazu bestimmt, ihr kurzes Dasein in einem Kaninchenkonzentrationslager zu fristen. Unterhalb der auf einem Hügel gelegenen Labore befand sich hinter einem Schlachthof ein alter, überfüllter Stall. Die etwa hundert Albinokaninchen waren in Drahtkäfigen eingesperrt, die, wie ein Besucher es einmal beschrieben hatte, «zwei Hüpfer lang und keinen Hüpfer breit» waren. Das Jahrtausend-Kaninchen sah genauso aus wie seine Artgenossen. Sein einziger erkennbarer Charakterzug war eine so große Sanftmütigkeit, dass es schien, als wäre es sediert. In dem Labor, wo niemand ahnte, dass das Kaninchen zu weltweitem Ruhm bestimmt war, wurde es GFP.014 genannt. Erst vier Monate später, nach dem Besuch eines brasilianischen Künstlers, dessen Erscheinungsbild oft mit Victor Frankenstein verglichen wurde, bekam es den Namen Alba. Ob man den Künstler Eduardo Kac als Albas Schöpfer betrachten solle, wurde Gegenstand einer jahrzehntelangen und letztlich belanglosen Auseinandersetzung. Es bestand jedoch kein Zweifel daran, dass Kacs Besuch im Labor, der zuerst in der Lokalpresse und später in einem weltweiten Wust aus Schlagzeilen, polemischen Essays und Nachrichtenbeiträgen aufgegriffen wurde, ihn durch eine moderne Form der Ersitzung zum unberechtigten Eigentümer der verfluchten Kreatur machte. Die meisten Artikel waren mit einem Foto von Alba illustriert, das Kac aufgenommen oder durch Bearbeitung erstellt hatte. Vor einem weißen Hintergrund leuchtete das Kaninchen in einem fremdartigen Neongrün.

Das Leuchten wurde von einem Gen erzeugt, das als GFP, eine Abkürzung für «grün fluoreszierendes Protein», bekannt ist. Es war der Qualle *Aequorea victoria* entnommen worden, die an der Pazifikküste lebt. Die französischen Wissenschaftler hatten eine synthetische Variante des Gens benutzt, die die Leuchtkraft vervierfacht. Sie hatten das synthetische Leucht-Gen in eine befruchtete Eizelle injiziert und sie Albas Mutter eingepflanzt (das gleiche Verfahren, mit dem Revive & Restore die Wandertauben-DNA in die Embryos von Bandtauben einbringen wollte). Alba kam als fluoreszierendes Kaninchen zur Welt, eine Eigenschaft, die in ihre DNA eingeschrieben war. Das machte sie zu einer Chimäre: ein Quallenkaninchen.

Genau wie *Aequorea victoria* leuchtete Alba weder bei Tageslicht noch im Dunkeln. Bevor Kac mit gelber Brille und Blauleuchte das Labor besuchte, konnten sich die französischen Wissenschaftler nicht einmal sicher sein, dass Alba überhaupt leuchtete. Doch Kac bestätigte es: Im blauen Licht (das das grüne Leuchten aktivierte) hatte das Kaninchen, wenn man es durch die Brille betrachtete (welche das blaue Licht nicht durchließ), tatsächlich eine grüne Aura.

Die Fluoreszenz zeigte sich besonders intensiv in Albas Augen. Albas Schwester, GFP.015, leuchtete ebenfalls, doch sie wehrte sich, als Kac sie hochheben wollte. Alba war fügsam. In diesem Moment machte jemand ein Foto, auf dem Kac vor einer Wand aus Kacheln mit beige-cremefarbenem Wirbelmuster stand und Alba im Arm hielt. Vielleicht packte er sie ein bisschen zu fest am Hals. Vor Kacs grauem und bis ganz oben zugeknöpftem Hemd strahlt Albas Fell schneeweiß, ihr Auge feuerrot. Kac, mit dunkler Brille, lächelt gezwungen und schmallippig wie ein Highschool-Direktor, der für das Jahrbuch posiert. Mit diesem Porträt würde er der Welt in Erinnerung bleiben.

Noch bevor Alba zu einem internationalen Kunststar avancierte, legte Kac fest, dass das Kaninchen selbst nicht das Kunstwerk war. Zum Werk, dem er den Titel *GFP Bunny* gab, gehörte nicht nur die Erschaffung des Kaninchens, sondern auch seine gesellschaftliche Integration und die öffentliche Kontroverse, die er erwartete. Mit «gesellschaftlicher Integration» meinte Kac, dass er Alba als Haustier adoptieren würde. Das sollte bei einem Kunstfestival in Avignon geschehen, wo Kac sich eine Woche lang in einem verglasten Wohnraum um Alba kümmern wollte. Die Festivalbesucher sollten beobachten, wie sich zwischen Kac und seinem Haustier eine emotionale Beziehung entwickelte. «Alba hat ein Geistes- und Gefühlsleben, das anerkannt werden muss», sagte er. Danach würde Kac Alba zu sich nach Hause nach Chicago mitnehmen. Die beiden würden sich zu Kacs Frau und seiner fünfjährigen Tochter gesellen, die Alba «in einer liebevollen Umgebung» aufziehen würden. Fotos und Videos von Alba bei den Kacs würden den humanisierenden Effekt fördern. «Es ist einfach, sich vor dem Unbekannten zu fürchten, zu glauben, dass transgene Tiere Monster sind», sagte Kac zu einem Kunstkritiker der *New*

York Times. «Aber wenn dieses Tier auf deinem Schoß sitzt und dir in die Augen blickt, ändert sich das.»

Am Tag vor dem Festival hielt sich das Agrarinstitut INRA nicht an die getroffene Vereinbarung und weigerte sich, Alba aus ihrem Maschendrahtgefängnis zu entlassen – ein unverhofftes Geschenk für Kac. Das ermöglichte es dem Festivalleiter, sein «heftiges Missfallen» über diese «ungerechtfertigte» Zensur zu äußern, und gab Kacs wichtigstem Argument für sein Werk recht: Man gestehe menschengemachten Geschöpfen nicht die gleiche Würde zu wie anderen Lebewesen. Die Entscheidung des INRA machte Kacs Standpunkt viel deutlicher, als eine Woche Kaninchensitten in einem nachgebauten Wohnzimmer in Avignon es je vermocht hätte.

«Es ist ein normaler Organismus», sagte Kac *La Provence*. «Es ist kein Monster!»

•

Das INRA begründete den plötzlichen Sinneswandel mit einem Kommunikationsfehler und behauptete, der Institutsleiter hätte niemals zugelassen, dass ein Tier aus dem Besitz des Labors in die Welt freigelassen würde. Weitaus wahrscheinlicher war, dass es sich um eine Fehlkalkulation handelte. Die französischen Wissenschaftler hatten nicht aus Großzügigkeit oder aus einem hehren künstlerischen Impuls heraus einer Partnerschaft mit Kac zugestimmt. Sie hatten damit gerechnet, dass *GFP Bunny* öffentliches Aufsehen erregen würde. Allerdings hatten sie geglaubt, es würde positiver Natur sein.

Sie hätten gute Presse dringend gebraucht. Das INRA-Labor in Jouy-en-Josas war eine der führenden Einrichtungen zur Erforschung genetisch modifizierter Organismen, ein

Fachgebiet, das in Frankreich stark unter Druck stand. Eine Reihe von Skandalen rund um staatlich finanzierte Wissenschaftler – am ungeheuerlichsten die Enthüllung, dass Ärzte Mitte der Achtzigerjahre Blutern wissentlich HIV-infiziertes Blut gespritzt hatten – hatte die Allgemeinheit gegen die neuen Biotechnologien und ihre Versprechungen aufgebracht. Diese Stimmung wurde durch die aufkommende Volksbewegung zum Schutz von Kleinbauern vor den Verheerungen durch multinationale Agrarkonzerne noch verstärkt. Kacs Partner beim INRA, der Forschungsleiter Louis-Marie Houdebine, war ein enthusiastischer Befürworter der Gentechnik und hatte für die breite Öffentlichkeit eine Streitschrift zu dem Thema veröffentlicht. Das Einbringen von DNA in eine fremde Spezies ermöglichte den Forschern, die Funktion spezifischer Gene genauer zu bestimmen. Experimente an transgenen Tieren konnten, wie Houdebine seinen Landsleuten klarzumachen versuchte, bei der Behandlung von Mukoviszidose, Masern, Hepatitis C, HIV, Alzheimer, Demenz oder Brustkrebs zum Durchbruch führen. In seiner eigenen Forschung wendete Houdebine Gentechnik an, um neue pharmazeutische Wirkstoffe zu entwickeln – Impfstoffe, Hormone, Antikörper –, die aus tierischen Proteinen stammten. Er untersuchte neuartige Proteine in der Milch transgener Kaninchen. Das INRA hatte schon seit mehr als einem Jahr GFP-Kaninchen produziert, als Kac mit den Forschern Kontakt aufnahm.

Ursprünglich hatte sich Houdebine bereit erklärt, auf dem Festival in Avignon an einer Diskussion über die ästhetische Schönheit von GFP-Kaninchen teilzunehmen. Er wollte die Gelegenheit nutzen, um die Bedeutung der Gentechnik anzupreisen. Er mochte zwar einen Sinn für Schönheit haben, aber einen Sinn für Kunst hatte er nicht. Wie Kac ihm hätte erklären können, erforderte ein Kunstwerk mehr als ästhetische Harmonie, es stellte schwierige Fragen, auf die es keine befriedigenden oder bekannten Antworten gab.

Schnell wurde klar, dass der Wissenschaftler und der Künstler gegensätzliche Ziele verfolgten. Houdebine wollte Werbung. Kac ging es um öffentliche Empörung, je chaotischer, desto besser. Der Erfolg von *GFP Bunny* hing von dem Gegensatz zwischen der Niedlichkeit des Tieres und der Künstlichkeit seines Erscheinungsbilds ab. Je stärker der Kontrast, desto größer das Entsetzen. Sobald klar war, dass Alba mehr Entsetzen als Wohlwollen auslösen würde, erkannte das INRA seinen Fehler und wollte sich aus dem Projekt zurückziehen.

Kac hatte schon seit Jahren versucht, Kunst zu machen, die den moralischen Sumpf der Gentechnik aufwühlte, ein Thema, das mit der bevorstehenden Vollendung des Humangenomprojekts (der erste Entwurf des menschlichen Genoms wurde im Februar 2001 veröffentlicht) an Bedeutung gewonnen hatte. In *Time Capsule* (1997), einer Performance in einem nachempfundenen Krankenhausbett in einer Kunstgalerie in São Paulo, ließ sich Kac am Knöchel einen Mikrochip unter die Haut implantieren – eine digitale Fußfessel, über die man im Internet seinen Standort verfolgen konnte. Der Gebrauch dieser Mikrochips war bis dahin auf verschollene Haustiere beschränkt gewesen, und die Fessel erinnerte an die Sklaverei. «Nicht einmal das persönlichste aller biologischen Merkmale», schrieb Kac, «ist gegen Gier und die Allgegenwart von Technologie gefeit.» Bei *A-Positive*, einer Performance, die im selben Jahr in Chicago aufgeführt wurde, ließ sich Kac intravenös mit einem Roboter verbinden, der seinem Blut Sauerstoff entzog, um eine Flamme zu entzünden. Damit wollte er demonstrieren, dass «nicht einmal die DNA oder das Blut vor dem Eindringen der Technologie in den Körper sicher sind». In *Genesis* (1999) übersetzte Kac ein

Stück von Genesis 1:28 («Und herrschet über die Fische im Meer und über die Vögel unter dem Himmel und über alles Getier, das auf Erden kriecht») in DNA-Basenpaare. Er übertrug dieses «Genesis-Gen» in Bakterien, die er anschließend in einer Kunstgalerie im österreichischen Linz in einer Petrischale ausstellte. Die Besucher bestrahlten die Bakterien mit ultraviolettem Licht und lösten Veränderungen aus, die ins Englische zurückübersetzt wurden.

Keine dieser Aktionen reichte an die Eleganz eines grünen Kaninchens heran. Es war kein künstlerisches Statement nötig, um Alba zu verstehen (auch wenn Kac eine ausführliche Erklärung verfasste). Die Wohnzimmer-Performance wäre überflüssig gewesen. Sogar der beschwörende Titel «GFP» war überflüssig. Die verschiedenen aufeinanderprallenden Dimensionen von Ironie, die moralischen Spannungen, das Gespenst der zunehmend gottgleichen Manipulationen des Menschen an organischem Leben – all das kam im Bild des übernatürlich leuchtenden Kaninchens zum Ausdruck. Alba war Kacs *Crying Girl*, sein *Identical Twins*, sein *Campbell's Soup Cans*. Er reproduzierte das Bild als Siebdruck, als Gemälde, Foto, Zeichnung, Plakattafel, digitales Kunstprojekt und auf einer Fahne, die er vor seinem Haus hisste.

Die öffentlichen Angriffe waren genauso vorhersehbar wie die Freude der Schlagzeilenschreiber: «LEUCHTTURM DER KANINCHENKUNST», «DAS KUNST-GEN», «GRÜN GLÜHT DAS KANINCHEN», «EIN KLEINER SPRUNG FÜR ALBA – EIN GROSSER SPRUNG FÜR DIE MENSCHHEIT» und das nachdenkliche «WENN ALBA EIN MONSTER IST, SIND WIR DAS ALLE». Der Vorwurf der Tierquälerei ließ sich am leichtesten abschmettern. Kac trug die Verantwortung für «Alba», nicht aber für GFP.014, das Kaninchen war Teil einer globalen Industrie, in der Tiere für Forschungszwecke gezüchtet und geschlachtet wurden. Kac gewann sogar die Unterstützung von PETA, wurde von der Organisation dafür gelobt, das Elend von Labortieren ins Blickfeld zu rücken. Dennoch konnte Kac nicht der Versuchung widerstehen, darauf hinzuweisen, dass die Kunstgeschichte mit Hasenblut getränkt war: Jahrhundertelang hatten Maler ihre Leinwände mit Hasenleim versiegelt. «Hinter jedem da Vinci, Velázquez, Goya oder Picasso», sagte er, «stecken zahllose tote Kaninchen.»

Oberflächliche Schmähungen der aufstrebenden Technologie fand Kac langweilig. Wie weit, wurde in den Leitartikeln gefragt, dürfen wir es mit unserer Fähigkeit treiben, andere Geschöpfe zu formen? Wie stark sollten wir uns selbst umgestalten? Wie die Geschichte der Menschheit immer wieder gezeigt hat, lautete die offensichtliche Antwort: Wir würden genau so weit gehen, wie die Technologie es erlaubte, und uns bemühen, darüber hinauszugehen. Die Herausforderung bestand darin, eine verantwortungsvolle Nutzung (so gut wie möglich) zu unterstützen und jede groteske Nutzung (so gut wie möglich) zu vermeiden. Die durch die Gentechnik entstehenden ethischen Konflikte erforderten eine umfassende kulturelle Debatte, in der die historische Vorgeschichte, der neueste Stand der Wissenschaft und die gesamte Palette möglicher Anwendungen berücksichtigt wurden. «Da Kunst symbolisch ist», schrieb Kac, kann sie «die kulturellen Implikationen der sich vollziehenden Revolution offenbaren.» Jeder Mensch würde sich sein eigenes Urteil bilden, doch die Künstler sollten die Fragen stellen.

Durch den Sensationsjournalismus, der die Zeit nach Albas Nichterscheinen in Avignon prägte, wurde klar, dass weder das INRA noch Kac besonders viel über das reale Tier wussten, das diese öffentliche Abrechnung ausgelöst hatte. «Alba existiert nicht», sagte Louis-Marie Houdebine.

«Für mich ist es das Kaninchen Nummer 5256 oder so.» Man konnte auch nicht behaupten, dass Alba für Kac, der das Kaninchen nach der ersten kurzen Begegnung nicht mehr wiedersah, wesentlich realer war. Kac erzählte gern, die Begegnung mit Alba habe in ihm «ein tiefes Verantwortungsgefühl» geweckt, doch so hätte er sich auch vor der Begegnung äußern können oder ohne das Tier je gesehen zu haben.

Am Ende des Jahres, nachdem die erste öffentliche Empörung abgeflaut war, kehrte Kac nach Frankreich zurück, um Alba zu befreien – oder zumindest, um sie noch bekannter zu machen. Er versuchte gar nicht erst, das INRA zu kontaktieren, wie er dem *Wired*-Reporter Christopher Dickey gestand, der ihn auf der Reise begleitete. Stattdessen gab er Interviews, klebte überall in Paris Plakate von seinem Porträt mit Alba und veranstaltete öffentliche Debatten. Das Publikum teilte sich in diejenigen, die ihn als modernen Dr. Mengele bezeichneten, und diejenigen, die ihm gestanden: «Wissen Sie, ich würde auch gern leuchten.»

Während Kac diskutierte, besuchte Dickey das INRA, wo er bei Alba vorbeischaute. Das Kaninchen hockte katatonisch in seiner kotverschmutzten Zelle.

•

Die heftigsten Angriffe auf Kac kamen von Kunstkritikern, Journalisten und Ethikern, die nicht begriffen, dass Alba keine Erscheinung aus einer gruseligen Zukunft, sondern ein Geschöpf der Gegenwart war. Schon 1991 hatte Houdebine Experimente durchgeführt, bei denen er *menschliche* DNA in Kaninchenembryos injizierte, um eine neue Proteinquelle für medizinische Anwendungen zu erzeugen. Die Nutzung des grün fluoreszierenden Proteins hatte schon 1962 begonnen, als es erstmals von einem Team unter der Leitung von Osamu Shimomura isoliert wurde, der später mit zwei anderen Wissenschaftlern für die gemeinsame Forschung zu Proteinen den Nobelpreis gewinnen würde. 1988 wurde es erstmals bei einer anderen Art, dem Ringwurm, eingefügt. Als Alba zur Welt kam, wurde das GFP als Biomarker bei Fliegen, Mäusen, Fröschen, Mais und Schleimpilz benutzt – zum Beispiel, um das Wachstum von Tumoren verfolgen zu können.

Die Geschichte transgener Tiere reicht bis 1980 zurück, als ein Herpesvirus erfolgreich in Mäuseembryos injiziert wurde. Im selben Jahr patentierte das amerikanische Patent- und Markenamt zum ersten Mal ein transgenes Tier. Seitdem hat es Patente für Hunderte von Arten erteilt, darunter auch leuchtende Schweine, Katzen, Hunde, Schafe, Affen und Zierfische. Das erste transgene Kaninchen wurde 1985 erzeugt. Wenn man Wissenschaftler nach ihrer Meinung zum *GFP Bunny* fragte, war ihr Hauptkritikpunkt, dass es «albern» sei, wie ein Biologe aus Harvard es formulierte, denn mit einem fluoreszierenden Gen könne man «viel Wichtigeres» anfangen. Alba war Schnee von gestern.

Der Ausdruck «genetisch modifiziertes Kaninchen» ist beinahe ein Pleonasmus. Hauskaninchen sind menschliche Schöpfungen, domestiziert durch jahrhundertelangen Verzehr und den Transport in andere Weltgegenden, durch Koevolution und Zucht. Weiße Neuseeländer Kaninchen, die von Forschern wegen ihres Naturells und ihrer verlässlichen Gesundheit bevorzugt werden, waren die zufällige Schöpfung eines kalifornischen Züchters namens William Preshaw aus dem Jahr 1917. Der Evolutionsbiologe Marc Hauser sagte über Alba: «Dieses Kaninchen ist kein bisschen verrückter als ein Chihuahua.» Wie bei den meisten technischen Fortschritten hatte sich nicht der Akt des Eingriffs verändert, sondern der Umfang und die Präzision bei der Ausführung.

Im Sommer 2002 gab das INRA Albas Tod bekannt. Man nannte keine Ursache. «Kaninchen sterben oft», sagte Houdebine. «Es ist etwa vier Jahre alt geworden, in unserer Einrichtung eine normale Lebensdauer.» Doch Alba war nicht vier, sondern erst zweieinhalb Jahre alt gewesen. Und Weiße Neuseeländer leben meist fünf bis acht Jahre. Aber bei den Kaninchen des INRA ging es nicht darum, dass sie lange lebten. Sie wurden gezüchtet, damit man sie schlachten und ihre Organe zu Forschungszwecken entnehmen konnte. Kac betrachtete die Meldung mit Skepsis und vermutete, dass Houdebine Alba für tot erklärt hatte, um den ständigen Presseanfragen zu entgehen. Wahrscheinlicher, wenn auch prosaischer war, dass man das Kaninchen wie seine hundert Stallgenossen zum Wohl der Wissenschaft getötet hatte.

Letztlich spielten die Umstände von Albas Tod, genau wie die ihrer Geburt, keine Rolle. Die Alba-Fahne flatterte weiter an Kacs Haus, denn sie diente, den Worten des Künstlers zufolge, als «Zeichen ihrer Abwesenheit», und es bestand kein Grund, sie auf Halbmast zu setzen. Das *GFP-Bunny*-Projekt schritt ungebremst voran, und Albas künstlerisches Erbe, die Drucke und T-Shirts und Podiumsdiskussionen, wurden immer zahlreicher.

Auch in dieser Hinsicht diente Albas Schicksal dem wissenschaftlichen Fortschritt. Kurz bevor Alba starb, entdeckten Forscher, dass transgene GFP-Tiere nach dem Tod weiterleuchten.

●

Im Anschluss an *Genesis* und *GFP Bunny* vollendete Kac seine *Creation Trilogy* mit *The Eighth Day* (2001), einem

Ökosystem unter einer Glaskuppel, in dem verschiedene Organismen lebten – Mäuse, Tabakpflanzen, Zebrafische, Amöben –, die alle leuchteten. Für *Natural History of the Enigma* (2009) erschuf Kac «Edunia», eine transgene rosa Petunie, die seine DNA in den roten Adern ihrer Blütenblätter zum Ausdruck brachte. *Cypher* (2009) war eine Do-it-yourself-Ausrüstung, die es dem Betrachter ermöglichte, selbst eine Transgenese vorzunehmen. Unterdessen wurde «Bio Art», ein Begriff, den Kac in einem frühen Manifest geprägt hatte, zu einer expandierenden Disziplin. Sie trieb die Entstehung neuer Kunstinstitute, stetiger Ausstellungen und kritischer Literatur voran. «Es hat keinen Sinn, so zu malen, wie wir es in den Höhlen getan haben», sagte Kac. «Eine neue Ära ist angebrochen, und wir brauchen eine neue Kunst.»

Man kann den Begriff «Bio Art» so breit fassen, dass die Höhlenmalereien von Lascaux, Leonardos anatomische Skizzen, Ernst Haeckels Illustrationen von Flora und Fauna, Andy Goldsworthys Naturskulpturen, ja sogar das unbeabsichtigte ästhetische Wunder medizinischer Röntgenstrahlen darunterfallen. Kac fasste den Begriff enger, als Kunst, die «Leben und Lebensprozesse manipuliert, modifiziert oder erschafft» und «einen direkten biologischen Eingriff» erfordert. Zum entstehenden Kanon gehören das Werk von Suzanne Anker, der Gründerin des Bio Art Lab an der School of Visual Arts in New York, die in Petrischalen Skulpturen aus organischem Material erschafft, *Nature?* (1999) von der portugiesischen Künstlerin Marta de Menezes, die Schmetterlinge im Kokon verformte, damit ihre Flügel asymmetrische Muster bekamen, und *Light, Only Light* (2003) von dem japanischen Künstler Jun Takita, der eine dreidimensionale Reproduktion seines Großhirns mit gentechnisch verändertem biolumineszenten Moos bepflanzte und sein Gehirn zu einem leuchtenden Garten machte. Oran Catts und

Ionat Zurr, ein Ehepaar aus Perth, sind darauf spezialisiert, «halblebende Skulpturen» anzufertigen, sie verwendeten lebendes Gewebe, um eine Lederjacke herzustellen *(Victimless Leather)*, züchteten Flügel aus dem Knochenmark von Schweinen *(Pig Wings)*; in ihrem Kunstwerk *The Semiliving Steak* (2000) verwendeten sie das erste existierende Laborfleisch, das aus den Zellen eines ungeborenen Schafs gewonnen wurde. Catts und Zurr arbeiteten 2003 mit dem zypriotisch-australischen Künstler Stelarc daran, eine Miniaturnachbildung seines Ohrs zu züchten. Seitdem hat sich Stelarc mehreren Operationen unterzogen, um auf seinem Unterarm ein menschliches Ohr wachsen zu lassen. Die Idee beruht auf einem Experiment des Forschers Charles Vacanti, der 1996 an der Harvard Medical School die Nachbildung eines aus Kuhknorpelzellen entwickelten lebensgroßen Ohrs auf den Rücken einer Labormaus pflanzte.

«Es ist die Aufgabe der Kunst, Lebensbereiche offenzulegen, für deren Beschreibung wir keine angemessene Sprache haben», sagte Catts. Bio Art spüre «Zonen des Unbehagens» auf. Den Bio-Art-Künstlern fällt es nicht schwer, eine Zone des Unbehagens zu betreten. Schwieriger ist es, den Betrachter dazu zu bringen, dass er sich nicht angewidert abwendet, sondern in dieser Zone bleibt und ihre Wunder und Schrecken ergründet. Am allerschwierigsten ist es jedoch, dem Betrachter begreiflich zu machen, dass die gesamte Menschheit eine Zone des Unbehagens betreten hat, ein völlig unnatürliches Reich aus menschengemachten Tieren und genetischen Herrschern, das wir erst verlassen können, wenn wir es wie ein Zuhause eingerichtet haben – wie das nachgebaute Wohnzimmer, das Eduardo Kac für Alba entworfen hat.

Nach der Kontroverse um Alba hielt Louis-Marie Houdebine Vorträge über Medientraining für Wissenschaftler, damit sie ähnliche Vorfälle verhindern könnten. Er wollte anderen Forschern beibringen, wie sie ihre Arbeit den Journalisten schmackhaft machen könnten, um die Öffentlichkeit nicht zu verschrecken. «Bei einem Problem ist ein Konsens erreicht», sagte er zu ihnen, «wenn die Gesellschaft [nicht mehr] darüber redet.»

Doch das war nur die halbe Wahrheit. Wenn ein neues Problem entsteht, entwickeln die Experten auf diesem Gebiet ihren eigenen Konsens. Bis Laien die Auswirkungen eines großen technologischen Wandels begreifen, dauert es viel länger. Wenn die ersten Schlagzeilen erscheinen, ist die Anwendung der Technologie bereits weit verbreitet, und die Nutzungsstandards sind etabliert. Öffentliche Empörung ist keine Reaktion auf eine neue Technologie. Sie ist ein Nachbeben.

Houdebine und seine Kollegen hatten schon vor Jahrzehnten mit der Nutzung transgener Tiere ihren Frieden gemacht, doch als Kac nach Jouy-en-Josas reiste, hatte der Rest der Gesellschaft nicht einmal damit begonnen, sich mit den Auswirkungen der Technologie auseinanderzusetzen. Kac nannte seine Bemühungen, das Kaninchen bei sich aufzunehmen, «Albas Befreiung», doch das Tier war schon befreit worden, zumindest konzeptionell, und ebendiese Freiheit und die Aufmerksamkeit, die es erregte, missfielen Houdebine. Die Gesellschaft hat noch nicht aufgehört, über die Ethik unserer transgenen Zukunft zu sprechen. Das Gespräch hat noch gar nicht richtig begonnen.

Die Bio-Art-Künstler bedienten sich eines der ältesten Tricks der Science-Fiction: Sie schlossen vom heutigen Stand der Wissenschaft auf eine hypothetische Zukunft, die sich bereits daran angepasst hat. Man stelle sich vor, sagten sie, wie es sein wird, wenn chimärische, im Dunkeln leuchtende Haustiere Alltag sind, wenn Körper wie Gärten bepflanzt werden, wenn Schweine Flügel haben. Doch genau wie Science-Fiction prophezeite die Kunst nicht die Zukunft, das war unmöglich. Die Künstler konnten nur auf eine Realität reagieren, die bereits existierte. Ihre Schöpfungen hinkten der Wissenschaft hinterher und durften nicht darauf hoffen, sie jemals einzuholen.

Dieses Hinterherhinken stellt kein künstlerisches Versagen dar. Es verleiht der Kunst ihre hohe Bedeutung. Gerade in der unsicheren, schmerzvollen Zeit zwischen der Entstehung einer neuen Welt und unserer Erkenntnis, dass wir schon in dieser Welt leben, wird fantasievolle Kunst am dringendsten gebraucht. Erkenntnis liegt nicht in der Verleugnung der Realität, sondern darin, sie klarer zu sehen. Die Kunst, selbst eine mangelbehaftete Kunst, hilft uns, unseren eigenen Platz in einer unbekannten Landschaft zu verstehen. Sie verleiht unseren neuesten Ängsten und Wünschen eine Sprache. Sie zeigt uns, wie eine Zeit des radikalen Umbruchs auf unsere Seele einwirkt und wie die Seele reagieren muss.

DANK

Den folgenden Menschen gebührt mein besonderer Dank für ihre Hilfe bei diesem Buch:

Meredith Angelson, James Burnett, Elyse Cheney, Wes Enzinna, Sarah Fineman, Claire Gillespie, Claire Gutierrez, Jon Kelly, Jason Lalljee, Hugo Lindgren, Sean McDonald, Claire Potter, Simon Rich, Theodore Ross, Robert Silvers, Jake Silverstein, Bill Wasik, Dylan Wells und Sean Woods.

EDITORISCHE NOTIZ

Einige der Reportagen wurden zuvor in den Zeitschriften *The New York Times Magazine*, *The New Republic*, *Vice* und *Men's Journal* veröffentlicht. Für das vorliegende Buch wurden sie vom Autor umfassend überarbeitet und erweitert.